计算机“十三五”规划教材

中文版 Dreamweaver CS5 网页制作实用教程

主　编　徐　冰　冯　宇　陈士磊
副主编　黄欣欣　许　鹏　毛乃川　代小兵
　　　　赵　源　张春江　刘嘉静

上海科学普及出版社

图书在版编目（CIP）数据

中文版 Dreamweaver CS5 网页制作实用教程 / 徐冰，冯宇，陈士磊主编. -- 上海 ：上海科学普及出版社，2015.1

ISBN 978-7-5427-6325-9

Ⅰ. ①中… Ⅱ. ①徐… ②冯… ③陈… Ⅲ. ①网页制作工具－职业教育－教材 Ⅳ. ①TP393.092

中国版本图书馆 CIP 数据核字（2014）第 301448 号

责任编辑 徐丽萍

中文版 Dreamweaver CS5 网页制作实用教程

徐冰 冯宇 陈士磊 主编

上海科学普及出版社出版发行

（中山北路 832 号 邮政编码 200070）

http://www.pspsh.com

各地新华书店经销　　冯兰庄兴源印刷厂印制

开本 787×1092 1/16　　印张 14　　字数 308 800

2015 年 1 月第 1 版　　2024 年 1 月第 2 次印刷

ISBN 978-7-5427-6325-9　　定价：38.00 元

前　言

互联网时代的大潮正冲击着人们生活的方方面面。在现代社会，互联网已经成为人们获取知识、传递信息、相互交流和共享资源的重要途径；而网站作为人们与互联网交互的最主要桥梁，更成为网络应用的一大热点。中文版 Dreamweaver CS5 是一款集网页制作和管理网站于一身的所见即所得的网页编辑器，是针对专业网页设计师特别开发的视觉化网页设计工具。

➢ 本书特点

为帮助广大读者快速掌握 Dreamweaver CS5 各项功能，我们特组织专家和一些一线骨干老师编写了《中文版 Dreamweaver CS5 网页制作实用教程》。本书具有以下几个主要特点：

（1）本书是一本全面介绍中文版 Dreamweaver CS5 基本功能及实际应用的图书，以各种重要技术为主线，对其中的重点内容进行详细介绍。

（2）本书通过全新的写作手法和写作思路，使读者在阅读和学习本书之后能够快速掌握 Dreamweaver，真正成为使用 Dreamweaver 的行家里手。

（3）本书全面地讲解了中文版 Dreamweaver 的软件功能，包括建立 Dreamweaver 站点、编辑和管理 Dreamweaver 站点、Div+CSS 布局网页、模板与库、文本、图像、多媒体、超链接、表格、CSS 样式、行为、表单、网页的测试与发布，以及代码设计基础知识等，内容含量丰富，步骤讲解详细，实例效果精美，读者通过学习能够真正解决实际工作和学习中遇到的难题。

（4）本书以使用为出发点，以培养读者的实践和实际应用能力为目标，并通过通俗易懂的讲解和手把手的教学方式讲解 Dreamweaver 软件中的要点、难点，使读者不仅能掌握软件功能，还能掌握实际的应用技能。

➢ 本书结构安排

本书结构安排如下：

第 1 章　网站建设基础知识。通过本章学习，读者应能：了解网站的建站过程以及与网站相关的基本概念

第 2 章~第 4 章，主要讲述 Dreamweaver 快速入门、基本操作和站点建立。通过这 3 章学习，读者应能：了解 Dreamweaver 的功能和特点、设置 Dreamweaver 的工作界面；掌握设置首选参数；熟悉新建、保存和关闭 HTML 文档；理解设置网页的页面属性；熟悉添加文字和图像的基本操作；学会使用 Dreamweaver 建立站点；掌握如何导入本地端站点。

第 5 章　编辑和管理站点。通过本章学习，读者应能：了解文件面板用途；掌握使用文件面板建立和删除文件；掌握使用文件面板建立和删除文件夹；学会使用设计备注。

第 6 章~ 第 15 章，主要讲述 Div+CSS 布局网页、模板与库、文本、图像、多媒体、超链接、表格、CSS 样式、行为和表单。通过这 10 章学习，读者应能：了解 Div，并掌

握使用 Div 和 CSS 样式布局网页；了解模板、库和资源面板的基本概念，并掌握模板和库的创建方法；了解文本面板，并掌握如何设置文本属性和列表属性，以及学会插入特殊字符；学会向网页中插入图像；掌握如何设置图像属性和如何优化图像；掌握插入 Flash 影片和插入其他多媒体元素；了解路径和链接的概念，并掌握如何创建网页内部链接和本地网页间链接；了解如何建立网站外部链接；掌握如何创建表格、编辑表格，并熟悉如何向表格中添加内容；了解 CSS 样式面板，并掌握如何设置 CSS 样式、如何创建与链接外部 CSS 样式、如何编辑 CSS 样式；了解有关行为的几个基本概念，并掌握如何添加行为；了解表单的用途，并掌握制作表单的方法。

第 16 章　网页的测试与发布。通过本章学习，读者应能：掌握如何测试网站；知道如何发布网站。

第 17 章　代码设计基础知识。通过本章学习，读者应能：了解 Dreamweaver CS5 的代码设计、HTML 的基础知识，并学会在设计视图中编辑代码。

➢　本书编写人员

本书由沈阳职业技术学院的徐冰、渤海船舶职业学院的冯宇、大连艺术学院的陈士磊任担主编，由广东科技学院的黄欣欣、郑州财经学院的许鹏、辽宁机电职业技术学院的毛乃川，以及包头职业技术学院的代小兵、赵源、张春江和刘嘉静担任副主编。本书的相关资料和售后服务可扫封底微信二维码或登录 www.bjzzwh.com 下载获得。

➢　本书适合对象

本书既可作为应用型院校、职业院校的教材，也可作为电脑培训班及电脑学校的 Dreamweaver 教学用书，也适合于网站制作和网页设计等相关行业从业人员自学使用。

本书在编写过程中，难免有疏漏和不当之处，敬请各位专家及读者不吝赐教。

编　者

目 录

第 1 章　网站建设基础知识

因特网（Internet）是由广域网、局域网和单台计算机按照一定的通信协议组成的计算机网络，是全球公有的、使用 TCP/IP 通信协议的计算机系统。网站的建站过程一般包括四个阶段：策划、设计、制作（技术实施）和维护，实际上就是对一个网站的策划、设计并执行的过程。

【本章学习目标】

- 了解网站的建站过程
- 了解网站相关的基本概念

1.1　有关网站的一些基本概念

一、网络、因特网（Internet）和万维网（WWW）

网络是通过一定形式连接起来的、可以互相通信的一组计算机。网络可以由相邻两台计算机组成，也可以由一间屋子、一栋楼里的多台计算机组成，这样的网络被称为局域网。局域网再延伸到更大的范围，如整个城市、国家，就成为广域网。

因特网（Internet）是由广域网、局域网和单台计算机按照一定的通信协议组成的计算机网络，是全球公有的、使用 TCP/IP 通信协议的计算机系统。这个系统提供的信息与服务，以及系统中的用户共同组成了因特网。

为了区分和定位网络中的计算机，网络中的每台计算机都被分配了唯一的 IP 地址。IP 地址是给网络中的计算机编址的方法，以 XXX.XXX.XXX.XXX 形式表示，每组 XXX 代表 0～255 的十进制数，例如 IP 地址 202.106.1.33。

为了方便记忆，人们又为每台主机取了一个名字，即域名地址。域名地址通常由一段方便记忆的英文和字母组成。例如，todayonline.cn，通常情况下，用户只需输入域名，因特网上的域名解析服务系统就会自动将其转换为 IP 地址。

万维网又称环球网。1989 年欧洲粒子物理实验室的研究人员为了研究的需要，希望开发出能够共享资源，可以远程访问的系统，这种系统能够提供统一的接口来访问各种不同类型的信息，包括文字、图像、音频、视频信息等。1990 年完成了最早期的浏览器产品，1991 年开始在内部发行，这就是万维网的开始。万维网就是网页的管理系统，许多公司和个人在因特网上都拥有自己的万维网站，即网站。用来运行这个系统的计算机就是网页服务器。万维网的核心部分包括 3 个标准：

（1）统一资源标识符（URI），是用于给万维网上的资源定位的标识系统。

（2）超文本传送协议（HTTP），用于规定浏览器和服务器怎样互相交流。

（3）超文本标记语言（HTML），用于定义超文本文档的结构和格式。

网页的通用标准是超文本标记语言。这种语言可用于创建包含文字、图像、声音和链接的格式化文本，即网页。可以通过计算机中的网页浏览器程序从网页服务器（网站）中读取网页，并在计算机屏幕上显示出来。用户阅读网页的过程中，可以通过链接打开目标网页，还可以通过网页向服务器上传信息，完成互动交流。

超文本标记语言，英文名称为 HyperText Markup Language，缩写为 HTML。使用这种语言编写的网页也被称为静态网页。当 HTML 无法满足网站的建设需求时，还可以借助 CGI、Java、ASP 和 PHP 等技术，扩展网站功能。借助这些技术可以实现许多互动功能，如网上银行、网上购物等等。使用上述技术的网页被称为动态网页。

万维网上，每个网页都拥有唯一的地址，该地址称作统一资源定位地址，即 URL。网页间的跳转都使用 URL 来定位。

二、服务器和客户端

1. 服务器

如图 1-1 所示，服务器有两种解释：

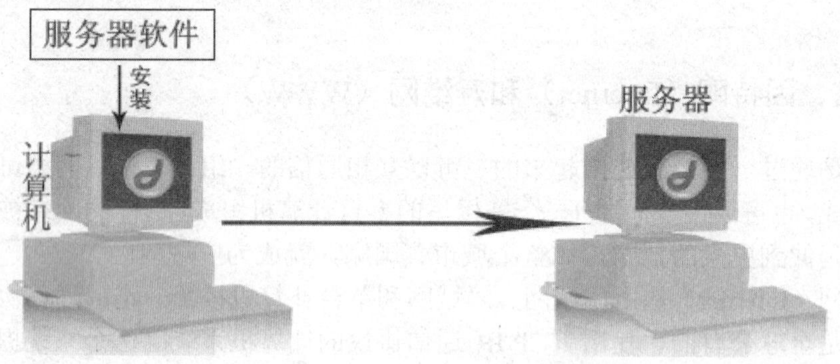

图 1-1　服务器

（1）服务器是一个管理资源并为用户提供服务的计算机软件（或程序），通常分为文件服务器（为用户提供文件存取服务）、数据库服务器和应用程序服务器。

（2）安装某些软件（或程序）的计算机也称为服务器。

可以这样理解服务器：它是可以提供某种功能的软件（或程序），安装了某个特定服务器程序的计算机就成为具有这个服务功能的服务器。

2. 客户端

客户端又称用户端，与服务器相对应，为客户提供本地与远程服务器间的信息交换的程序，需要与服务器端配合使用。例如，IE 网页浏览器，就是客户端。

可以这样理解客户端：它是运行在客户本地计算机中的程序，必须与服务器相互对应才能发挥作用，例如一台计算机中安装了 FTP（文件传输协议，多用于上传、下载和管理远程服务器中的文件），那么其连接的远程服务器也必须安装了 FTP 的服务端，才可以在

本地计算机上使用 FTP 与这个服务器互动；同理，如果要登录提供 FTP 服务的服务器，所使用的本地计算机中必须安装了 FTP 的客户端才可以登录到服务器。

从信息提供和获取角度来看，服务器可以看成是提供信息处理、服务、响应客户端请求的计算机；客户端是接受信息服务方，是接受服务器信息的计算机。

三、网页服务器

如图 1-2 所示，网页服务器即 Web 服务器。

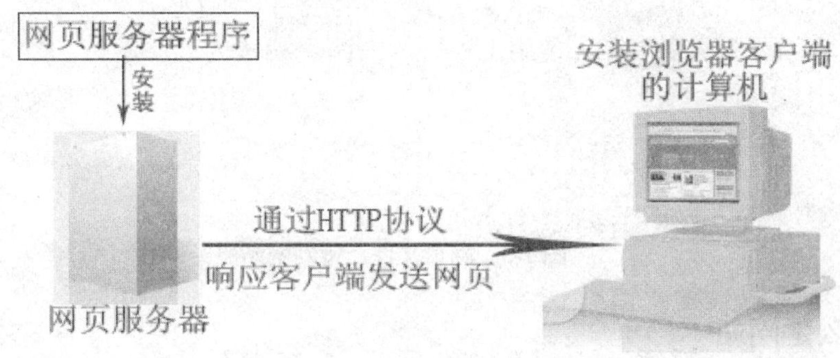

图 1-2　网页服务器

它含有两层意思：

（1）它是负责提供网页的计算机，通过 HTTP 超文本传输协议与客户端通信。客户端一般是指网页浏览器，例如 IE、Firefox 等网页浏览器。

（2）它是一个提供网页服务的服务器，即它是一台安装有网页服务端软件的计算机。

每一台网页服务器至少执行一个网页服务器程序，现在市面上最普遍的网页服务器有：Apache 软件基金的 Apache HTTP 服务器、Microsoft 的 Internet Information Server （IIS）和 Zeus Technology 的 Zeus Web Server。

虽然选择的网页服务器程序会有所不同，但是它们都有一个共同的特点：能够接收从客户端发来的 HTTP 请求，然后给请求者提供 HTTP 回复。HTTP 回复可以是一个 HTML 文件、一个纯文本文件、一个图像或其他类型的文件。

一般来说，回复的文件都储存在网页服务器的文件系统中，这些文件通过 URL 和数据库建立清晰的组织结构，URL 和存储的文件有明确的对应关系。

四、什么是网页

网页通常含有文字资料、图像文件、可以在页面内执行的子程序、链接等元素，网页需要通过网页浏览器来阅读。网页的集合就是网站，网站的起始页为首页。

网页可以是任何一种格式，但通用标准是超文本标记语言（HyperText Markup Language，缩写为 HTML）。这种语言可用于创建辅以图像、声音、动画和链接的格式化文本，即网页。另一种比较流行的语言为 XML，是 HTML 的衍生语言。它是一种元语言，可以自定义文档标签。

当使用 HTML 制作静态网页不能满足网站的需要时，还可以使用如 CGI、JavaScript 和 PHP 等技术，建立动态网页。网页服务器可以借助 CGI 调用外部程序，而不是简单地返回静态文本。JavaScript 和 PHP 这两种语言可以直接嵌入到 HTML 文档中，但使用方法不尽相同，JavaScript 主要用于客户端脚本，PHP 则主要用于数据库的访问。若要将网页发布到万维网，必须将网页文件上传到网站服务器中，如图 1-3 所示。

图 1-3　网页文件上传到网站服务器

五、什么是网站

网站是指在互联网上，根据一定的规则，使用 HTML 等工具制作的用于展示特定内容的相关网页的集合。简单地说，网站是一个信息平台，就像布告栏一样，可以通过网站发布想要公开的信息，或者利用网站提供相关的网络服务。我们可以通过网页浏览器访问网站，获取所需的信息或者享受网络服务。

许多公司都拥有自己的网站，对公司及产品进行宣传和提供售后服务。很多个人也拥有个人主页来自我介绍、展现个性。还有以提供网络信息为赢利手段的网络公司，通常这些公司的网站提供生活中各个方面的信息，如时事新闻、旅游、娱乐、经济等信息。

1.2　网站的建站过程

网站的建站过程一般包括四个阶段：策划、设计、制作（技术实施）和维护。

建站过程实际上就是对一个网站的策划、设计并执行的过程。成功的网站建设需要专业周密的策划，合适的策划对网站建设至关重要。

第一阶段：策划网站

分析网站的目标浏览者，完成一个详细的策划。优秀的策划方案可以保证一个网站发挥最大的功效，成为个人和企业网络宣传推广的重要平台。网站策划包括如下内容：

（1）建立网站的目的，浏览者需求分析。

（2）域名与网站名称的选择。

（3）网站主要功能分析。

（4）网站技术解决方案选择。

（5）网站栏目与内容策划。

（6）网站测试与发布。

（7）网站推广方案。

（8）网站维护方案。

（9）网站建设费用预算。

该阶段的工作成果：浏览者需求说明、网站功能说明、网站的树状连接结构、网站发展规划等文件。

第二阶段：设计网站

根据策划，设计网站中各级网页的表现形式。设计网站时，应该在纸上或其他辅助制图软件中画出网页外观。网站设计是制作网页中非常重要的一步，它不仅要美观，还要满足人们浏览和使用的习惯，体现网页的功能。要避免不经设计就开始制作。越是经验丰富的网页设计师就越会在制作前反复思考设计方案。前期的设计工作一定要反复斟酌。

该阶段的工作成果：根据策划方案设计的、符合目标浏览者的审美取向的各级网页。

第三阶段：制作网站

根据策划与设计方案将网站中的各级网页制作出来。这是制作网站的技术实施阶段，也是本书的重点。制作网站一般包括如下内容：

1. 制作网站时首先需要选择制作网页的技术

如制作静态网页用 HTML 语言。制作动态网页，可在 PHP、ASP 和 JSP 中选择。同时开发费用和便利性等也是决定技术选择的重要因素。

2. 设置本地站点

为了协调有序地工作，需要将网站放在指定文件夹中，建立站点。

3. 制作各级网页模板，定制网页样式

网站中同级网页的外观格式有许多相同的地方，因此可以制作一个或多个用于保留网页中相同部分的样本网页，即模板。在需要时调用这个模板，向其中添加不同内容即可快速生成各级网页。这样不仅方便初期制作，也方便后期修改。此步可细分为如下过程：

（1）设置网页布局。可以使用表格、层和框架等方法划分网页布局。这也是本书的讲解顺序。

（2）将完成布局的网页转换成模板，存放在库中。以后制作相同布局的网页时可以调用同一模板，不用再对网页划分区域结构，提高了工作效率。

（3）定制网页样式。使用 CSS 样式表完成创建和保存样式。制定网站中的网页风格，简化操作，需要使用 CSS 样式表，制定网页中文本、图像等元素的外观。

（4）丰富模板内容。模板并不是简单的框架结构，它可以含有网页中许多共同的元素和表现形式。因此可向模板中添加各级网页中所共有的元素，如图像、多媒体、超链接和互动行为等。

4. 利用模板最终完成各级网页的制作

制作完成各级模板和统一的 CSS 样式后，就可以套用模板完成各级网页最终的制作。这部分工作包含两部分内容，即制作静态网页和动态网页。

5. 测试

测试是保证网页质量的必要步骤。制作完成网页后，一定要全面测试，如不同分辨率下的显示效果测试、链接测试和不同浏览器下的显示测试等。

6. 发布

发布需要完成以下内容：

（1）购买合适的 ISP 服务。

（2）获得服务器，设置服务器的操作系统。

（3）将网站上传到服务器并调试。

第四阶段：维护网站

维护网站不仅仅是对网站的更新、备份，还包括网站的推广。对于一些开放性网站，如带有留言板、论坛的网站，还应随时检查，删除违反规则的内容。网站的推广是网站维护工作中比较重要的，也是网站完成后的重点工作。

1.3 Dreamweaver CS5 在网站建设中的作用

Dreamweaver CS5 是功能强大的网页设计软件，是网站建设中常用的工具之一。它是一个兼容性非常好的工作平台，在这个平台中可使用各种常用网页技术进行工作。通过 Dreamweaver CS5 可以方便地制作网站，其主要作用如下：

1. 通过建立 Dreamweaver CS5 站点，高效管理网页设计过程中的各种资源

通过 Dreamweaver CS5 站点，可以指明站点的工作环境，组织站点中的文件，并可以方便、快捷地管理站点中各种资源，记录各种信息。

只有建立了 Dreamweaver CS5 站点，才能充分利用 Dreamweaver CS5 的各项功能管理站点中的文件。例如，自动跟踪和维护链接、管理文件以及共享文件。

2. 制作网页、网页模板和 CSS 样式。

使用 Dreamweaver CS5 的大部分工作集中在这里。通过 Dreamweaver CS5 提供的工具可以很方便地制作网页、网页模板和 CSS 样式。

3. 测试网页

Dreamweaver CS5 提供了方便可靠的网页测试功能，通过这些测试可以快速查找出网页中可能出现的问题。

4. 发布网页

当设置了站点的远程服务器信息后，便可以直接使用 Dreamweaver CS5 上传站点，并且可以直接编辑远程站点中的内容。

本章小结

本章主要讲解了一些与网站相关的基础知识、建站流程和 Dreamweaver 的作用。通过本章的学习，读者应当了解这些基本概念，清楚建站流程，并知道 Dreamweaver 软件在建设网站过程中的作用。

本章练习

一、概念题

（1）什么是网络？什么是因特网？
（2）什么是服务器？
（3）什么是网页服务器？

二、填空题

（1）________是给网络中的计算机编址的方法，以 XXX.XXX.XXX.XXX 形式表示，每组 XXX 代表 0～255 的十进制数。

（2）网站的建站过程一般包括________、________、________和________等四个阶段。

三、问答题

（1）万维网的核心部分包括哪 3 个标准？
（2）什么是网页？
（3）网站策划包括哪些内容？
（4）Dreamweaver CS5 软件在建站过程中的作用有哪些？

第 2 章　Dreamweaver CS5 快速入门

初次接触 Dreamweaver CS5 时，许多人都会有无从下手的感觉。这不难理解，Dreamweaver CS5 是一个制作网页的工具类软件，在使用 Dreamweaver CS5 时会涉及到许多与网页相关的知识和概念。针对这种情况，我们从了解 Dreamweaver CS5 的基本功能和界面开始，逐步掌握使用 Dreamweaver CS5 制作网页的方法。

【本章学习目标】

- 了解 Dreamweaver CS5 的功能和特点
- 学会设置 Dreamweaver CS5 的工作界面

2.1　Dreamweaver CS5 概述

Dreamweaver CS5 是用于辅助编辑网页的工具软件，能够以直观的方式编辑制作网页。它提供了许多简洁有效的功能，是网站设计人员的首选工具。

Dreamweaver CS5 提供了开放的编辑环境，能够与相关软件和编程语言协同工作，可以满足各种复杂的网页编辑工作需求。

Dreamweaver、Flash（网页动画制作软件）和 Fireworks（网页图像处理软件）构成了网页制作方面的 3 大利器，被称为网页三剑客。它们同为美国 Adobe 公司的产品。

一、Dreamweaver CS5 的功能

Dreamweaver CS5 具有以下功能：

1. 网站管理功能

Dreamweaver CS5 能够编辑网页，实现本地站点与服务器站点之间的文件同步。使用库、模板等功能，可以进行大型网站的开发。对于需要多人维护的大型网站，拥有文件操作权限方面的限制，具有一定的安全保护功能。

2. 多种视图模式

Dreamweaver CS5 提供了代码、设计和拆分 3 种视图模式。设计视图提供了一个可视化的操作界面，即使不懂 HTML 语言，不会书写网页源代码，也能够制作出漂亮的网页；代码视图能够使用 HTML 等代码编写网页，可以通过代码精确编辑网页；拆分视图是将窗口分为两部分，分别以代码形式和设计形式显示当前编辑的网页内容。

3. 对象插入功能

Dreamweaver CS5 的插入面板中提供了常用的字符、表格、框架、电子信箱和 Flash 动画等插入功能按钮，通过单击面板中的按钮，快速完成目标对象的插入。

4. 快捷的属性设置

Dreamweaver CS5 提供了属性面板，通过属性面板可以查看、设置和修改当前对象的属性。

5. CSS 样式设置方式

Dreamweaver CS5 提供了 CSS 样式面板，通过 CSS 样式面板，可以创建、查找和修改样式。CSS 样式是统一网页排式的一种方法。CSS 样式可以定义各种对象的体例。

6. 内置大量的行为

Dreamweaver CS5 中内置了大量的行为，通过行为面板可以快速添加一些特殊效果，如网页的跳转、图像载入等。Adobe 公司的网站上提供了更多的行为下载，一些相关的开发商也提供相关的行为下载。

7. 提供了资源管理功能

在建立 Dreamweaver CS5 站点后，Dreamweaver CS5 可以统一管理站点中的资源。可以通过资源面板来管理和使用这些资源。

二、Dreamweaver C5 的工作环境

1. 工作界面

Dreamweaver CS5 附带 3 种不同形式的工作界面，可以满足设计者和编码人员的工作需求，能够根据需要设置工作界面。

2. 缩放工具

Dreamweaver CS5 提供了缩放工具。通过缩放操作可以对设计进行全面控制。放大并检测图像或编辑复杂的嵌套表格。缩小视图可以查看页面的整体效果。

3. 编码工具栏

Dreamweaver CS5 的编码工具栏在代码窗口左侧的直栏中，包含常用编码操作。无需过多搜索，就可以通过提示和编码工具栏找到代码片段，编码功能包括对代码的折叠、展开、注释等。

4. 文件传输

使用 Dreamweaver CS5 上传文件到服务器时无需等待，用户可以在 Dreamweaver CS5 与服务器通信时继续使用本地计算机上的文件工作。

5. 站点监测

可以安全、高效地管理站点，保证编辑的文件与站点的同步，确保使用的文件是最新

的。登记和注销功能可以跟踪使用这些文件的人，能够有效防止其他人修改工作文件。

6. Dreamweaver CS5 站点与远程服务器可以紧密结合

Dreamweaver CS5 站点可以模拟服务器环境，可以保证制作和测试网页时，Dreamweaver CS5 站点中的文件与服务器端完全兼容，可以同步完成制作和测试。

三、Dreamweaver CS5 对主流技术的支持

1. 支持模拟服务器环境

支持如 IIS、Apache 和 ColdFusion 等一些主流的服务器环境，满足不同的服务器环境开发要求。

2. 支持 ASP、PHP 和 Java 等主流技术

支持 ASP、PHP 和 Java 等主流技术，可以在 Dreamweaver CS5 中直接使用这些技术开发相关动态网页。

3. 支持数据库

在 Dreamweaver CS5 中可以直接连接到数据库。正确设置服务器环境后，Dreamweaver 可以直接连接到数据库中进行动态网页的制作。

4. 支持多数的网页媒体

Dreamweaver CS5 可以完美支持常见的网页多媒体格式，如图片、Flash 影片、MP3 音乐等都可以通过 Dreamweaver CS5 直接添加，并能够进行即时测试。

5. 网页发布系统

Dreamweaver CS5 支持上传文件到服务器。首先需要选择一种上传方式，然后设置该方式的相关参数。设置完成后，就可以通过 Dreamweaver CS5 执行上传发布的操作。

2.2 Dreamweaver CS5 的工作界面

启动 Dreamweaver CS5，效果如图 2-1 所示。启动 Dreamweaver CS5 后，屏幕中心的是欢迎页，欢迎页中提供了一些常用操作命令，例如最近打开过的文件和新建文件。欢迎页右侧的“主要功能”是 CS5 提供的视频介绍，点击相应的链接可以打开 adobe 网站上的视频网页。

启动 Dreamweaver CS5 后，单击起始页面中“新建”下的 HTML，新建一个网页，进入到如图 2-2 所示的 Dreamweaver CS5 编辑界面。

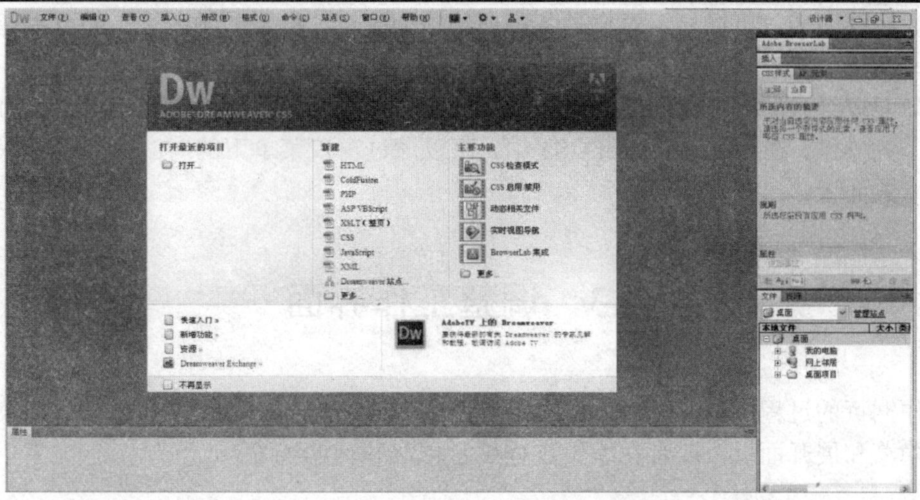

图 2-1　Dreamweaver CS5 的起始页面

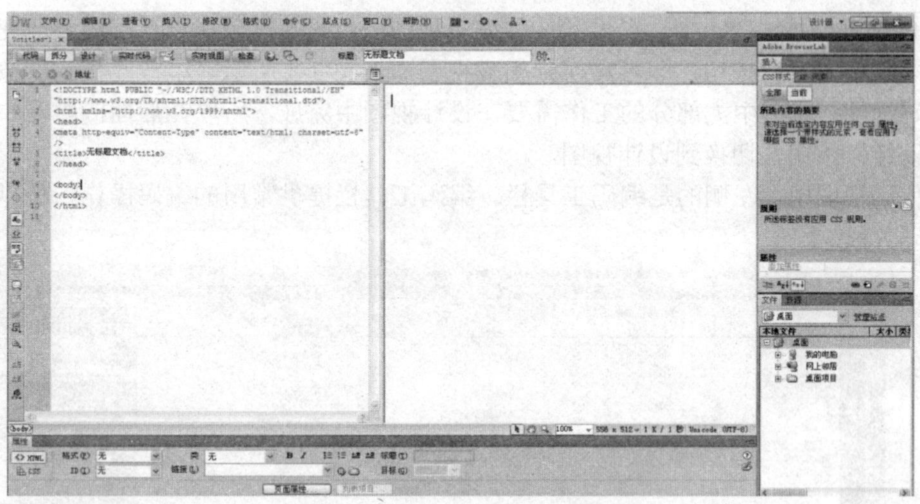

图 2-2　Dreamweaver CS5 的工作界面

- **菜单栏：**菜单栏提供了实现各种功能的命令。通过菜单命令可以完成 Dreamweaver CS5 的大部分工作。
- **标题栏：**标题栏中依次显示程序名称、当前文档的标题、文档的存储路径和文档名称。
- **编辑窗口：**处于中心位置的空白区域就是编辑窗口，它提供了查看和编辑网页元素的视窗。Dreamweaver CS5 提供了 3 种编辑视图，即代码、拆分和设计，可以通过单击编辑窗口左上角的按钮，切换到对应视图。

代码是以代码形式显示和编辑当前网页；设计是提供所见即所得的编辑方式，设计视图会以最接近于浏览器中的视觉效果来显示网页内容；拆分是将窗口分为两部分，一部分为代码视图，另一部分为设计视图。

- **状态栏：**状态栏中包括文档选择器、标签选择器、窗口尺寸栏、下载时间栏。通过单击状态栏中显示的标签，可以快速选择目标内容。

- **属性面板**：可以显示对象的各种属性，如大小、位置和颜色等，并可以通过属性面板直接设置当前对象的属性。
- **面板组**：面板是提供某类功能命令的组合。通过面板可以快速完成目标对象的相关操作。在 Dreamweaver CS5 中，可以通过窗口菜单下的对应命令打开或关闭相关面板。

2.3 调整工作界面

制作网页的过程中，应根据工作的需要调整 Dreamweaver CS5 工作界面，如改变工作视图，隐藏和展开面板，或者在编辑过程显示标尺和辅助线等。

一、改变编辑模式

在 Dreamweaver CS5 中，提供了 3 种编辑视图：代码、拆分和设计。需要改变编辑视图时，只需单击对应按钮，即可转换到相应视图。如图 2-3 所示，单击“代码”按钮后切换到代码视图。本书中大部分的工作需要在设计视图中完成，所以在后面的学习中，可以单击“设计”按钮，切换到设计视图。

在代码视图中，左侧的是编码工具栏。编码工具栏提供常用的编码操作，可以快速查找到代码片段。

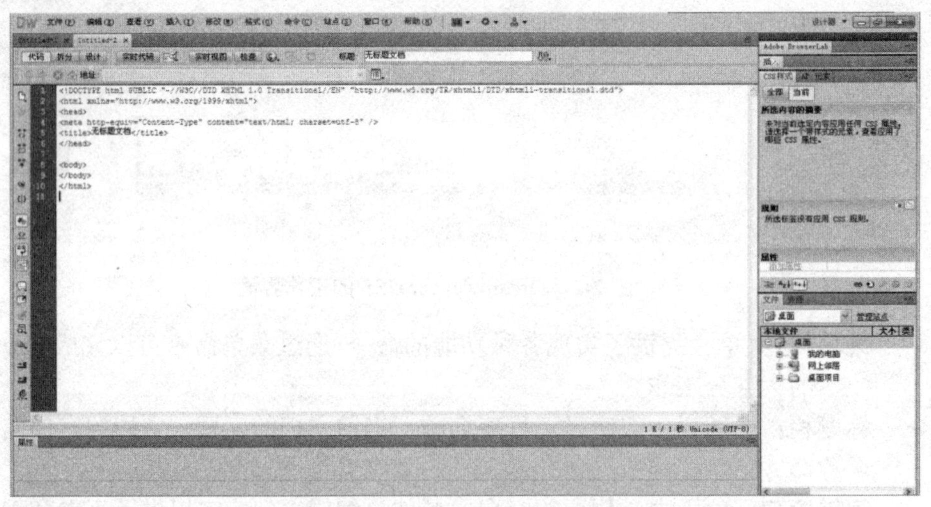

图 2-3 代码视图

二、显示、隐藏和改变面板的大小

在 Dreamweaver CS5 中，有许多面板，例如插入面板、属性面板和其他各类面板。显示与隐藏它们的方法如下：

（1）通过窗口菜单命令，可以打开或关闭目标面板。如图 2-4 所示，单击窗口菜单中

的命令，命令左侧出现勾选标记时，会打开面板，反之会关闭面板。

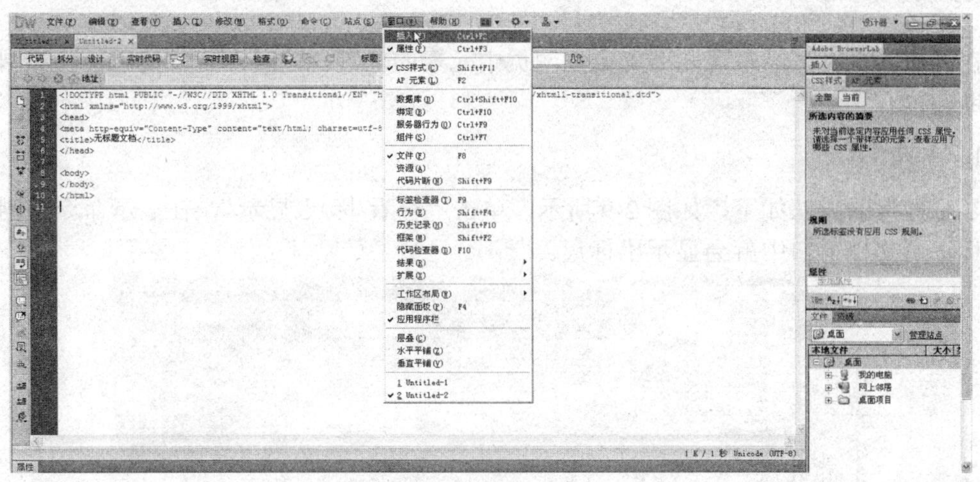

图 2-4　通过窗口菜单命令打开或关闭目标面板

（2）双击面板标签，可以折叠展开的面板，如图 2-5 所示。

（3）单击面板标签，可以展开折叠的面板，如图 2-6 所示。

图 2-5　折叠展开的面板

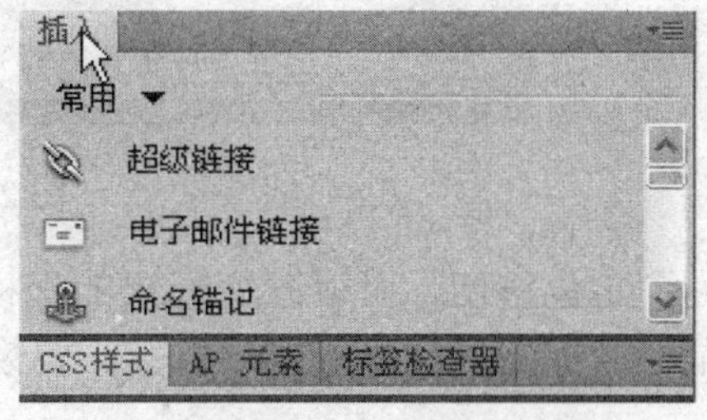

图 2-6　展开折叠的面板

（4）折叠所有面板组，可以单击图 2-7 所示的隐藏面板组按钮；再次单击该按钮，便会显示面板组。如果要隐藏或显示当前所有面板，可以按【F4】键。

（5）改变组合面板大小的方法是：将鼠标指针移至面板或面板组的边框位置，鼠标指针变为图 2-8 所示形状时，按住鼠标左键并拖动鼠标。

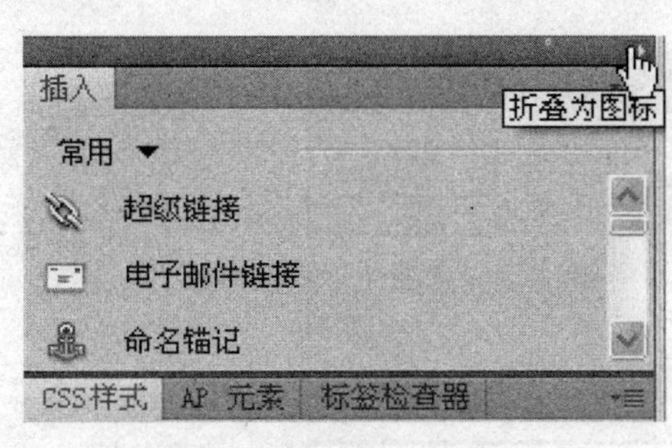

图 2-7　隐藏面板组

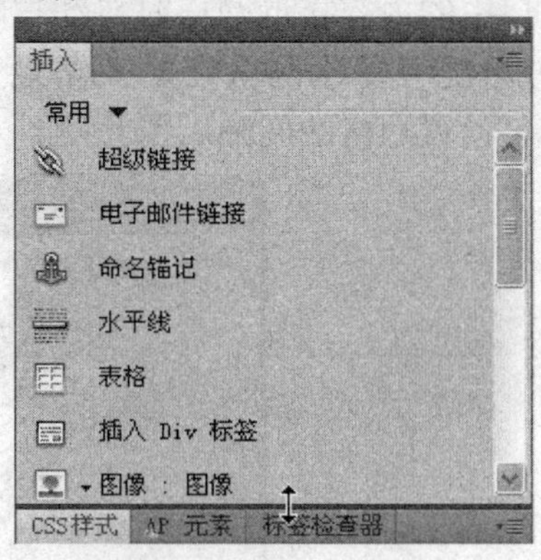

图 2-8　改变组合面板大小

三、标尺和网格

在制作网页时，经常需要准确定位网页中元素的位置。这时，可以使用标尺和网格功能帮助定位。

1. 标尺

显示标尺的方法如下：如图 2-9 所示，单击“查看/标尺/显示”，在显示命令左侧出现选中标记，文档窗口中就会显示出标尺。

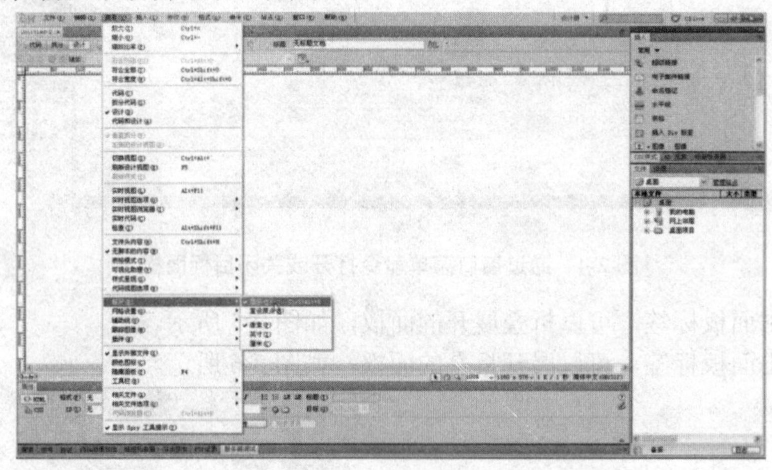

图 2-9 显示标尺

为了定位方便，可以改变标尺的坐标原点，具体方法是：将鼠标指针指向坐标原点，按住鼠标左键向目标位置拖动鼠标。要恢复坐标原点位置，只需双击原点坐标位置。

2. 网格

显示网格的方法如下：

（1）单击“查看/网格设置/显示网格”，使显示网格命令左侧出现选中标记，即可在文档窗口中显示网格。

（2）单击“查看/网格设置/靠齐到网格”，使靠齐到网格命令左侧出现选中标记，可使文档窗口中的内容接近网格时自动与网格对齐。

（3）单击“查看/网格设置/网格设置”，打开如图 2-10 所示的网格设置对话框。在该对话框中可设置网格的间隔、颜色等。

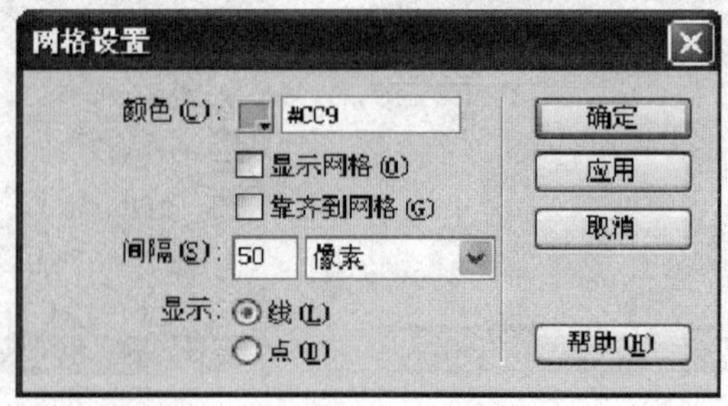

图 2-10 网格设置对话框

四、辅助线

建立辅助线前需要打开标尺。建立辅助线的方法如下：

（1）将鼠标指针指向标尺。

（2）按住鼠标左键拖动鼠标到目标位置。

（3）松开鼠标左键完成辅助线的建立。

移动辅助线位置的方法如下：

（1）将鼠标指针指向辅助线，当鼠标指针变为图 2-11 所示的形状时，按住鼠标左键拖动到目标位置。

（2）松开鼠标左键完成辅助线调整。

删除辅助线的方法为：删除辅助线的方法与移动辅助线的方法类似，只需把辅助线移回到标尺处，即可删除辅助线。

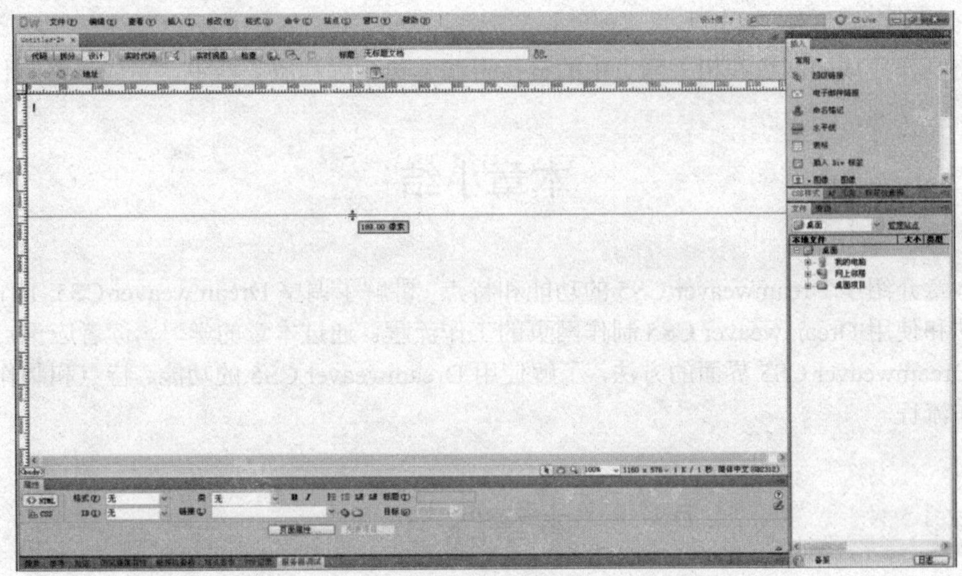

图 2-11　移动辅助线位置

2.4　Dreamweaver CS5 制作网页的工作流程

使用 Dreamweaver CS5 制作网页时按以下工作流程进行：

1．建立 Dreamweaver CS5 站点

只有建立了 Dreamweaver CS5 站点，才能真正发挥 Dreamweaver CS5 的各项功能，有效管理各项资源。建立 Dreamweaver CS5 站点，需要指定站点的存储文件夹，相关的远程服务器信息、域名、测试服务器等信息。

2. 制作网页模板和定制 CSS 样式

网站中的同级网页拥有许多相同的地方，所以通常建立网页时首先建立目标模板，然后使用这些模板建立各级网页。制作模板实际上就是结构化网页，为网页建立一个清晰的结构，明确网页结构中不同部分的用途。通过定制的 CSS 样式，来统一网页中内容的样式。

3. 使用模板建立网页

使用模板建立网页，实际上就是向模板中的指定区域添加文字、链接、图片、多媒体等内容。

4. 测试

网页制作完成后，需要对网页进行测试，减少可能出现的错误，使网页具有更好的兼容性。

5. 上传

将制作完成的网页和相关网页中的链接资源上传到远程服务器中，完成最终制作。

本章小结

本章介绍了 Dreamweaver CS5 的功能和特点，讲解了调整 Dreamweaver CS5 工作界面的方法和使用 Dreamweaver CS5 制作网页的工作流程。通过本章的学习，读者应重点掌握调整 Dreamweaver CS5 界面的方法，了解使用 Dreamweaver CS5 的功能、特点和制作网页的工作流程。

本章练习

一、填空题

（1）_____、_____和_____构成了网页制作方面的 3 大利器，被称为网页三剑客。
（2）通过_______面板，可以创建、查找和修改目标样式。
（3）Dreamweaver CS5 提供了 3 种视图，分别为_______、_______和_______。
（4）标题栏中依次显示了_____、当前文档的______、文档的______和文档______。
（5）按_______键显示和隐藏工作界面中的所有面板。

二、问答题

（1）怎样打开和关闭目标面板？
（2）打开和隐藏标尺的方法有哪些？
（3）打开和隐藏辅助线的方法有哪些？

（4）如何设置辅助线的颜色和间距？

三、上机练习

（1）启动 Dreamweaver CS5，然后调整工作界面。

（2）打开和关闭各类面板。

（3）修改标尺坐标原点。

（4）添加和删除辅助线。

第 3 章　Dreamweaver CS5 基本操作

在学习过程中，不可避免的需要应用到一些基本的操作，例如新建、打开和保存文件等操作。为了更顺畅地学习 Dreamweaver CS5，我们应该了解一些基本操作，对这些操作有个基本的认识。

【本章学习目标】

- 学会设置首选参数
- 熟悉新建、保存和关闭 HTML 文档
- 理解设置网页的页面属性
- 熟悉添加文字和图像的基本操作

3.1　首选参数设置

为了使 Dreamweaver CS5 更加适合工作的需要，在正式使用前需要进行一些基础设置。如是否打开或关闭一些即时提示信息框、选择默认的网页语言版本等。

（1）启动 Dreamweaver CS5，执行“编辑/首选参数”命令，打开如图 3-1 所示的“首选参数”对话框。

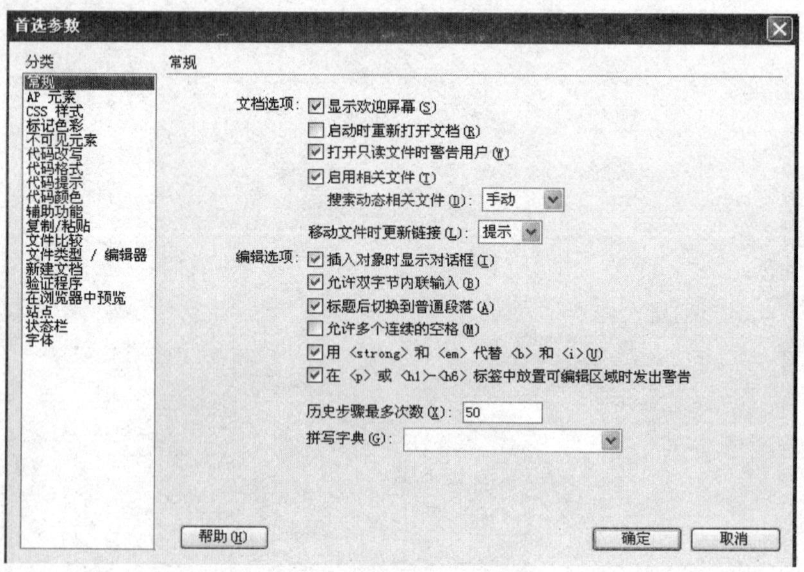

图 3-1　“首选参数”对话框

（2）在如图 3-2 所示对话框中，选择分类栏中的“辅助功能”，分别单击表单对象、框架、媒体和图像前面的复选框，将复选框中的“√”去掉。

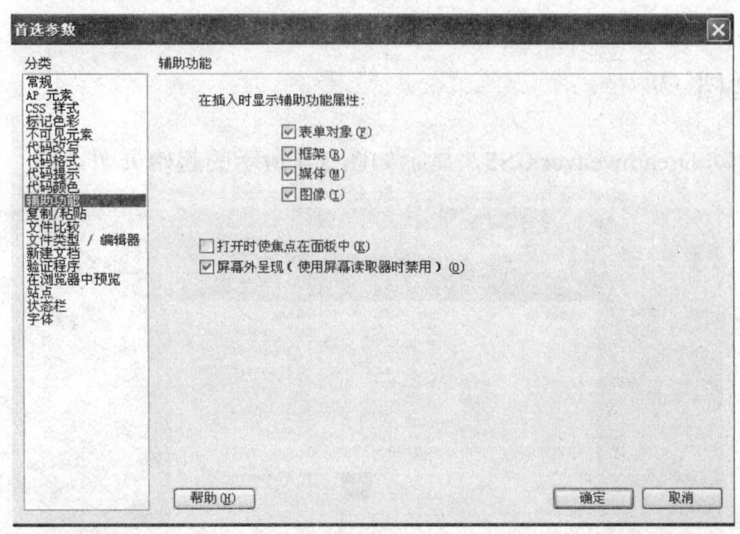

图 3-2　分类栏中的“辅助功能”

这样设置可以阻止在插入表单、框架、媒体和图像时弹出属性提示框，简化操作步骤。

（3）如图 3-3 所示，选择分类栏中的“新建文档”，根据需要设置默认文档的类型。

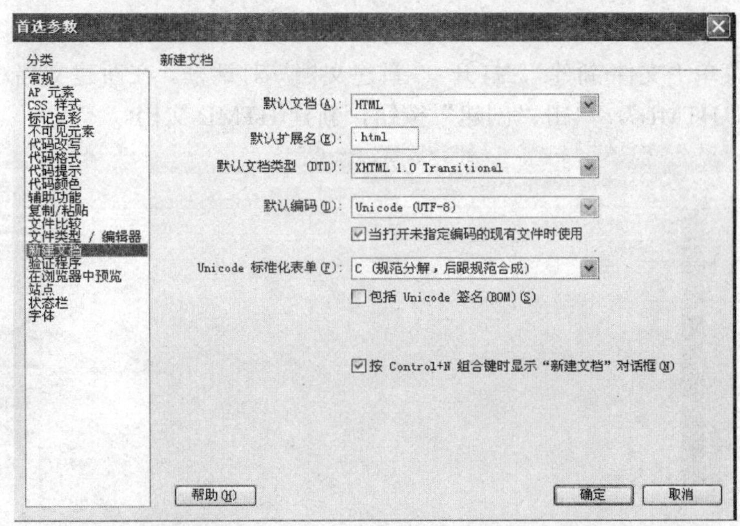

图 3-3　分类栏中的“新建文档”

本例中选择默认文档为 HTML，默认扩展名为.html，默认编码为 Unicode（UTF-8）。默认编码可以根据实际工作的需要进行选择，例如制作英文网页可以选择 UTF-8 编码。中文网页默认的编码为 GB2312，所以这里选择 GB2312 编码。

（4）单击“确定”按钮，完成首选参数设置。

3.2　文档的基本操作

一、新建文档

（1）启动 Dreamweaver CS5，显示如图 3-4 所示的起始页面。

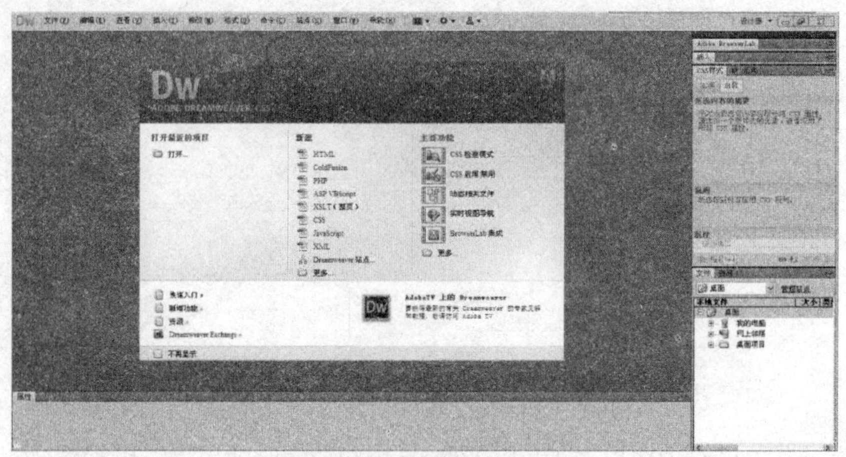

图 3-4　Dreamweaver CS5 的起始页面

（2）单击新建栏中的“HTML”，新建 HTML 文档并进入到编辑界面，如图 3-5 所示。也可以单击菜单“文件/新建”，打开 “新建文档”对话框。在新建文档对话框中选择“空白页”中的“HTML”，单击“创建”按钮，新建 HTML 文档。

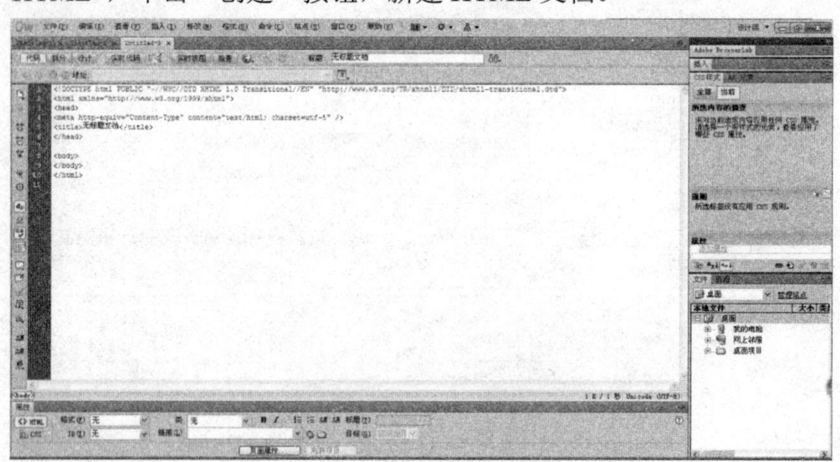

图 3-5　HTML 文档编辑界面

二、保存和关闭文档

执行“文件/保存”命令，可以保存当前文档。

第一次执行“文件/保存”命令时，会弹出如图 3-6 所示的“另存为”对话框。在“另存为”对话框中设置文件的保存路径和文件名，单击“保存”按钮完成文档保存。

图 3-6　“另存为”对话框

当再次保存文件时，会以现有的路径和名称覆盖保存该文件。需要将文件以不同路径或名称保存时，可以执行“文件/另存为”命令，在弹出的“另存为”对话框中设置新的路径和名称保存文件。执行“文件/关闭”命令，或单击 Dreamweaver CS5 窗口右上角“关闭”按钮，关闭程序。

三、打开文档

打开文档的方法有多种，下面以实例进行介绍。

（1）启动 Dreamweaver CS5 程序，起始页面中显示了最近编辑过的文件，如图 3-7 所示。

（2）单击目标文件，即可将其打开。

也可以单击“打开”按钮或执行“文件/打开”命令，在弹出的如图 3-8 所示的“打开”对话框中选择目标文件，然后单击“打开”按钮。

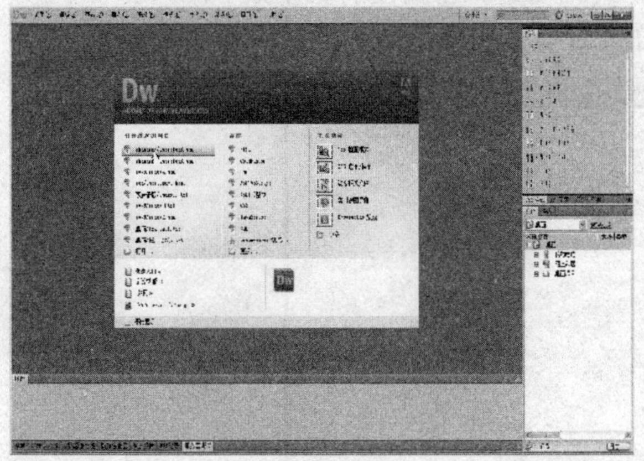

图 3-7　最近编辑过的文件

图 3-8　在“打开”对话框中选择目标文件

3.3 制作网页的基本操作

在深入学习制作网页前，需要了解设置页面、添加头部信息和文本、插入图像等基本操作。

一、设置网页属性

制作网页时，首先需要设置文档的页面属性，它包括网页标题、背景图像、背景颜色、文本颜色、链接颜色、页边距等。图 3-9 所示为在浏览器中打开的一个网页。

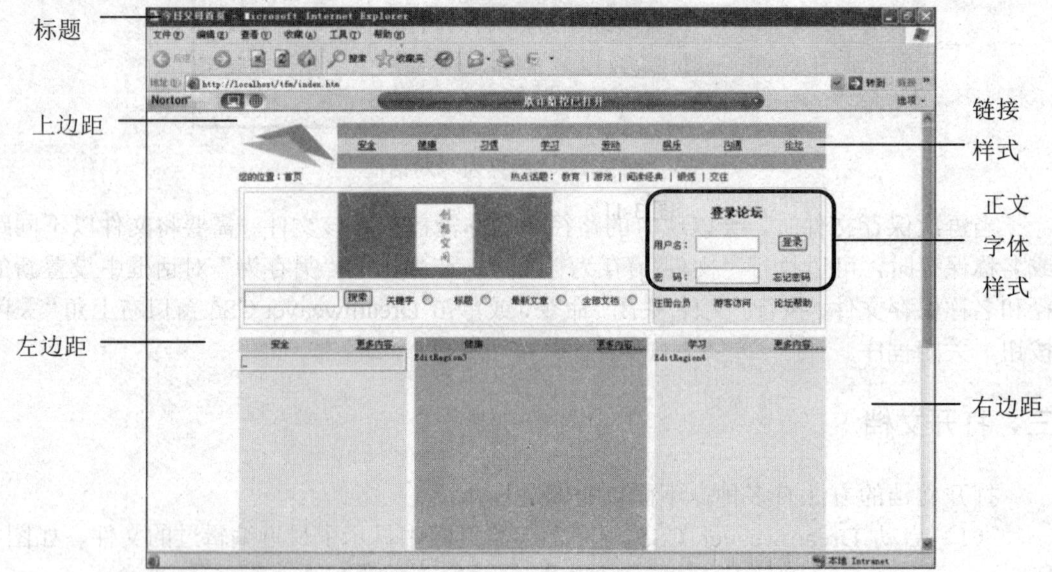

图 3-9　在浏览器中打开的一个网页

网页具有标题、页边距、链接样式、背景颜色和字体样式等页面属性。在建立网页时，可以通过设置页面属性来制定网页的这些样式。设置页面属性的操作如下：

（1）执行“修改/页面属性”命令，打开如图 3-10 所示的“页面属性”对话框。

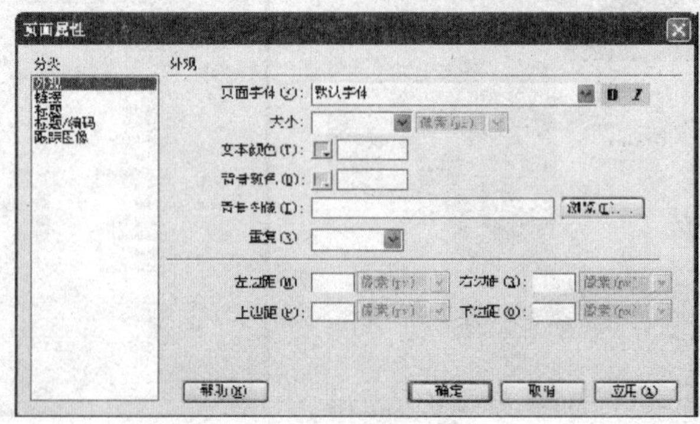

图 3-10　“页面属性”对话框

（2）设置各类参数，单击“确定”按钮完成设置。

页面属性对话框中各选项的含义如下：

➢ **外观**：在外观选项中可以设置页面的默认字体、背景颜色和页面边距等。单击目标选择框会弹出相应的提示，选择目标项设置即可。如图 3-10 所示。

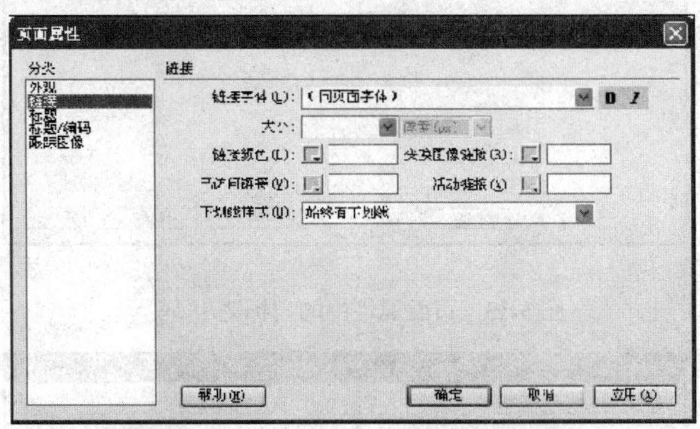

图 3-11　页面属性中的“链接”

➢ **链接**：在链接选项中可以设置链接的字体、颜色和下划线样式等，如图 3-11 所示。

➢ **标题**：标题类别栏用于设置当前网页的文本格式。标题是 HTML 文档默认保留的文本体例，可以在这里重新定义各级标题的格式，然后在工作中直接应用这些标题，定义文本的样式，如图 3-12 所示。

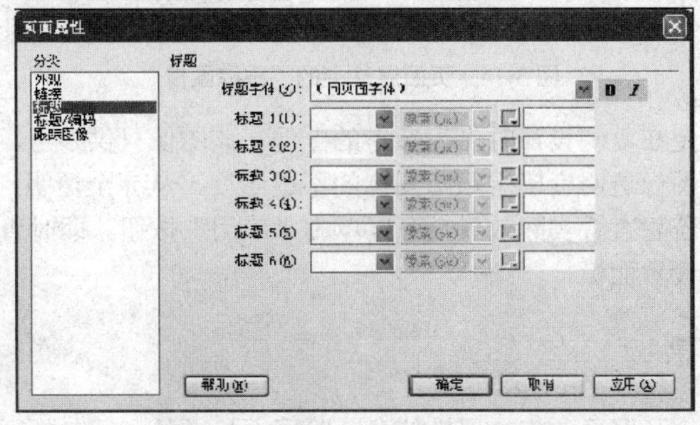

图 3-12　页面属性中的“标题”

➢ **标题/编码**：“标题”显示在浏览器的标题栏和状态栏中，当网页被收藏时，标题显示在收藏项目中；“编码”用来设置当前网页文字采用的编码种类。计算机中显示的每种文字都需要对应的编码支持，才能正确显示，否则会出现乱码，即无法正确显示文字的现象。在中文模式下默认编码为简体中文 GB2312，如图 3-13 所示。

➢ **跟踪图像**：可在设计页面时插入用作参考的图像文件，如图 3-14 所示。

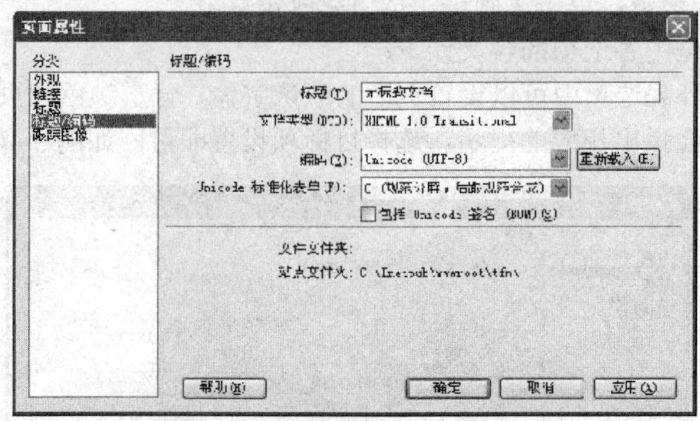

图 3-13　页面属性中的“标题/编码”

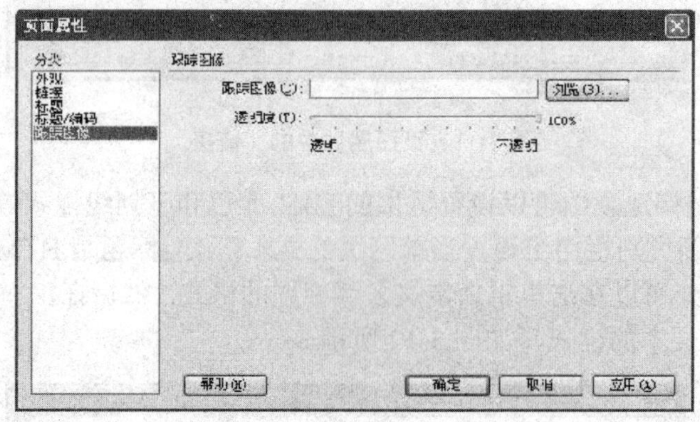

图 3-14　页面属性中的“跟踪图像”

跟踪图像栏指定在复制设计时作为参考的图像。该图像只供参考，当文档在浏览器中显示时并不出现。图像透明度确定跟踪图像的不透明度，从完全透明到完全不透明。

设定完成后，若想查看实际效果，可以单击“应用”按钮，即时查看设定的效果，而不用退出页面属性设置面板。

二、编辑头部信息

头部信息中包含了网页的许多属性信息，除网页标题外，还包括网页关键字、网页描述等。头部信息虽不直接显示在网页中，但可以通过其他方式起作用。如许多搜索引擎都是根据网页关键字来查询网页的。下面我们就简单介绍插入网页关键字的方法。

（1）如图 3-15 所示，单击插入面板的“常用”选项卡，切换到“常用”选项卡。

（2）单击“文件头”按钮，弹出图 3-16 所示的菜单。

（3）单击菜单中的“关键字”选项，打开“关键字”对话框。输入站点或网页的关键字，即网站中关键内容描述，如图 3-17 所示，单击“确定”按钮，关闭对话框。

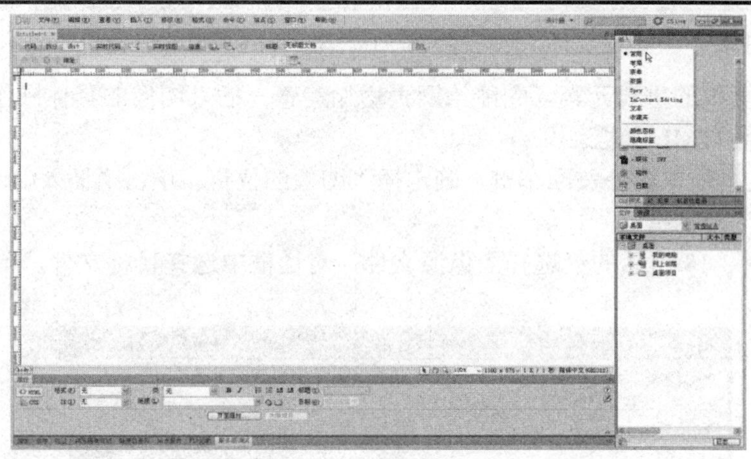

图 3-15　“常用”选项卡

图 3-16　“文件头”按钮

图 3-17　“关键字”对话框

三、添加网页内容

1. 添加文本

文字是构成网页的重要组成部分，在 Dreamweaver CS5 中可以像使用文字排版软件一样，进行文字的输入和编辑。直接添加文本的操作如下：

（1）启动 Dreamweaver CS5，单击起始页面中创建新项目下的 HTML，新建 HTML 文档。

（2）单击编辑窗口内部，然后输入目标文字即可。

拷贝文件的操作如下：

（1）新建 HTML 文档。

（2）使用 Word 或其他文字编辑软件打开一段含有文字内容的文档。

（3）选取目标文本，执行“编辑/复制”命令（或按【Ctrl+C】组合键），复制该文本。

（4）在 Dreamweaver CS5 文档窗口执行“编辑/粘贴”命令（或按【Ctrl+V】组合键），完成文本拷贝。粘贴到 Dreamweaver CS5 的文本，原文本字体被 Dreamweaver CS5 默认的字体所代替。

2. 插入图像

图像是网页中的重要元素，它能给网页增加美感。插入图像的具体操作方法如下：

（1）新建 HTML 文档。

（2）在文本的末尾处按回车键，确定插入图像的位置。单击“插入/图像”，弹出“选择图像源文件”对话框。

（3）在图 3-18 所示的“选择图像源文件”对话框中选择目标文件，单击“确定”按钮，导入图像。

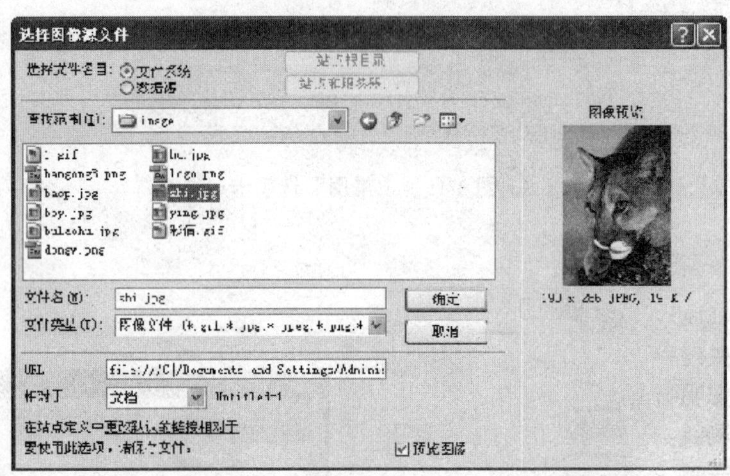

图 3-18 “选择图像源文件”对话框

（4）如果当前新建网页没有被保存，那么会弹出如图 3-19 所示的提示框。

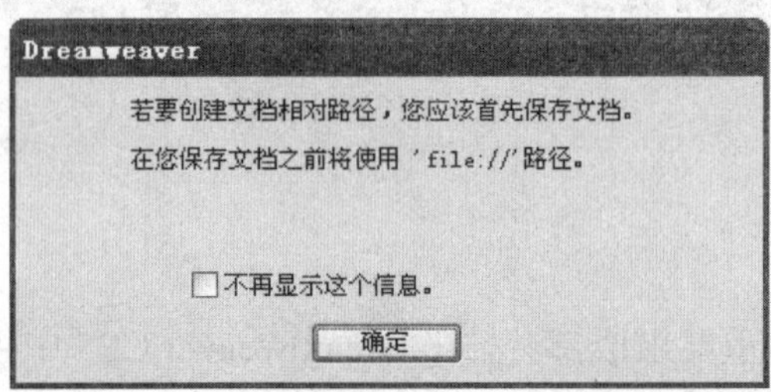

图 3-19 提示框

（5）单击“确定”按钮后，如果没有设置首选参数的辅助功能项，那么在默认参数下，会打开如图 3-20 所示的“图像标签辅助功能属性”对话框。该对话框不用设置，直接单击“确定”按钮或者“取消”按钮将图像导入即可。

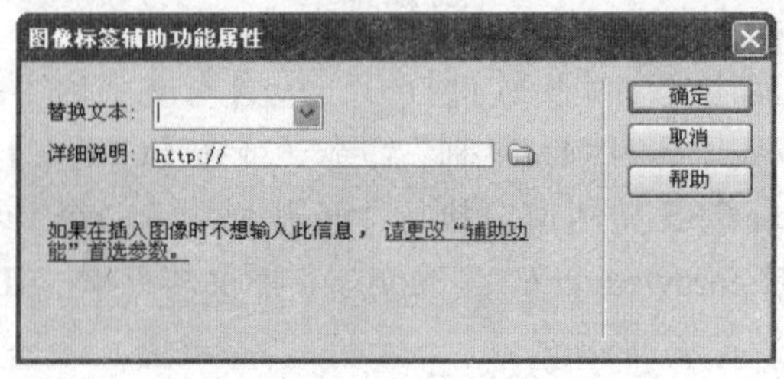

图 3-20 “图像标签辅助功能属性”对话框

（6）如不想在插入图像时弹出该对话框，可单击图 3-20 中最下边带有下划线的链接文字，打开图 3-21 所示的“首选参数”对话框，单击“图像”复选框，去掉该复选框中的“√”。

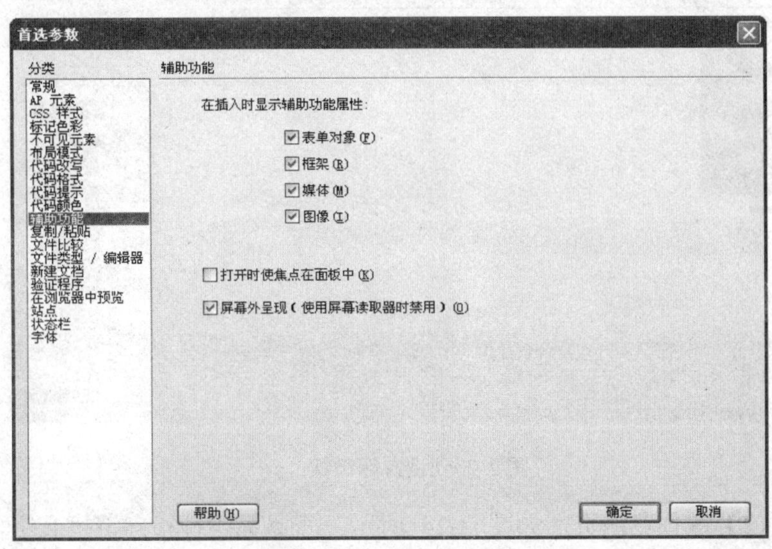

图 3-21　“首选参数”对话框

（7）如图 3-22 所示，在属性面板中设置导入图像的大小和位置。

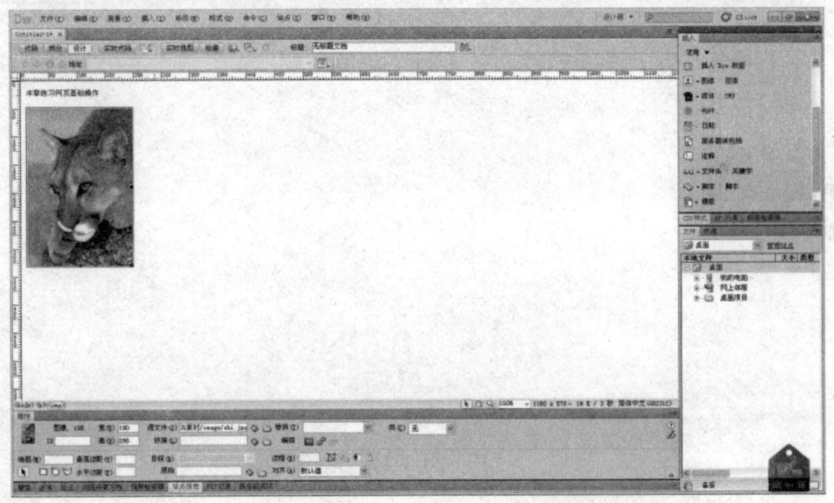

图 3-22　设置导入图像的大小和位置

3. 建立超链接

建立超链接可通过属性面板来完成，下面以建立文字超链接为例，说明具体方法。

（1）使用鼠标框选链接的文字。

（2）将鼠标指针移到属性面板中的链接栏右侧的指向文件图标，按住鼠标左键拖动到文件面板中的目标文件，如图 3-23 所示。也可以在链接栏中直接输入链接网页的地址，例如输入 http://www.todayonline.cn，完成链接设置。

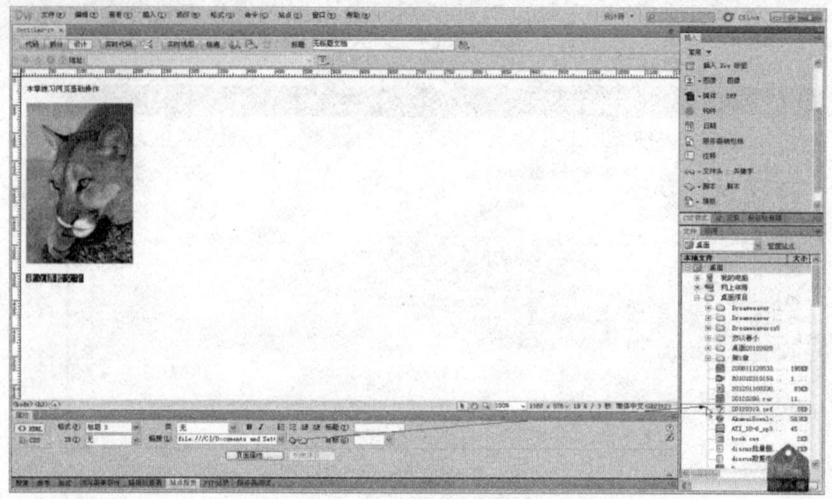

图 3-23　设置超链接

（3）按【F12】键预览网页，如图 3-24 所示。将鼠标指针指向链接文字，鼠标指针变为手指形状，单击链接文字会跳转至链接页。

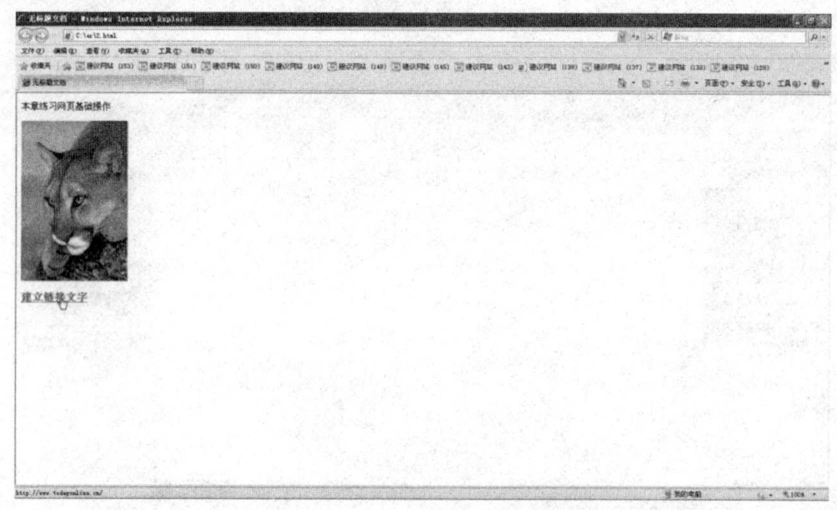

图 3-24　预览网页

4. 预览及检验相关操作

编辑网页的过程中，经常需要在浏览器中预览和检验相关操作。预览网页时，需要先保存网页，然后按【F12】键，在浏览器中预览编辑结果。

执行“窗口/结果/验证”，打开如图 3-25 所示的结果面板。使用结果面板的各项检验功能，可以执行检验操作并在面板中列出检验结果。

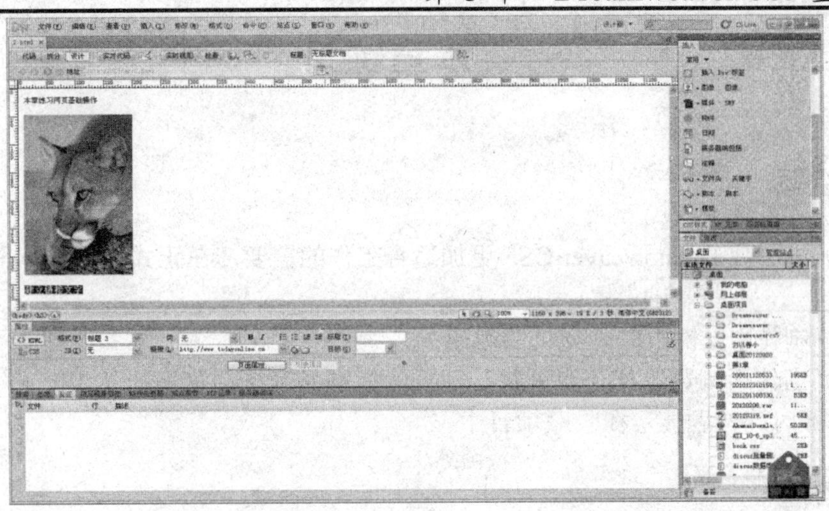

图 3-25　结果面板

3.4　辅助操作

在 Dreamweaver CS5 中有 3 个辅助工具。这 3 个工具从左向右依次是选取工具、手形工具和缩放工具，使用鼠标单击就可以选取目标工具，如图 3-26 所示。

图 3-26　Dreamweaver CS5 中的 3 个辅助工具

（1）选取工具可以选择目标对象和位置。

（2）手形工具可以移动页面的显示中心。

（3）缩放工具可以放大和缩小页面的显示比例。选择缩放工具，移动到页面位置单击可放大页面，按住【Alt】键单击则缩小页面。也可以单击缩放工具右侧的缩放比率框，在弹出的菜单中选择页面的缩放比率。

本章小结

本章主要讲解了 Dreamweaver CS5 的一些基本操作。通过本章的学习，读者应该掌握首选参数的设置，学会新建、保存和关闭文档的方法，清楚如何向网页中添加简单的文字和图像内容，灵活地使用 Dreamweaver CS5 提供的辅助工具。

本章练习

一、填空题

（1）为了使 Dreamweaver CS5 更加适合工作的需要，在正式使用前，需要在进行____________一些基础设置。

（2）制作中文网页时，默认的编码为__________。

（3）当使用浏览器打开网页时，网页的标题显示在浏览器的______和______中，当网页被收藏时，标题显示在收藏项目中。

二、问答题

（1）如何打开“首选参数”对话框？

（2）如何向网页中插入文本？

（3）如何在网页中插入图像？

三、上机练习

（1）新建一个网页，并保存和关闭该网页。

（2）新建一个网页，并设置网页的标题、边距属性。

（3）向新建网页中导入一幅图像，并使用缩放工具执行放大和缩小操作。放大图像时使用手形工具移动图像到屏幕中心。

第 4 章　建立 Dreamweaver 站点

如要完全发挥 Dreamweaver CS5 的功能，就须建立 Dreamweaver 站点。只有建立了 Dreamweaver 站点，才能对站点中的资源进行系统管理。在使用 Dreamweaver CS5 制作网页或建立网站前，需在 Dreamweaver CS5 中为网页或网站建立一个 Dreamweaver 站点。

【本章学习目标】

- 学会使用 Dreamweaver CS5 建立站点
- 掌握如何导入本地端站点

4.1　新建 Dreamweaver CS5 站点

创建 Dreamweaver CS5 站点前，需要对网站进行规划。然后根据网站的实际需要，为网站建立 Dreamweaver CS5 站点。

一、规划网站

建立网站前需要对网站进行策划，拿出明确的策划方案；然后根据策划方案进行调整，逐步制作出网站的目录结构。

本例准备建立以青年人为服务对象的网站，为青年人在家庭沟通和孩子的教育、成长等方面提供一个交流、学习的环境。网站风格轻松活泼，其立足点是一个公益性质的网站，希望每位青年人在承受生活压力的同时，能够以愉快的心情面对家人和孩子。

确定网站的名称为“cs5 练习”，网站相关文件存放的路径为 C:\dwcs5 文件夹中。为了避免不兼容的现象，在使用 Dreamweaver CS5 工作时，要以英文命名文件和文件夹。

网站的部分结构如图 4-1 所示，网站结构的明确对于网站的整体把握和后期制作的控制和管理非常重要。

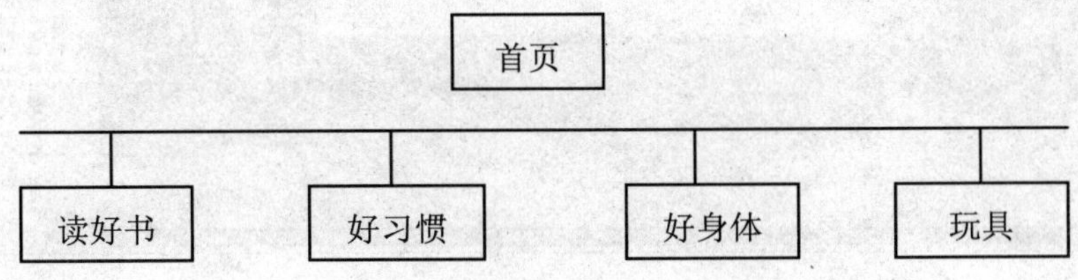

图 4-1　网站的部分结构

在完成结构图后，可以根据结构图制作规划表，如图 4-2 所示，表中包含文件的根目录、二级文件夹和各文件的用途说明。

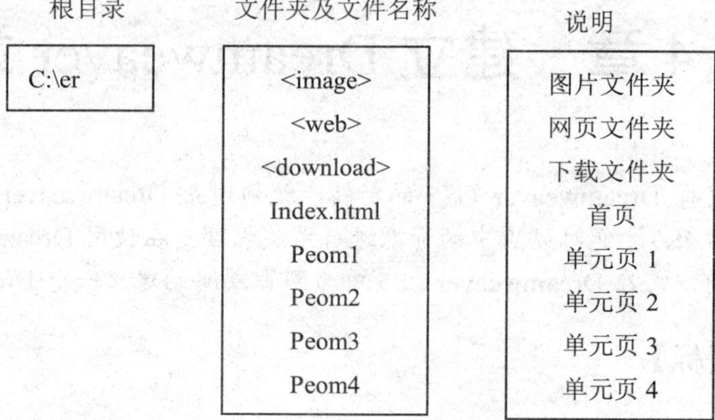

图 4-2　规划表

二、创建站点

使用 Dreamweaver CS5 站点功能，可以更好地管理和组织站点内的资源。在建立站点后，可以实现自动跟踪和维护链接等功能。定义 Dreamweaver 站点，就是建立一个存放和组织站点资源的文件夹，并定义这个文件夹的相关网站信息，例如服务器、数据库等站点信息。定义 Dreamweaver 站点的方法如下：

（1）启动 Dreamweaver CS5，单击图 4-3 所示的起始页面中“Dreamweaver 站点”按钮，弹出站点定义窗口。

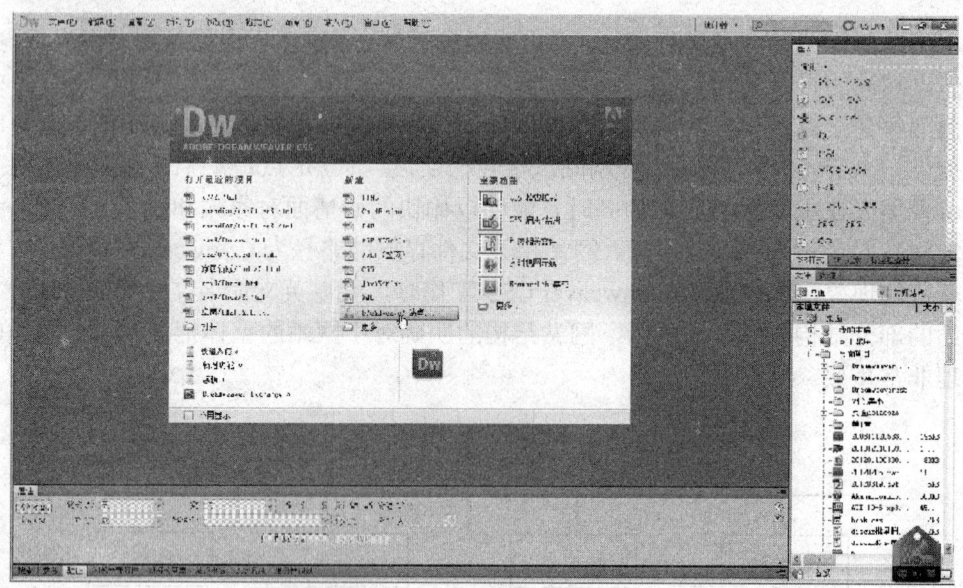

图 4-3　Dreamweaver CS5 起始页面

（2）如图 4-4 所示，在“站点设置对象”窗口的右侧栏中的站点名称和本地站点文件夹中输入站点名称和本地用来存放网页和网页资源的路径。

本地站点文件夹使用英文和数字命名，不能使用中文命名，以避免可能出现的不兼容现象。

（3）如图 4-5 所示，点击窗口左侧栏中服务器标签，设置服务器参数。

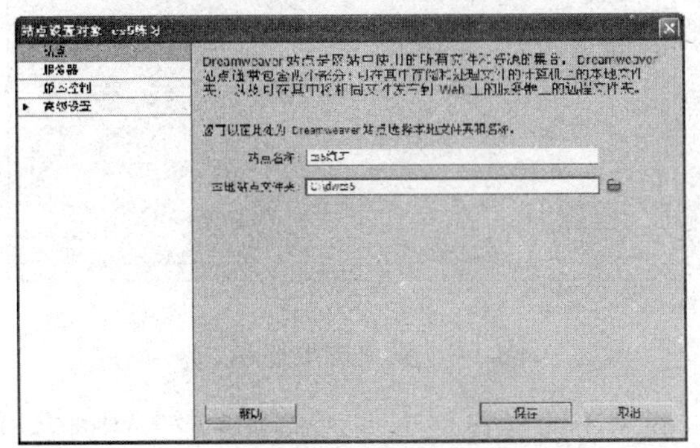

图 4-4　“站点设置对象”窗口

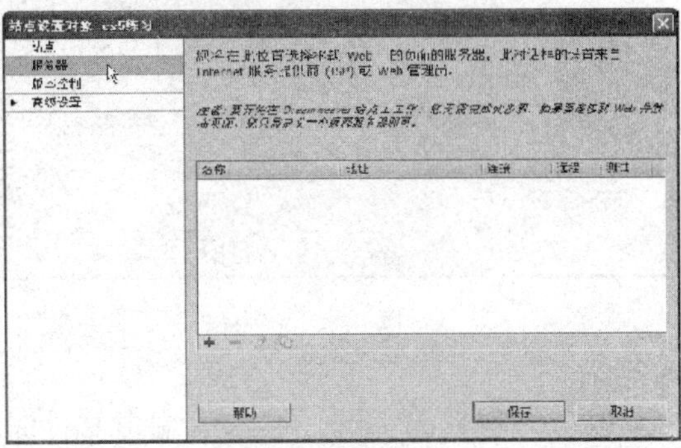

图 4-5　设置服务器参数

（4）点击右侧栏中的添加新服务器按钮，即右侧空白框左下角的加号，打开图 4-6 所示的服务器具体参数对话框。

此处参数只需根据 ISP 提供的具体参数添加。如果仅是在本地计算机中制作网页或没有服务器，此处可以留空，不用设置。

（5）点击左侧栏中的版本控件标签，打开图 4-7 所示的窗口，此处与上面的服务器设置是相对应的，具体设置需参照服务器参数设置。这些参数可以从 ISP 服务商或网管处获得，这里不再赘述。

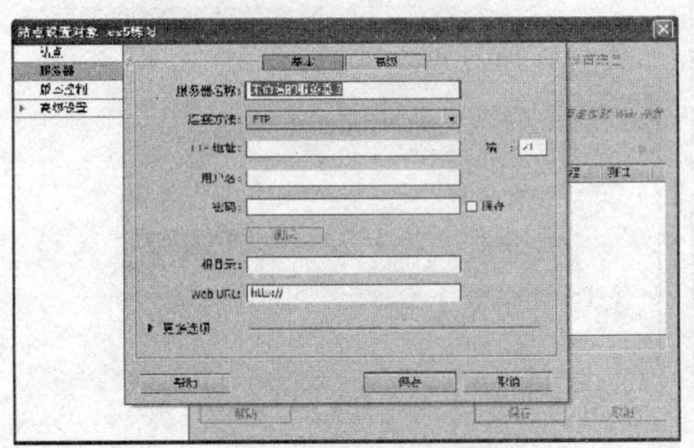

图 4-6　服务器具体参数对话框

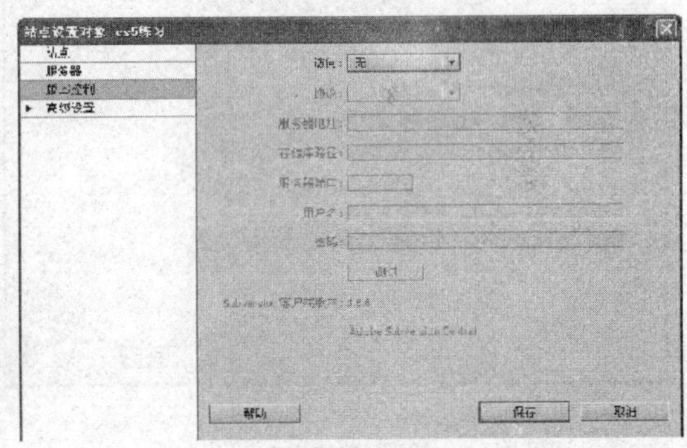

图 4-7　设置服务器参数

（6）如图 4-8 所示，点击高级设置标签，打开高级设置标签。通过高级设置中的各项，可以根据需要更准确地设置本地站点的相关参数。

（7）如图 4-9 所示，设置本地信息。默认图像文件夹用来指定存放设计过程中网页中所需图像的路径。web URL 输入站点的 URL（HTTP 地址），即网站在互联网上的地址。建议默认图像文件夹放置在默认站点文件夹中。web URL 不是必填项，可以留空。

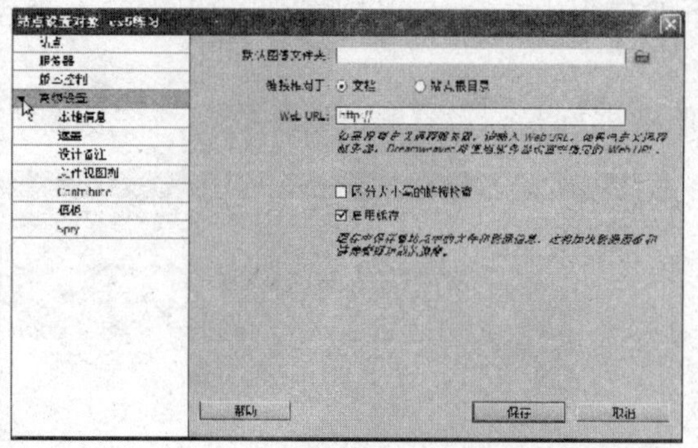

图 4-8　高级设置标签

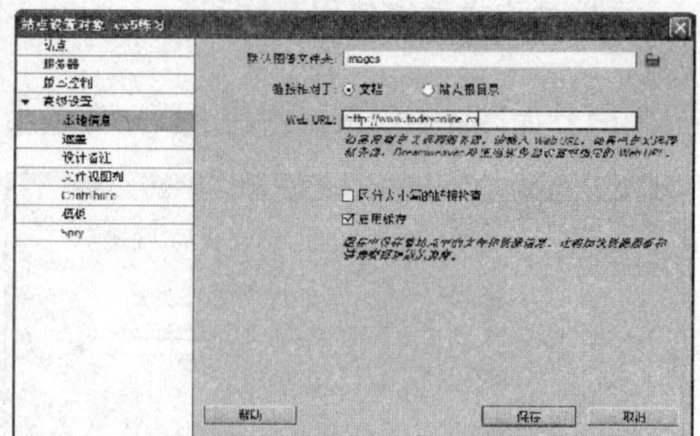

图 4-9　设置本地信息

以下内容只需了解，在本地编辑文件时，通常不需要设置下列内容。完成上述内容设置就能够满足多数工作需要了。

（8）如图 4-10 所示，设置遮盖选项，可以执行以下操作：

第一步：选择或取消选择“启用遮盖”复选框以启用或禁用遮盖。

第二步：勾选或取消勾选“遮盖具有以下扩展名的文件”复选框以启用或禁用特定文件类型的遮盖。

第三步：在文本框中输入或删除要遮盖或取消遮盖的文件名的后缀。

（9）设计备注是制作网站过程中输入的文本提示信息。如图 4-11 所示，启用设计备注，可以执行以下操作：

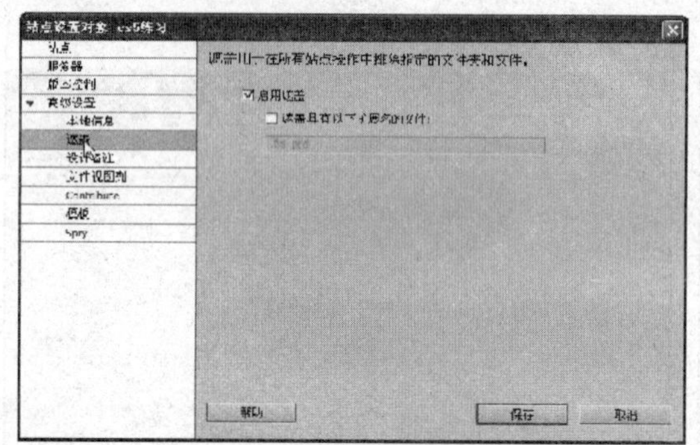

图 4-10　设置遮盖选项

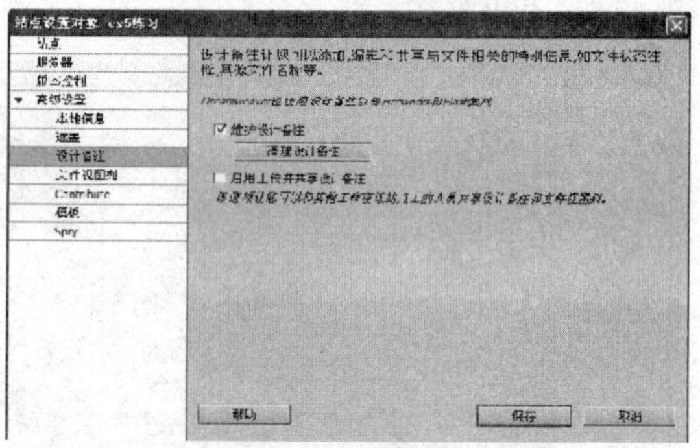

图 4-11　设计备注

第一步：勾选“维护设计备注”复选框，开启设计备注功能。通常是在单机环境中开发网页，不需要与其他计算机用户共享设计备注时，勾选此复选框。

第二步：勾选“启用上传并共享设计备注”复选框，当上传网页时，与网页相关的设计备注也会一起上传。通常是在联网状态多人进行开发合作时选择此复选框，合作方在获得新的网页设计时，可以同时获得相关备注。

这两项不是必设项，可以根据实际情况进行勾选一项或两项。也可以都不勾选，即关闭设计备注功能。

（10）如图 4-12 所示各文件视图列。当需要更改列的顺序时，可执行以下操作：选择列名称，然后点击向上箭头或向下箭头更改选定列的位置。可以更改除“名称”列之外任

何列的顺序。“名称”列始终是第一列。

若要添加新列，可以执行以下操作：

第一步：单击加号按钮。

第二步：在“列名称”文本框中，输入列的名称。

第三步：在“与设计备注关联”栏中输入目标值，或者单击下拉按钮，在弹出的菜单中选择一个值。新建的列，必须与设计备注关联，“文件”面板中才会有数据显示。

第四步：在对齐栏中选择对齐方式，确定该列的文本对齐方式。

- ➢ 勾选或取消勾选“显示”选项，就可以显示或隐藏目标列。
- ➢ 勾选“与该站点所有用户共享”选项，那么与连接到该远程站点的所有用户即可共享该列。
- ➢ 若要删除列，可以选择要删除的列，然后单击减号按钮。

（11）图 4-13 所示为 Contribute 项。

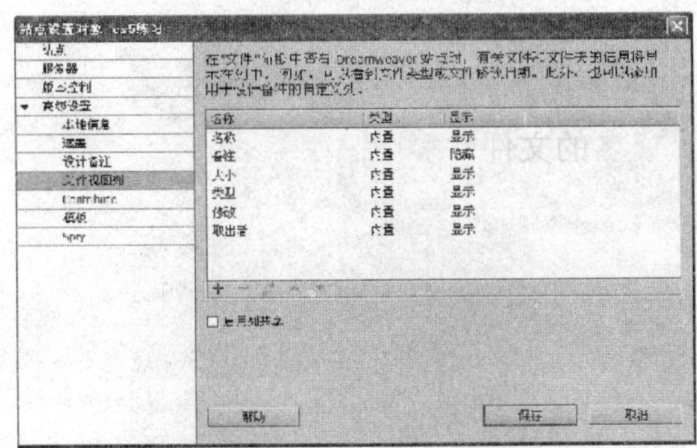

图 4-12　文件视图列

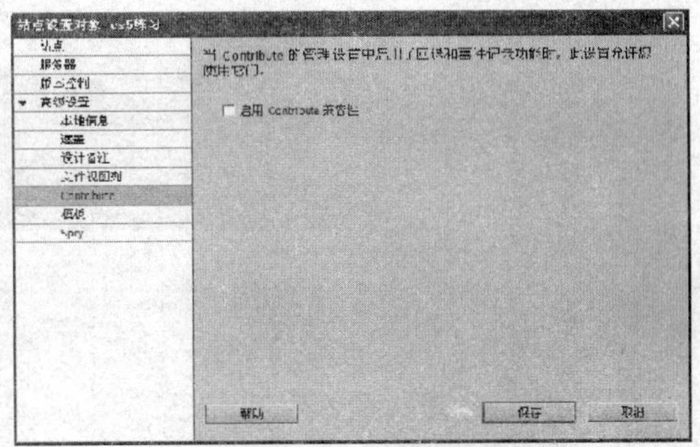

图 4-13　Contribute 项

Contribute 用于设置是否启用存回和取出。启用 Contribute 的兼容功能时，必须先设置远程信息，才可以开启该项功能。

启用该项时，如果出现一个对话框，提示启用“设计备注”和“存回/取出”，可以单击“确定”按钮；如果尚未设置“存回/取出”联系信息，则出现要求输入该信息的对话框；在该对话框中键入用户姓名和电子邮件地址，然后单击“确定”按钮。设置完成后，会显示站点根 URL 选项。

（12）图 4-14 所示为模板项。这里保留默认值就可以了。模板栏用于设置更新模板时模板中的相对链接路径是否进行更新。

（13）图 4-15 所示为 Spry 项。Dreamweaver CS5 默认存放路径是站点文件夹中的 SpryAssets 文件夹。如果无特殊要求，保留默认值就可以了。

Spry 是一种动态网页交互技术，可以实现一些数据交互和特殊视觉效果，如渐隐、放大等。

在使用 Spry 完成一些工作时，会自动生成一些文件，这些文件需要放置到站点的指定文件夹中，以便网页打开时调用。而指定文件夹的工作就是在这里完成的。

（13）点击“保存”按钮完成站点建立。

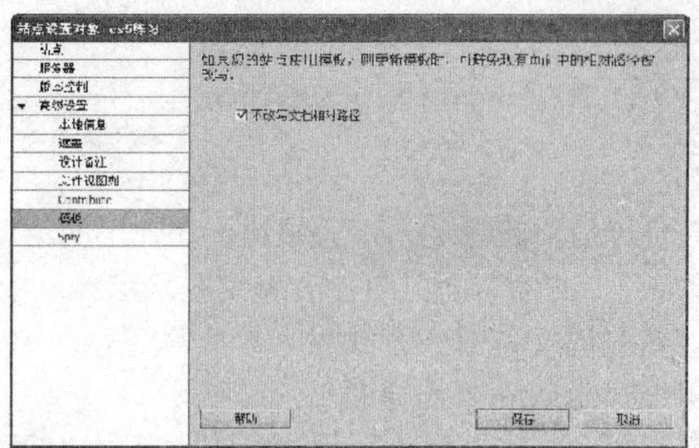

图 4-14　模板项

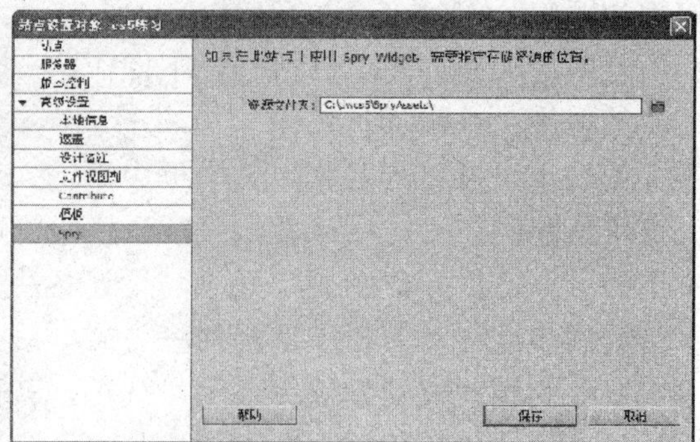

图 4-15　Spry 项

（14）退出建立Dreamweaver站点向导后，文件面板会自动将新建站点作为当前站点，如图 4-16 所示。

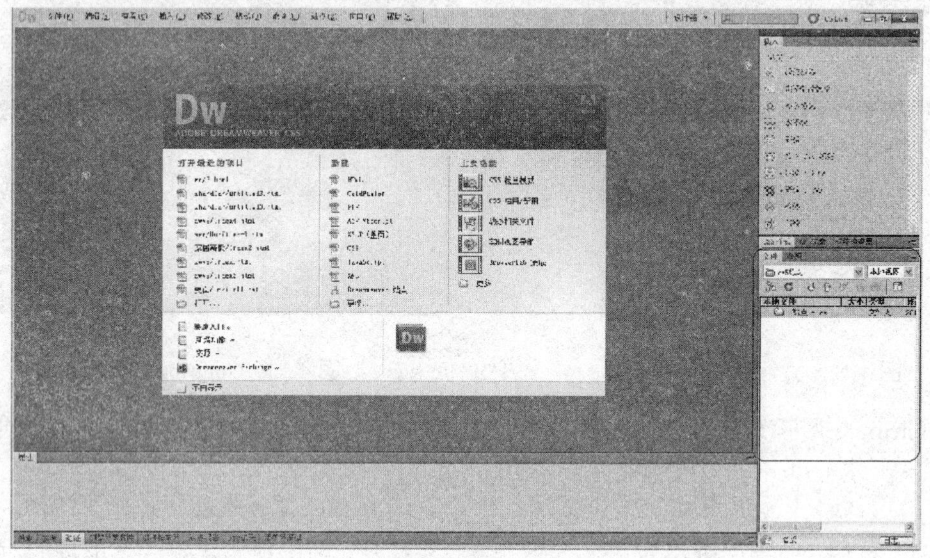

图 4-16　文件面板将新建站点作为当前站点

如果文件面板没有打开，可以通过单击“窗口/文件”，打开文件面板。

使用同样的方法可以建立其他站点，建立的 Dreamweaver 站点都可以通过文件打开，通过文件面板可以为站点添加新的文件夹和文件。

4.2　导入本地端站点

当计算机的某个文件夹存放了一个完整网站或部分网站的内容时，可以直接利用这个现存的文件夹建立一个新的站点。

（1）如图 4-17 所示，单击起始页中的“Dreamweaver 站点”图标，打开该定义站点

向导。

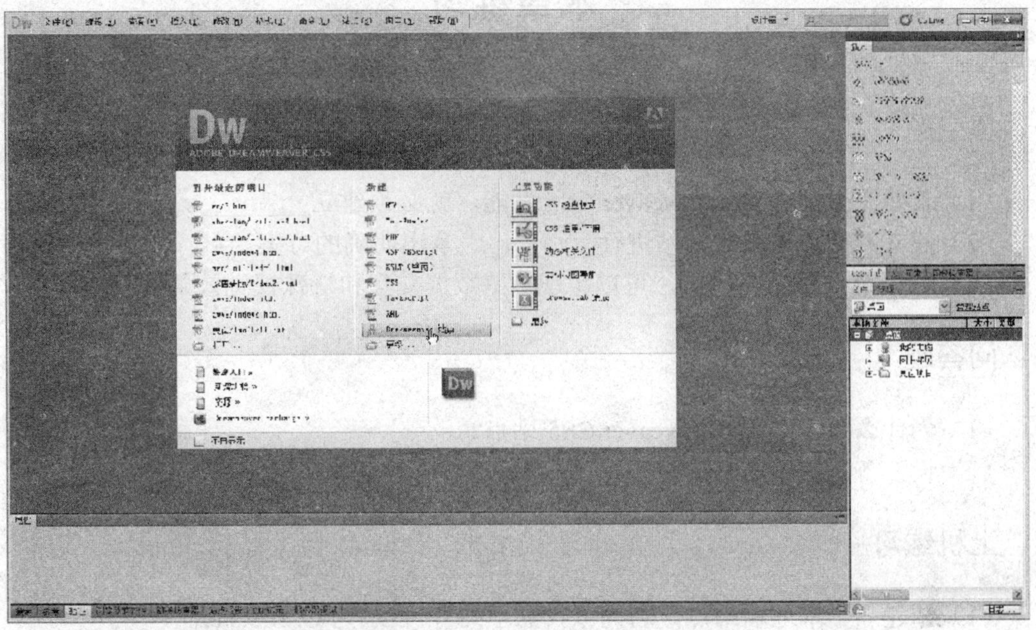

图 4-17　打开定义站点向导

（2）如图 4-18 所示，定义站点名称，再单击浏览文件夹按钮，打开选择文件夹窗口。

（3）如图 4-19 所示，在选择根文件夹窗口中选择目标文件夹，然后点击“选择”按钮，回到站点设置对话框中。

（4）然后按上节所述设置各项参数，点击“保存”按钮完成操作。

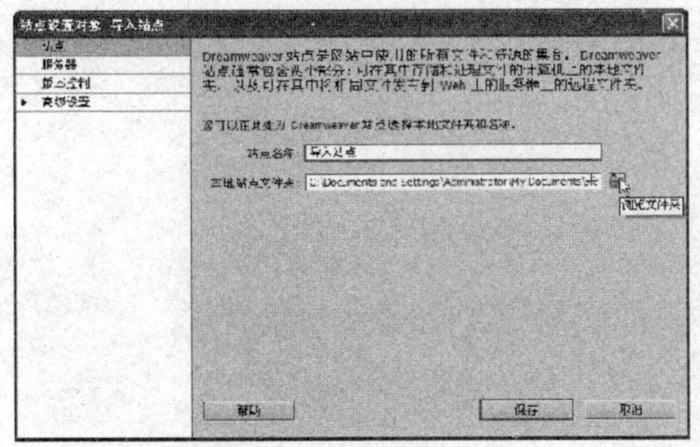

图 4-18　定义站点名称

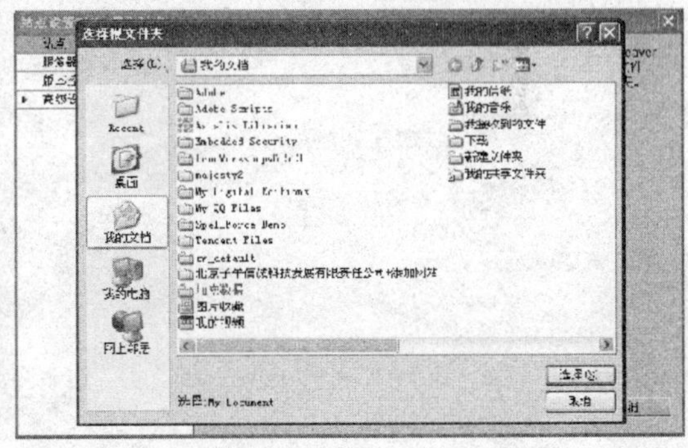

图 4-19　站点设置对话框

本章小结

本章讲解了使用 Dreamweaver CS5 建立、导入和使用高级选项设置站点的方法。通过本章的学习，读者应重点掌握使用 Dreamweaver CS5 建立站点和导入站点的操作。

本章练习

一、填空题

（1）若要完全发挥 Dreamweaver CS5 功能，就必须建立________。

（2）建立网站前需要对网站进行________，拿出明确的方案。

（3）Spry 是一种________，可以实现一些数据交互和特殊视觉效果。

二、问答题

（1）为什么要建立 Dreamweaver CS5 站点?

（2）设计备注的用途有哪些？

三、上机练习

（1）创建一个本地端站点，名为“我的小站”，目录为 C:\firstsite\。

（2）导入一个含有 Web 文件的站点。

第 5 章　编辑和管理站点

建立站点后，就可以利用文件面板对站点进行编辑和管理。通过文件面板，我们可以高效率地对文件进行管理操作。

【本章学习目标】

- ➢ 了解文件面板的用途
- ➢ 学会使用文件面板建立和删除文件
- ➢ 学会使用文件面板建立和删除文件夹
- ➢ 学会使用设计备注

5.1　认识文件面板

通过文件面板不仅可以编辑和管理本地的 Dreamweaver CS5 站点，还可以编辑和管理远程服务器中的网站。文件面板如图 5-1 所示。

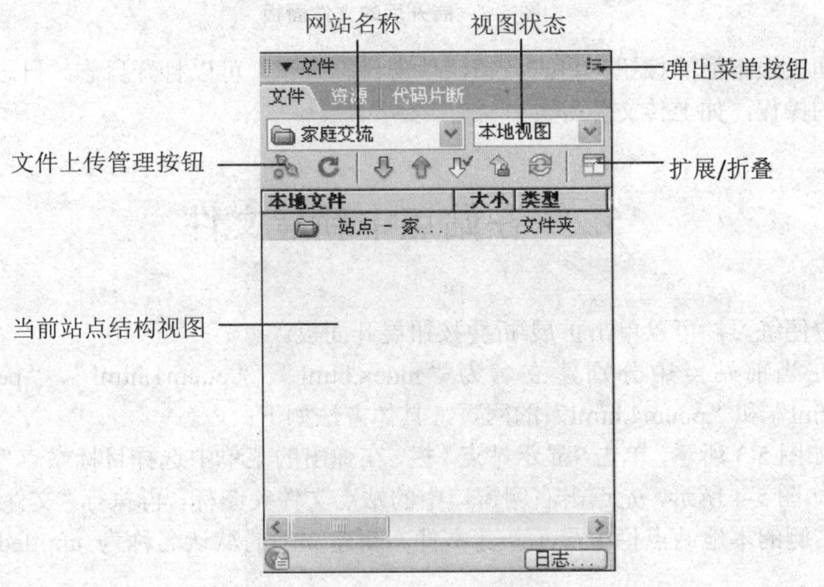

图 5-1　文件面板

它由以下几部分组成：

- ➢ **网站名称：**显示当前网站的名称。单击该栏会弹出一个显示所有 Dreamweaver CS5 站点的菜单，通过该菜单可以选择目标站点。

- **视图状态：**提供网站本地视图、远程视图、测试服务器视图及地图视图等 4 种视图状态。单击该栏，在弹出的菜单中选择目标视图状态。
- **菜单按钮：**单击该按钮会弹出一个菜单，该菜单提供了有关 Dreamweaver CS5 站点的操作命令，如建立网页、文件夹，测试站点等。
- **文件上传管理按钮：**连接管理远程服务器的功能按钮，单击该按钮，可以实现连接到远程服务器、断开与远程服务器的连接、上传或下载文件等操作。
- **扩展/折叠：**可以展开和折叠面板，图 5-2 所示为展开后的文件面板。
- **当前站点结构视图：**显示当前站点的结构视图，会随着视图状态改变而以不同的方式显示当前站点结构。

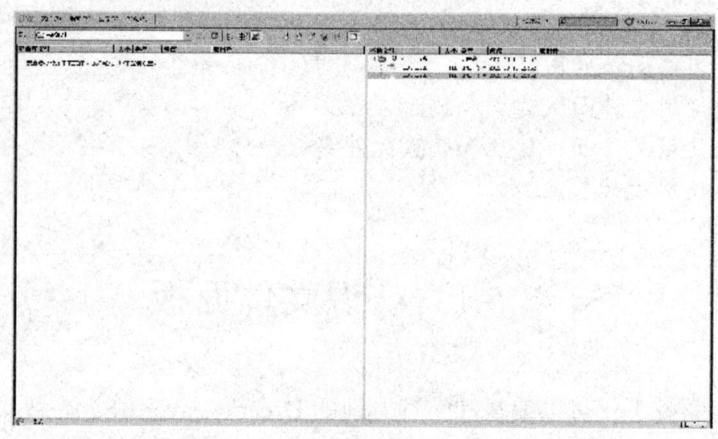

图 5-2　展开后的文件面板

文件面板最下面的按钮为日志按钮，单击日志按钮，可以打开日志。日志可以自动记录对文件的操作，如上传文件等。

5.2　在站点中新建文件

为了方便练习，可以单击扩展/折叠按钮展开面板。

首先在当前站点中分别建立名为“index.html”、“poem1.html”、“poem2.html”、“poem3.html”和“poem4.html”的网页，具体方法如下：

（1）如图 5-3 所示，单击“显示站点”栏，在弹出的菜单中选择目标站点“cs5 练习”。

（2）如图 5-4 所示，先点击右侧窗口中的站点文件夹图标，再执行“文件/新建文件”命令，在右侧的本地站点栏中显示新建文件。新建文件的默认名称为 untitled.html，如图 5-5 所示。

（3）输入文件新名称后按【Enter】键完成重命名，如图 5-6 所示。本例中输入“index.html”。

在命名网页时，一定要输入文件的扩展名。为了使网页能获得更好的支持，应当避免使用中文命名文件，文件名应统一用小写字母和数字。静态网页的文件扩展名.htm 和.html

是通用的。但需要注意，网站中同类文件的扩展名要保持统一。

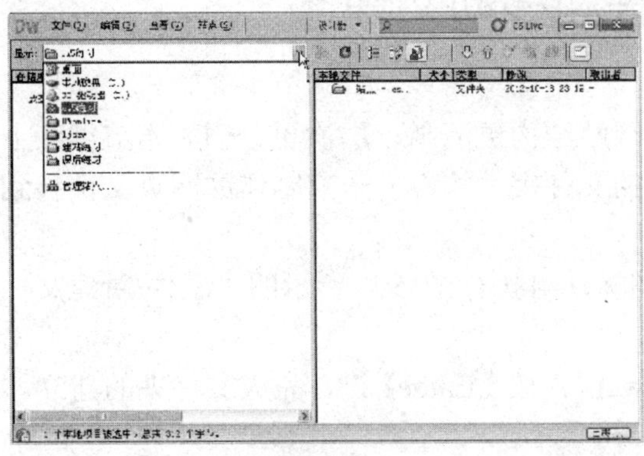

图 5-3　选择目标站点

图 5-4　执行“文件/新建文件”命令

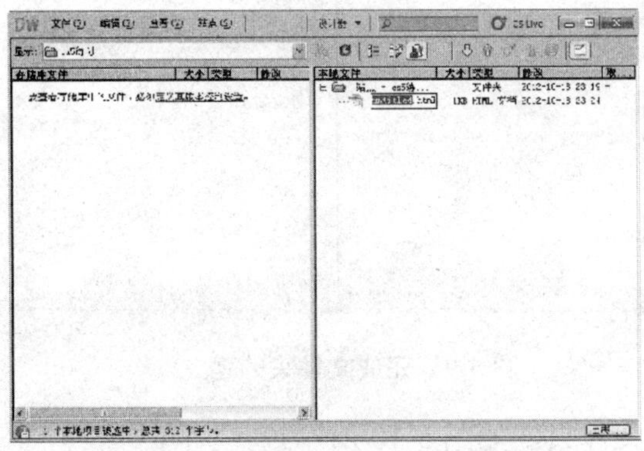

图 5-5　新建的文件 untitled.html

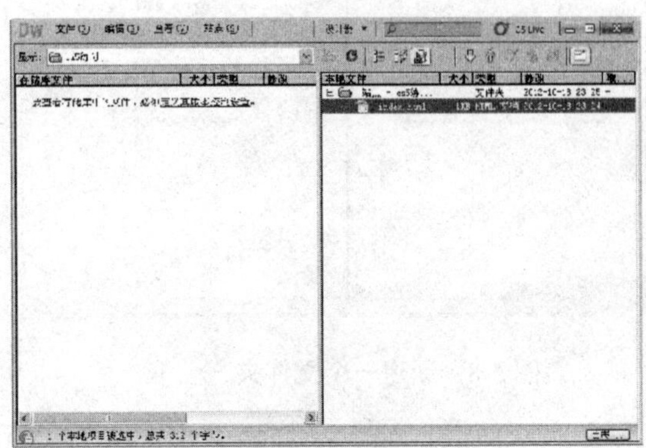

图 5-6　完成重命名

（4）用同样的方法分别建立名为 poem1.html、poem2.html、poem3.html 和 poem4.html 的网页，结果如图 5-7 所示。新建文件后，在结构视图中显示了新建文件的大小、类型和修改日期等信息。

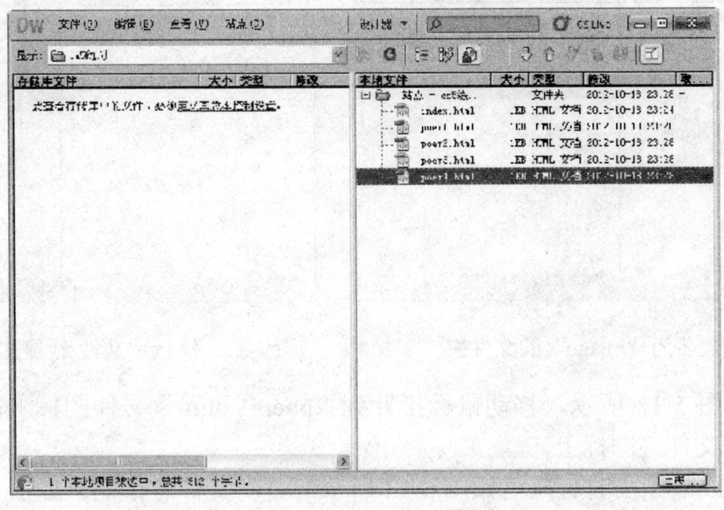

图 5-7　新建的网页结果

5.3　新建文件夹和移动文件

在站点中使用文件夹存储同类文件，会使网站结构更清晰、层次更分明。本节继续上一节的操作，在站点中制作名为 web 和 image 的文件夹，并将上一节制作的网页文件移到 web 文件夹中。

（1）先单击面板右侧栏中的站点文件夹图标，再执行图 5-8 所示的“文件/新建文件夹”命令，新建一个文件夹。

（2）如图 5-9 所示，输入文件夹的名称“web”，按【Enter】键，完成文件夹的建立。

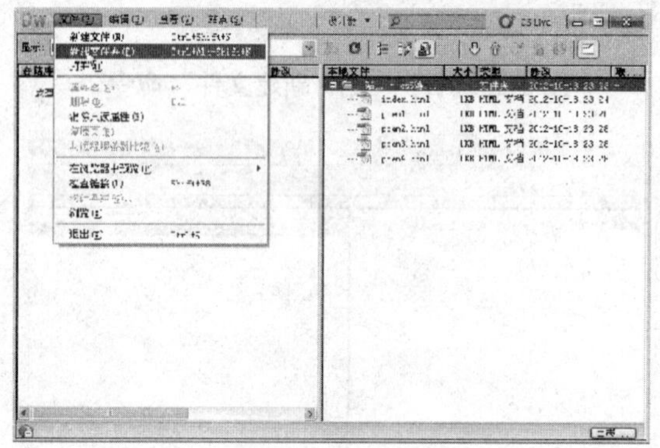

图 5-8　新建一个文件夹

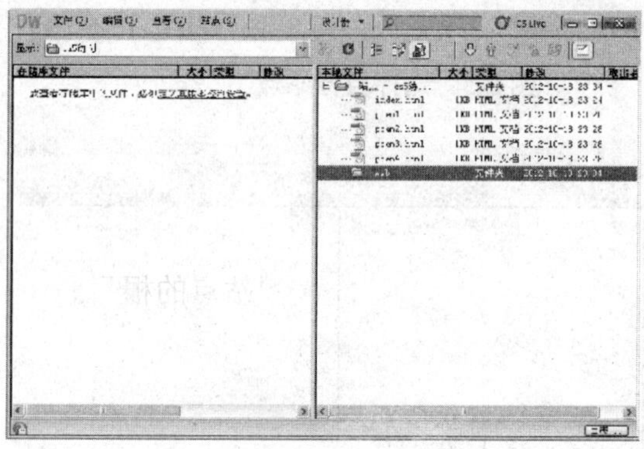

图 5-9　完成文件夹的建立

（3）用同样的方法创建名为“image”的文件夹，如图 5-10 所示。

若想在目标文件夹中建立一个文件夹，可以单击目标文件夹，然后执行新建文件夹命令。例如，要在 image 文件夹中建立文件夹，先单击 image 文件夹图标，再执行“文件/新建文件夹”命令，结果如图 5-11 所示。

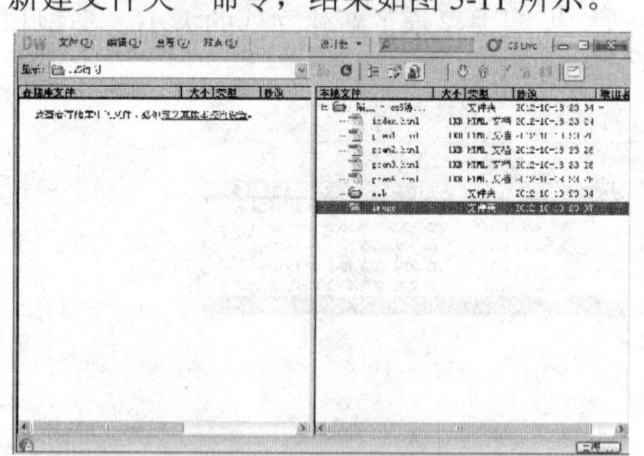

图 5-10　创建名为“image”的文件夹

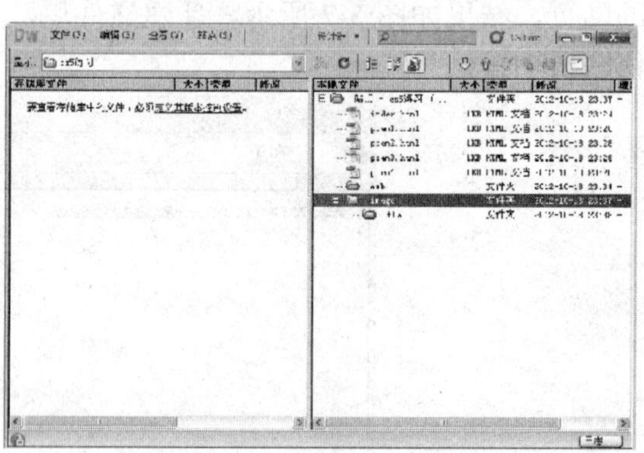

图 5-11　执行“文件/新建文件夹”命令的结果

（4）如图 5-12 所示，移动鼠标指针到“poem1.html”文件图标上，按住鼠标左键拖动至“web”文件夹图标上。

（5）释放鼠标左键后弹出如图 5-13 所示的更新文件对话框。单击“更新”按钮，完成文件的转移。

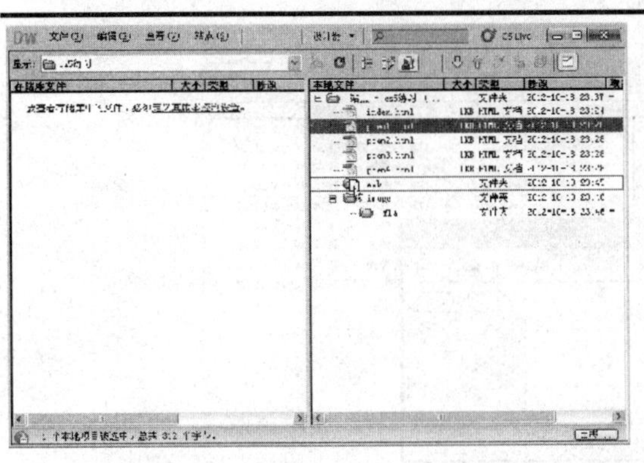

图 5-12　文件移至 web 文件夹中

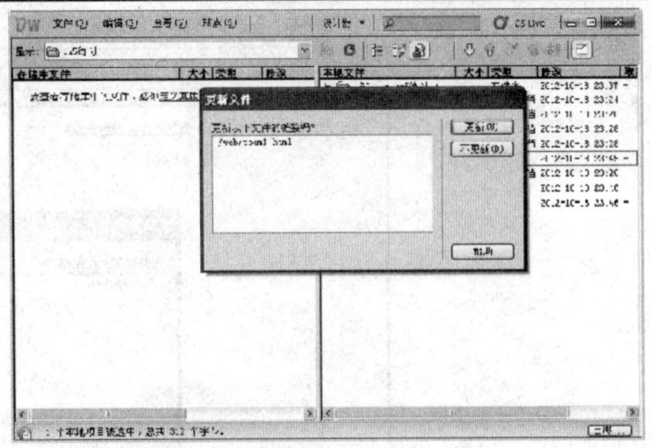

图 5-13　完成文件的转移

选择更新，是为了防止由于文件的移动而出现的链接错误。链接是文件存放位置的描述，当文件位置发生改变时，链接地址也需要同时更新，才能通过链接找到目标文件。

（6）用同样的方法分别将 poem2.html、poem3.html、poem4.html 文件移至 web 文件夹中，结果如图 5-14 所示。

（7）若要移动文件到站点的根目录下，可以直接拖动目标文件图标到站点文件夹图标上，如图 5-15 所示。

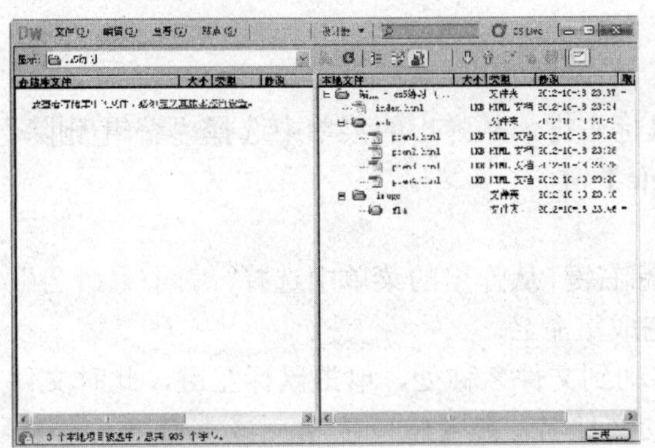

图 5-14　文件移至 web 文件夹中

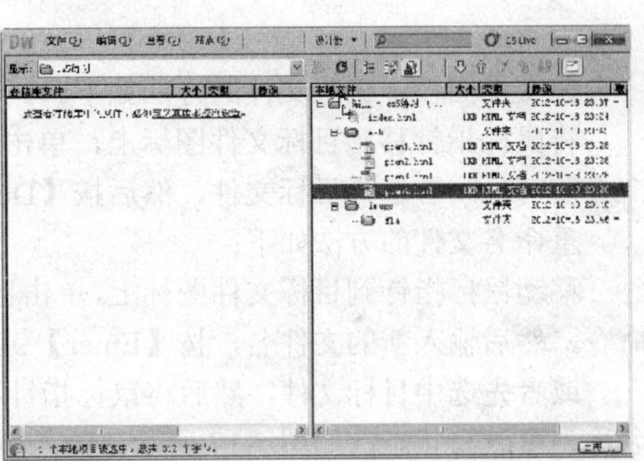

图 5-15　直接拖动目标文件图标到站点文件夹图标上

（8）释放鼠标左键后，弹出图 5-16 所示的更新链接提示框。单击“更新”按钮，完成文件移动。

建立文件夹，是为了让网站可以分门别类地存放网站资源，使网站的结构清晰有序。例如，建立网站时通常会用到图片、Flash 影片等素材，这里可以将图片素材保存到站点的 image 文件夹中，将 Flash 影片存放到 Flash 文件夹或者其他分类文件夹中。

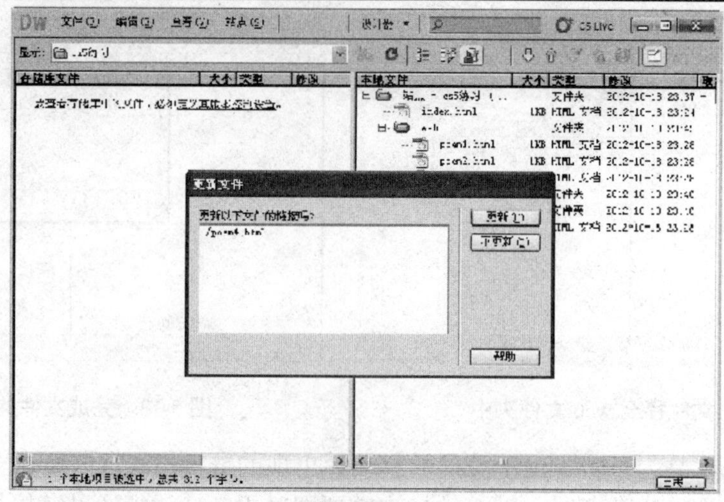

图 5-16　更新链接提示框

5.4　删除和重命名文件

在文件面板中删除文件的方法如下：

将鼠标指针移到目标文件图标上，单击鼠标右键，从弹出的菜单中选择“编辑/删除”命令即可。或者选择目标文件，然后按【Delete】键。

重命名文件的方法如下：

移动鼠标指针到目标文件图标上，单击鼠标右键，从弹出的菜单中选择“编辑/重命名”命令，然后输入新的文件名，按【Enter】键完成重命名。

或者先选中目标文件，然后将鼠标指针移动到文件名称处，单击鼠标左键，此时文件名称为可改写状态，如图 5-17 所示。输入新的文件名，按【Enter】键完成重命名。

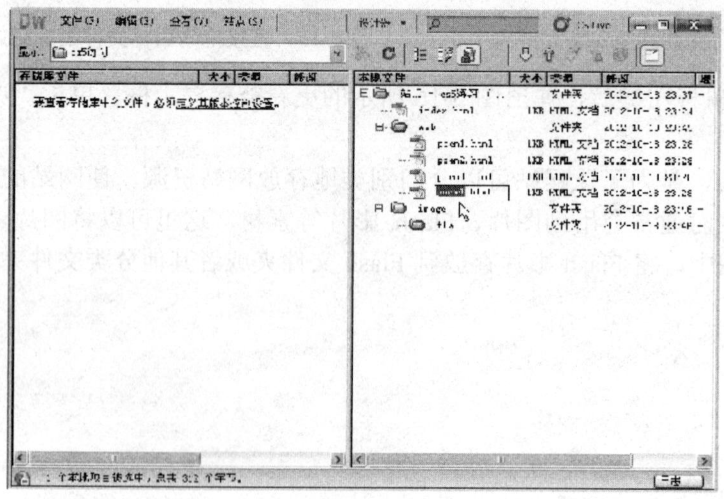

图 5-17　重命名文件

5.5　使用设计备注

使用设计备注可以方便多人合作，提示设计网页时的进度及相关注意事项。每次编辑网页存盘前，可以执行“文件/设计备注”命令，记录和修改文件的设计进程和必要的提示信息。使用设计备注的方法如下：

（1）双击文件面板中的目标文件，打开该文件。设计备注是针对当前被编辑文件的提示信息，所以书写设计备注时需要先打开目标文件。

（2）执行“文件/设计备注”命令，打开图 5-18 所示的设计备注提示框。

（3）输入提示信息后，单击“确定”按钮，完成备注建立。

可勾选“文件打开时显示”复选框。这样每次打开文件时都会先显示该页的设计备注。

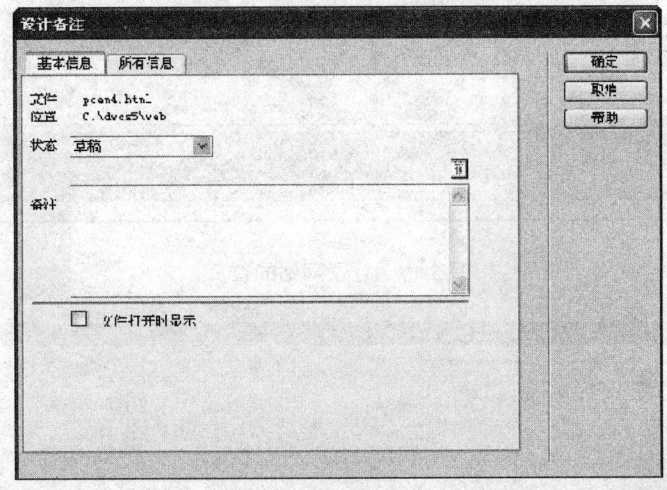

图 5-18　设计备注提示框

5.6　实例分析

建立一个明晰的站点地图，不仅对设计者而且对浏览者都是非常重要的。登录 http://www.todayonline.cn/网站的首页，拖动浏览器的右侧滚动条至首页最下方，如图 5-19 所示。

单击“站点地图”链接，进入图 5-20 所示的“今日在线学习网”的网站地图页面，通过该页面可以清楚地知道当前网站的结构和提供的服务。初学者在制作网站时最好先从站点地图开始制作。

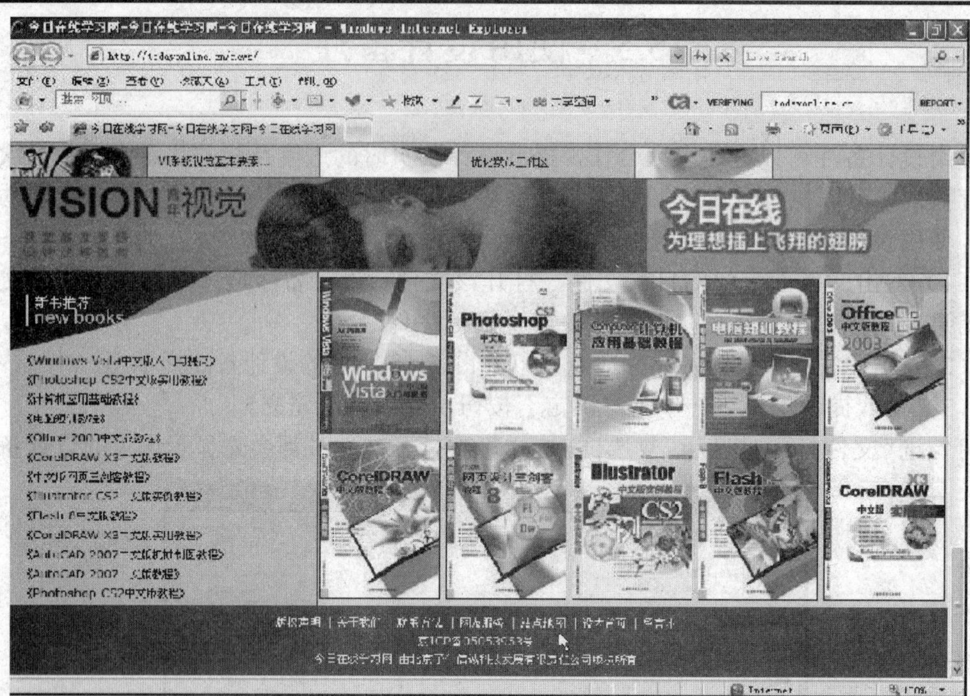

图 5-19　登录网站的首页

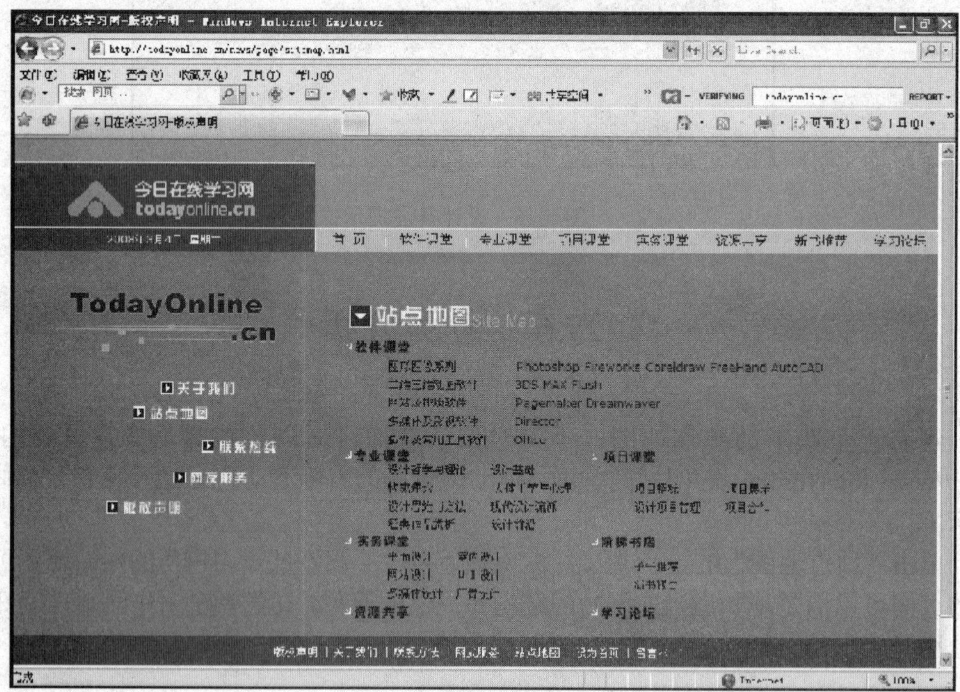

图 5-20　网站地图页面

本章小结

本章讲解了编辑和管理站点的方法。通过本章的学习，读者应当重点掌握在文件面板中建立网页文件、文件夹和站点地图的方法。

本章练习

一、填空题

（1）通过文件面板不仅可以__________和__________本地站点，还可以编辑和管理远程服务器中的网站。

（2）文件面板由_______、_______、_______、______、______和______几部分组成。

（3）在命名网页时，一定要输入文件的扩展名。为了使网页能够获得更好的支持，应避免使用_________命名文件，文件名应统一用________和________。

二、问答题

（1）展开文件面板后，如何为当前站点建立新的文件？

（2）展开文件面板后，如何为当前站点建立新的文件夹？

（3）新建了一个 Web 文件夹，如何向该文件夹中添加文件和文件夹？

三、上机练习

使用文件面板建立网页文件、分类文件夹和站点地图。

第 6 章　Div+CSS 布局网页

网页布局就是对网页内容所处位置的规划和设计。在 Dreamweaver CS5 中，完成网页布局就是使用相关工具对这种规划和设计的实现过程。

早期网页布局使用表格和 Div 等工具实现，随着网页技术的发展和规范化，网页结构和内容开始分离，而表格作为内容的一种形式，逐渐退出布局方面的应用，仅作为单纯的数据表格使用。当前标准化网页使用 Div 和 CSS 样式布局网页。

【本章学习目标】

- 了解 Div
- 学会使用 Div 和 CSS 样式布局网页

6.1　网页布局的基本知识

Div 称为区隔标记，可以在文档中创建一个具有独立属性的分区。Div 中可以包含所有网页元素，如表格、文字和图像等。当 Div 与 CSS 相互配合使用时，Div 就会展现出强大的作用。

在向网页中输入内容时，先将网页划分出不同的区域，然后向目标区域中添加内容。这样方便定位内容的具体位置，同时又不会因为内容的改变而影响网页的布局结构。

例如，需要将一张图片放置在网页的中心位置，如果不先布局网页，则仅放置这张图片就会非常麻烦，而且这张图片还可能随着其他内容的添加而发生位移。但是若先布局网页，在网页的中心位置已经划分出了一个独立的区域，这样对这个区域的修改，就不会影响到其他区域。向这个中心区域放置图片就是很容易完成的工作。

在建立网页前先制定一个网页布局。通常，一个网页布局包括页眉、正文和页脚三大部分。然后再根据需要细分这三个部分的结构。本章准备建立的网页布局结构图如图 6-1 所示。

（1）页眉被分为两个部分，左侧区域用来放置网站的标识图，右侧用来放置一些链接文字。

（2）正文被分为三个部分，两侧的小栏和中间一个大栏。

（3）页脚保持为一个完整的通栏。

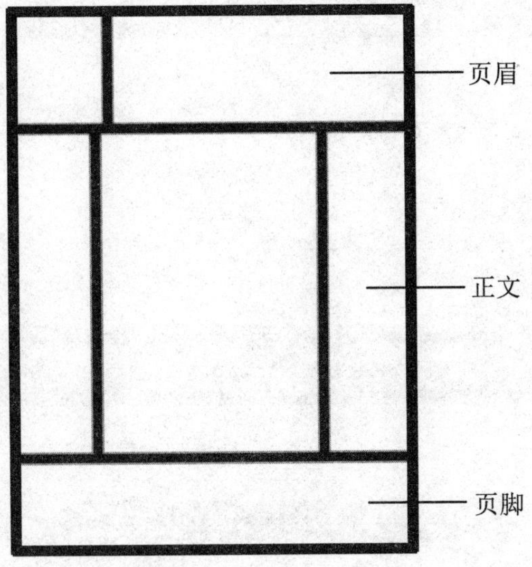

图 6-1　网页布局结构图

6.2　使用 Div+CSS 布局网页

本节通过实例讲解使用 Div 制作网页布局的方法。本节实例将按照上节中所述的网页布局规划完成网页布局。

（1）如图 6-2 所示，双击文件面板中的 index.html 文件图标，打开该文件。也可以新建一个文件，跟随练习。

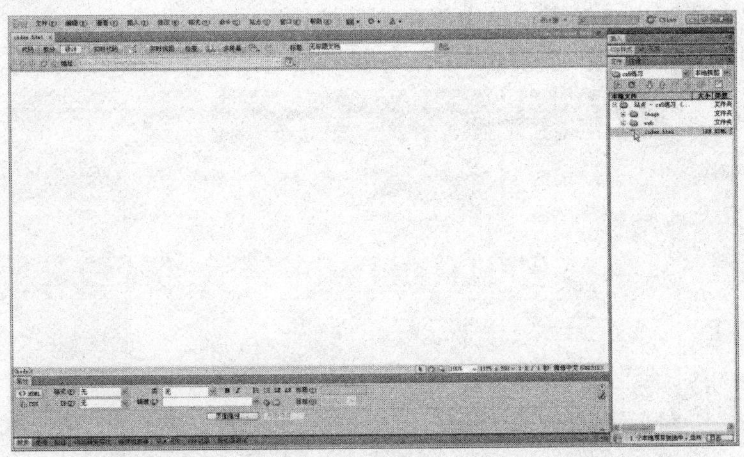

图 6-2　新建文件

（2）如图 6-3 所示，单击插入面板的布局标签，切换到布局选项卡。

（3）执行“修改/页面属性”命令，打开图 6-4 所示的“页面属性”对话框。

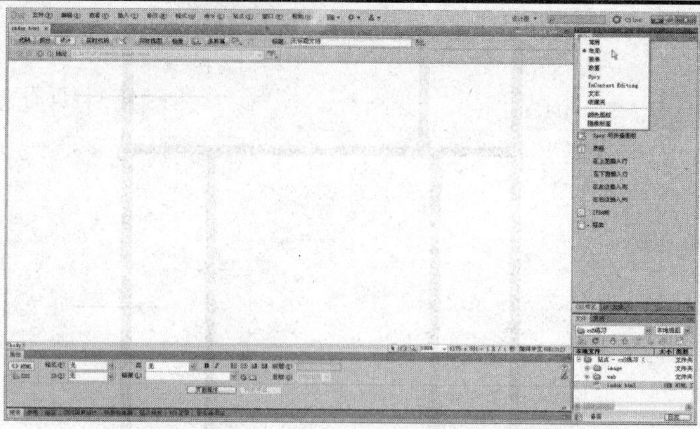

图 6-3　切换到布局选项卡

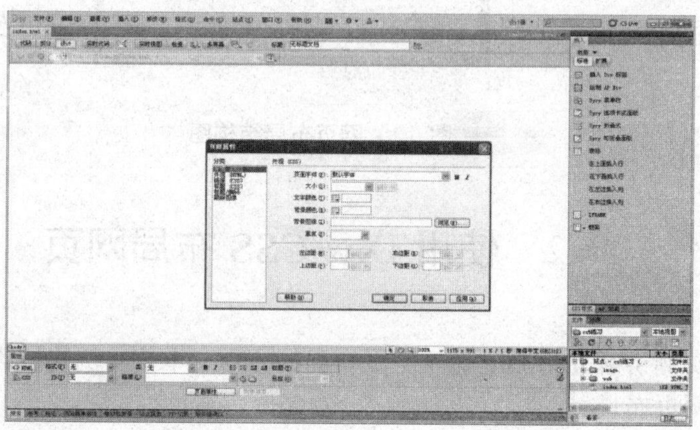

图 6-4　“页面属性”对话框

（4）设置上边距为 0 像素，单击“确定”按钮。

（5）如图 6-5 所示，单击“插入 Div 标签”按钮，打开“插入 Div 标签”对话框。

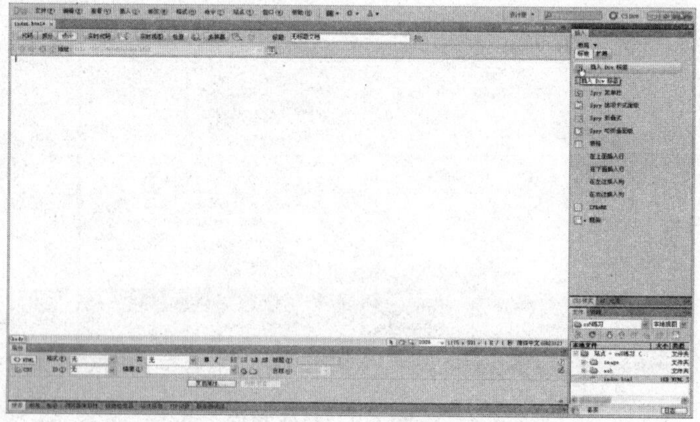

图 6-5　“插入 Div 标签”对话框

（6）如图 6-6 所示，在打开的 Div 标签对话框的 ID 栏中，输入准备新建 Div 区域的名称。ID 命名需要以英文字母开头，不要以数字或其他字符开头。

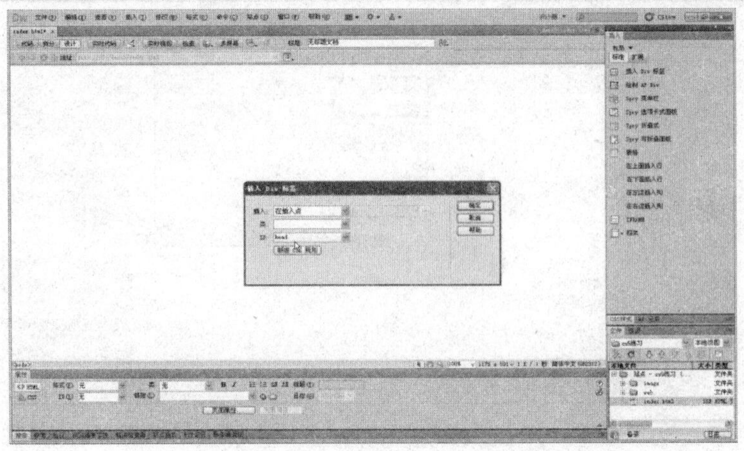

图 6-6 输入准备新建的 Div 区域的名称

（7）如图 6-7 所示，单击“新建 CSS 规则”按钮，打开“新建 CSS 规则”对话框。

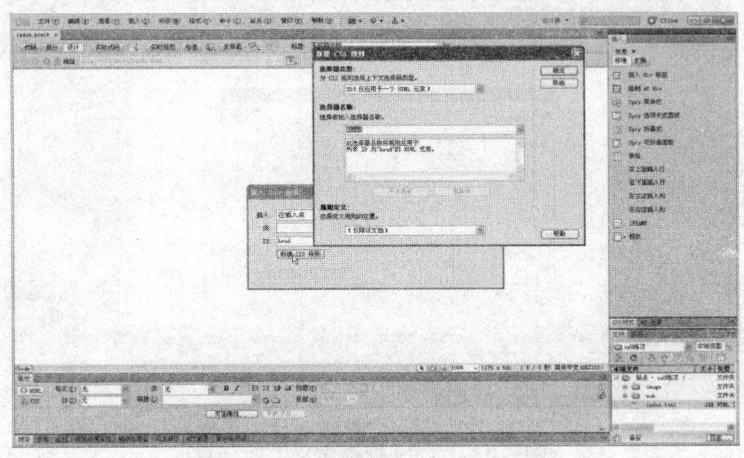

图 6-7 “新建 CSS 规则”对话框

使用 CSS 规则是为了定义新建 Div 区域的大小、位置和背景颜色等属性。在新建 CSS 规则对话框的选择器栏中显示了前面定义的 Div 的 ID，表示这个样式是针对该 Div 区域设置的。

（8）如图 6-8 所示，选择“(仅限该文档)”，然后单击“确定”按钮进入到 CSS 规则定义对话框。

选择“仅对该文档”，是将相关的规则信息只存到当前文档中。如果选择“新建样式表文件”，那么会将相关规则信息保存在一个新建的、独立的 CSS 样式表文件中。更多的 CSS 样式知识可以参考本书的相关章节。

图 6-9 所示为“CSS 规则定义”对话框。在该对话框的分类栏中包含了类型、背景、区块等设置项，通过这些分类项就可以设置目标内容的样式。

（9）如图 6-10 所示，先单击分类栏中的背景，然后再单击右侧的 Bachground-color 按钮，选择该 Div 区域的背景颜色，或者直接在 Bachground-color 按钮右侧的栏中输入色彩值。

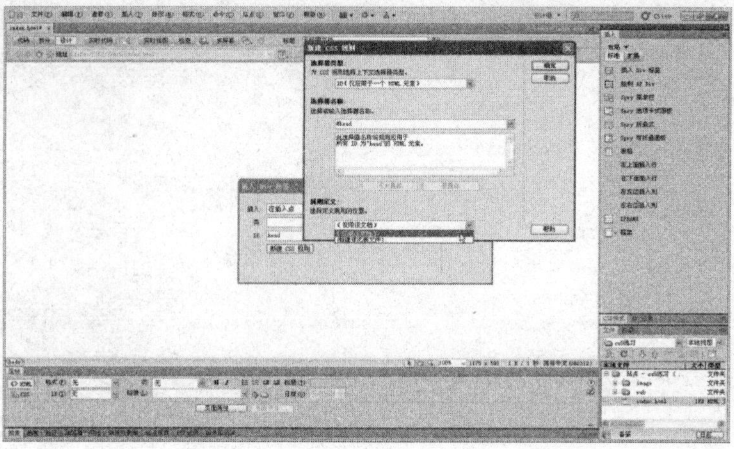

图 6-8　进入 CSS 规则定义对话框

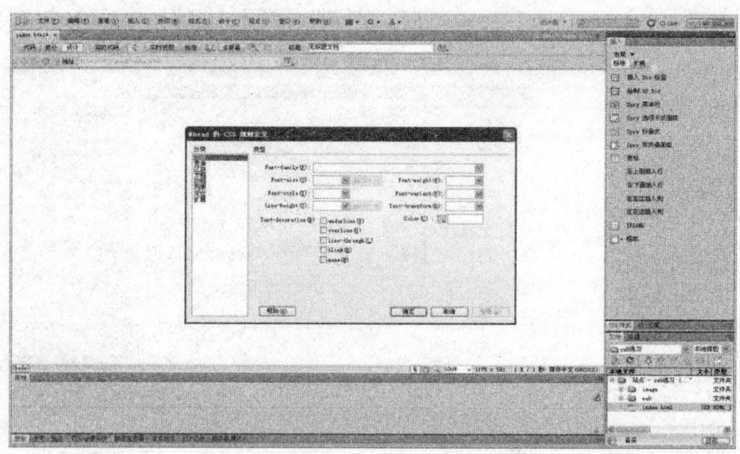

图 6-9　“CSS 规则定义”对话框

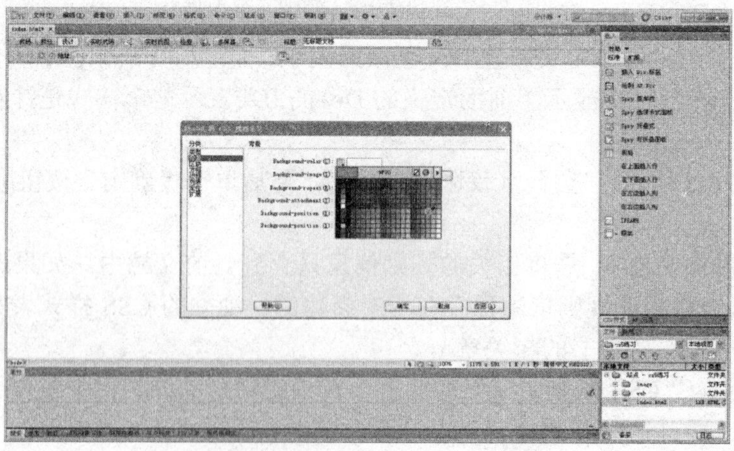

图 6-10　选择 Div 区域的背景颜色

（10）如图 6-11 所示，单击分类栏中的方框，然后设置 Width 为 720 像素，Height

为 120 像素。

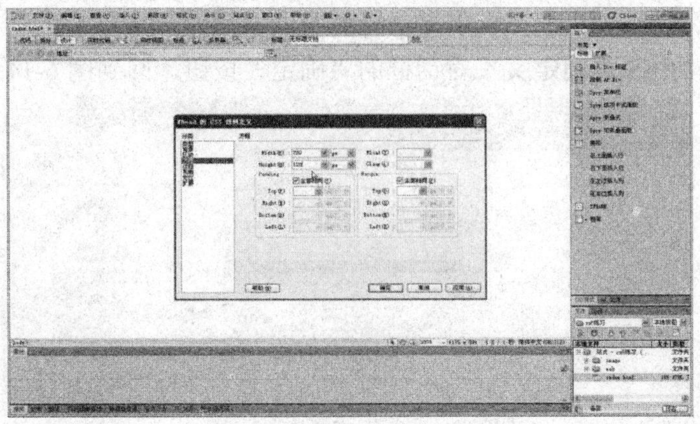

图 6-11　设置宽度和高度

（11）如图 6-12 所示，取消“margin”中对“全部相同”复选框的勾选，然后分别设置 Right 和 Left 均为 auto。这样设置可以保证 Div 区域在网页中居中显示。

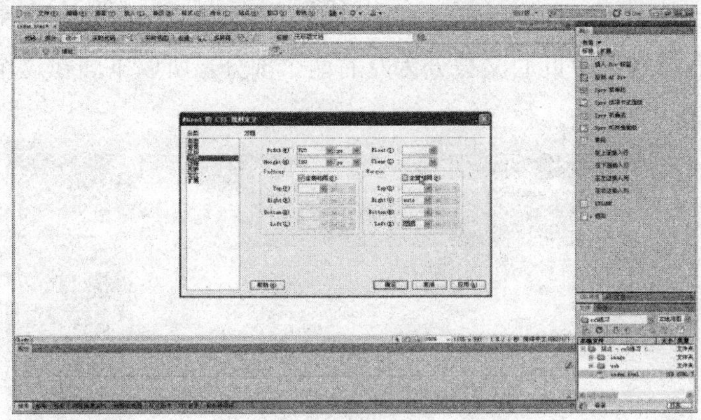

图 6-12　设置网页中居中

（12）如图 6-13 所示，单击分类栏中的定位，然后设置 Overflow 为 hidden。

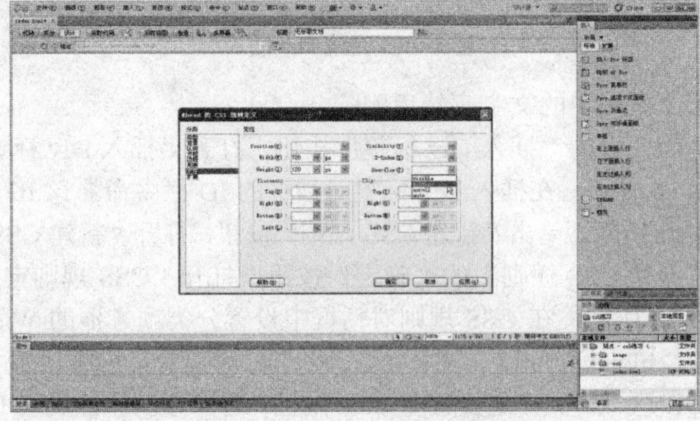

图 6-13　设置 Overflow 为 hidden

设置 Overflow 为隐藏，当浏览网页时，若 Div 区域中的内容超出 Div 的范围，超出的部分将不会显示，这样可以保证网页显示时的布局完整性。

（13）单击“CSS 规则定义”对话框的“确定”按钮，回到图 6-14 所示的界面。

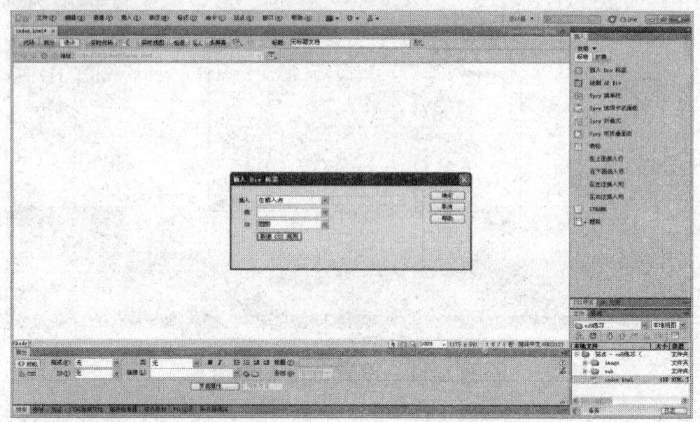

图 6-14　设置 Div 的工作界面

（14）单击“插入 Div 标签”对话框的“确定”按钮，完成 Div 插入，结果如图 6-15 所示。因为在前面的规划中页眉又被分为左右两个部分，所以下面在这个 Div 区域中再建两个 Div 区域。

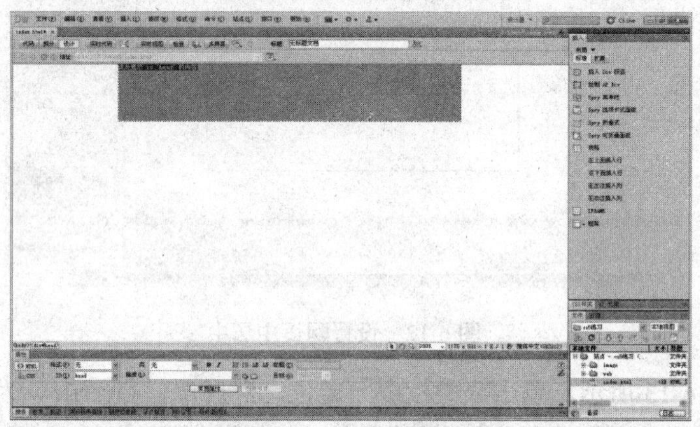

图 6-15　完成 Div 插入

（15）选择 Div 区域中的文字，然后删除。

（16）单击插入面板的“插入 Div 标签”按钮，打开“插入 Div 标签”对话框。

（17）如图 6-16 所示，在插入 Div 标签对话框的 ID 栏中命名该 ID 为 h-logo。

（18）如图 6-17 所示，单击“新建 CSS 规则”按钮，打开“新建 CSS 规则”对话框。

（19）单击“新建 CSS 规则”的“确定”按钮，打开“CSS 规则定义”对话框。

（20）如图 6-18 所示，在 CSS 规则对话框中设置分类项方框的 Width 为 240 像素，Height 为 120 像素，Float 为 left。

在设置嵌套 Div 区域时，一定要设置 float 属性。这样可以保证嵌套 Div 区域按所需顺序排列。

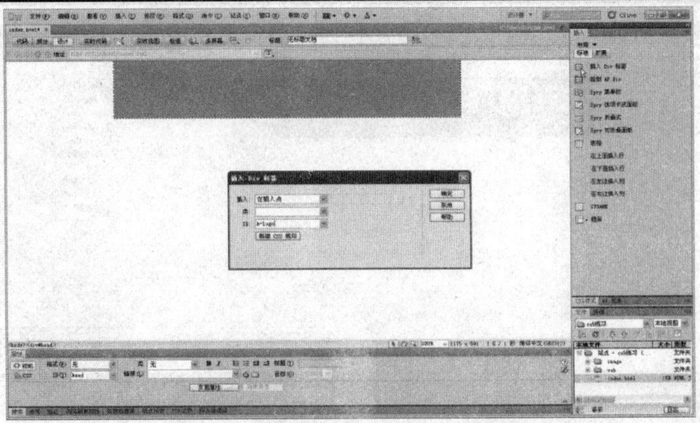

图 6-16　在 ID 栏中命名

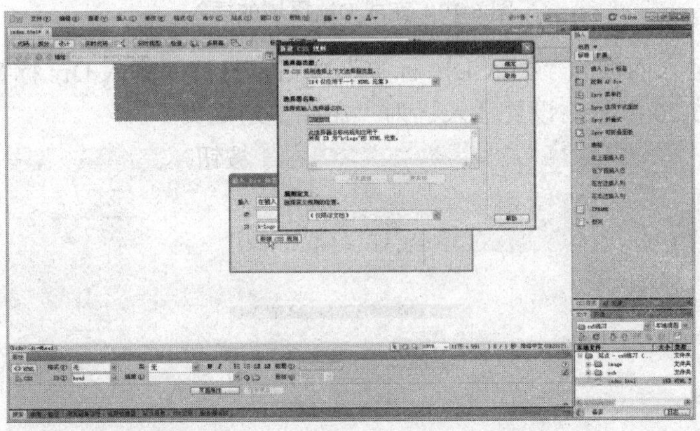

图 6-17　“新建 CSS 规则”对话框

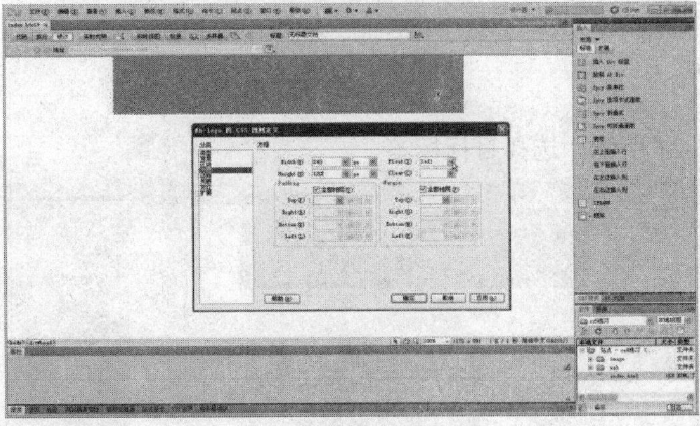

图 6-18　设置分类项方框

（21）设置分类项定位的 Overflow 值为 hidden。

（22）连续单击“确定”按钮，完成 Div 区域的插入，最终结果如图 6-19 所示。

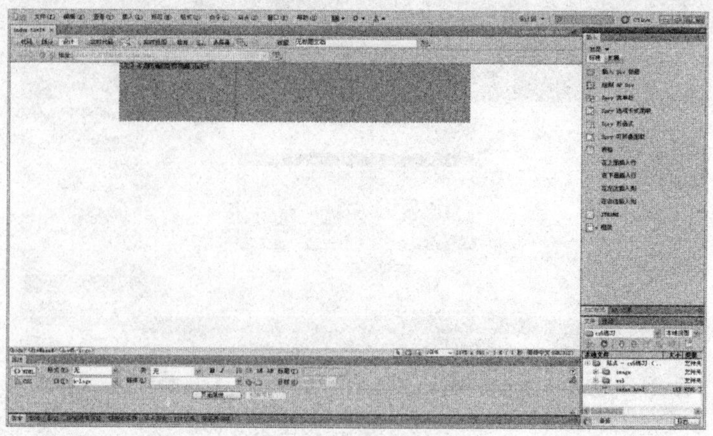

图 6-19　完成 Div 区域的插入

（23）单击插入面板的“插入 Div 标签”按钮，打开“插入 Div 标签”对话框。

（24）如图 6-20 所示，设置插入栏为“在标签之后”。

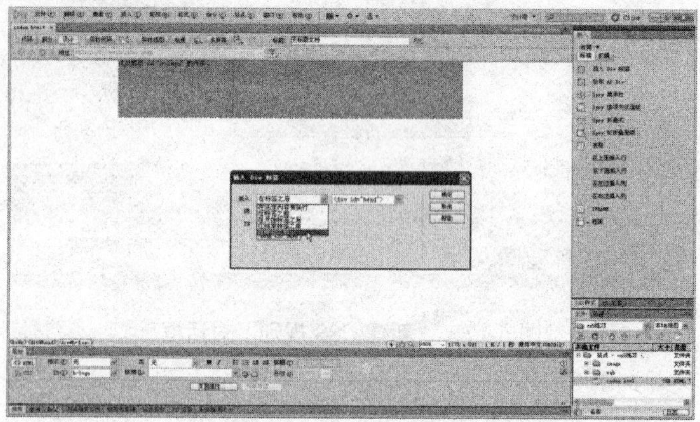

图 6-20　设置插入栏

（25）如图 6-21 所示，选择目标标签。

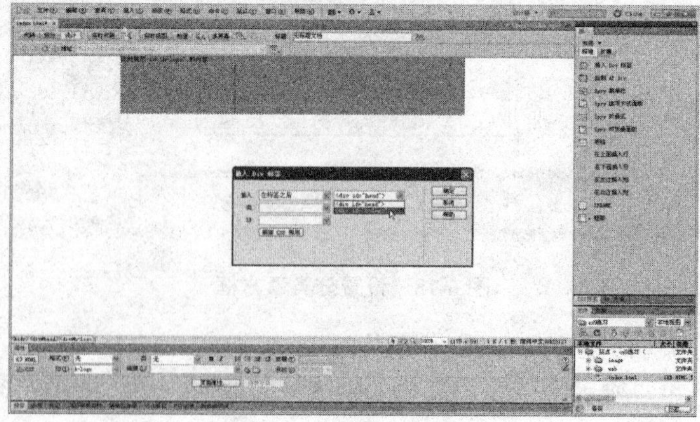

图 6-21　选择目标标签

通过这种方式，可以很容易地确定新建 Div 区域的相对位置。

因为本例需要将这个新建 Div 区域放置在 h-logo 区域的后面，所以就按上述方式进行设置。实际工作中可以根据需要进行选择。例如，想把新建 Div 区域放置到 h-logo 区域中，那么可以在插入栏中选择在“开始标签之后”或“结束标签之前”选项。

（26）在插入 Div 标签对话框的 ID 栏中设置 ID 为 h-right。

（27）如图 6-22 所示，单击“新建 CSS 规则”按钮，打开“新建 CSS 规则”对话框。

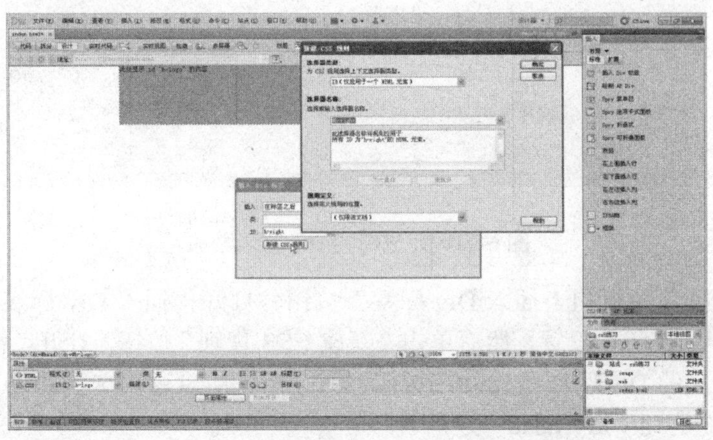

图 6-22　“新建 CSS 规则”对话框

（28）单击新建 CSS 规则对话框的“确定”按钮，打开“CSS 规则定义”对话框。

（29）如图 6-23 所示，设置分类项方框的 Width 为 480 像素，Height 为 120 像素，Float 为 left。

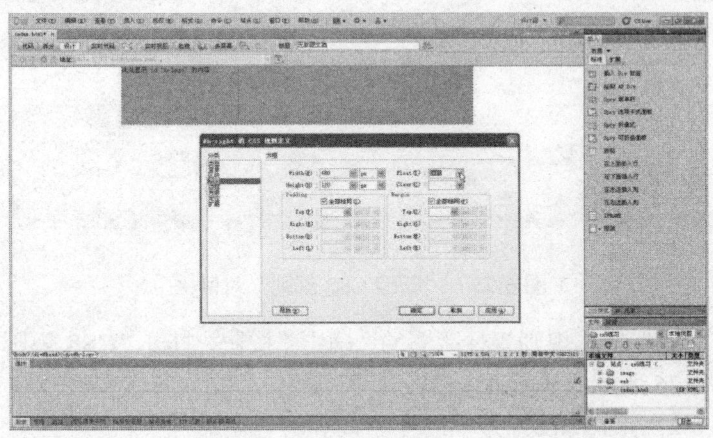

图 6-23　设置分类项方框

（30）设置分类项定位的 Overflow 为 hidden。

（31）连续单击“确定”按钮，完成新的 Div 区域添加。最终结果如图 6-24 所示。至此，网页布局的页眉建立完成。下面开始建立网页的正文部分。

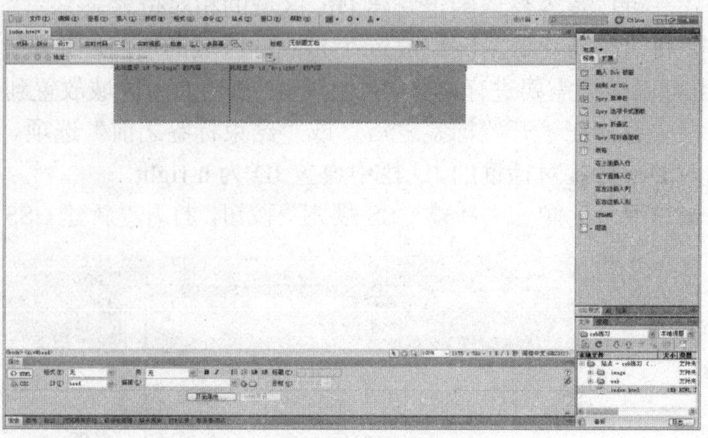

图 6-24　完成新的 Div 区域添加

（32）单击插入面板的“插入 Div 标签”按钮，打开“插入 Div 标签”对话框。

（33）按图 6-25 所示设置，然后单击“新建 CSS 规则”按钮，打开“新建 CSS 规则”对话框。因为正文的 Div 区域是建立在页眉区域之后，所以这里选择的插入位置是“标签之后”，对应标签是<div id="head">之后。

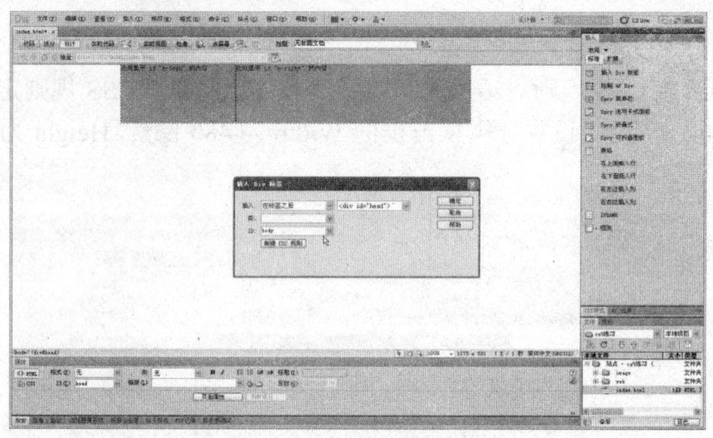

图 6-25　“新建 CSS 规则”对话框

（34）单击“新建 CSS 规则”对话框的“确定”按钮，打开“CSS 规则定义”对话框。

（35）按图 6-26 所示，设置正文部分的背景色。

（36）按图 6-27 所示，设置方框的宽、高和边界。

（37）设置分类项定位的 Overflow 为 hidden。

（38）连续单击“确定”按钮，完成正文部分的区域建立，结果如图 6-28 所示。

使用前面讲述的方法完成整个网页的布局。

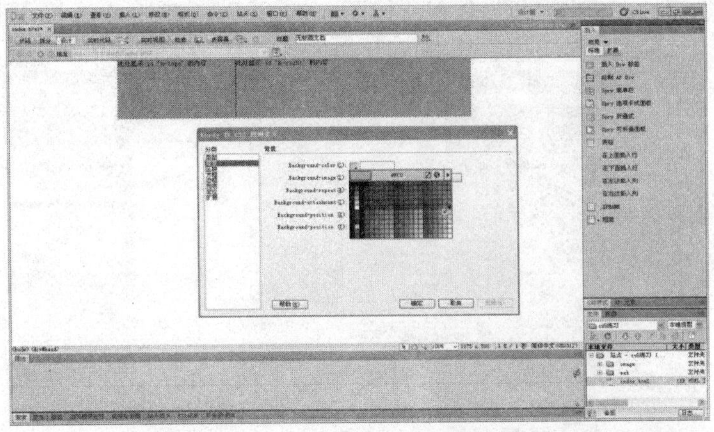

图 6-26　设置正文部分的背景色

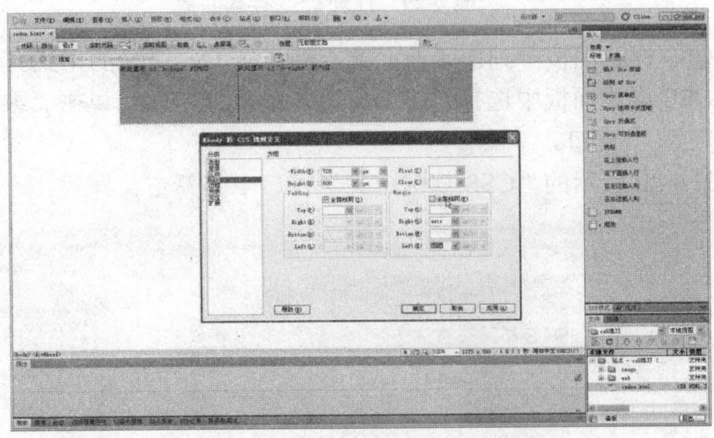

图 6-27　设置方框的宽、高和边界

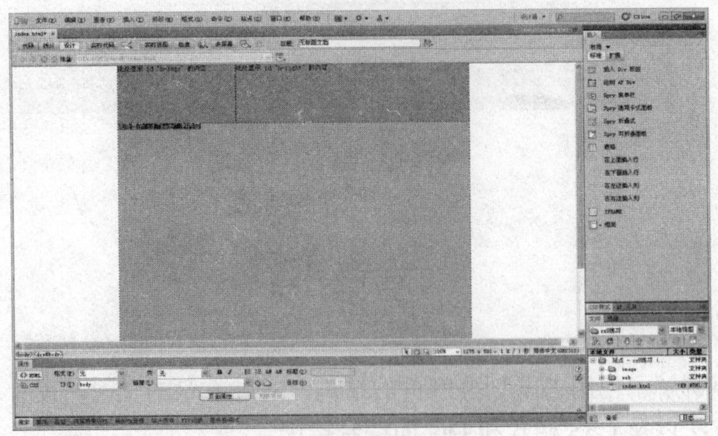

图 6-28　完成正文部分的区域建立

当需要对已建立区域的属性进行修改时，可以进行以下操作：

（1）执行“窗口/CSS 样式”命令，如图 6-29 所示，打开 CSS 样式面板。

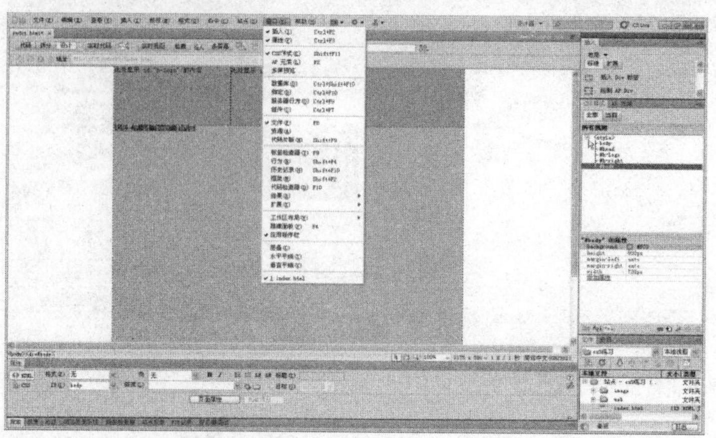

图 6-29　打开 CSS 样式面板

（2）在 CSS 样式面板中列出了前面建立的各个 Div 区域的样式。

（3）在 CSS 样式面板中选择目标 Div 区域的样式，然后单击“编辑样式”按钮，打开“CSS 规则定义”窗口。

（4）在图 6-30 所示的“CSS 规则定义”窗口中重新定义样式。

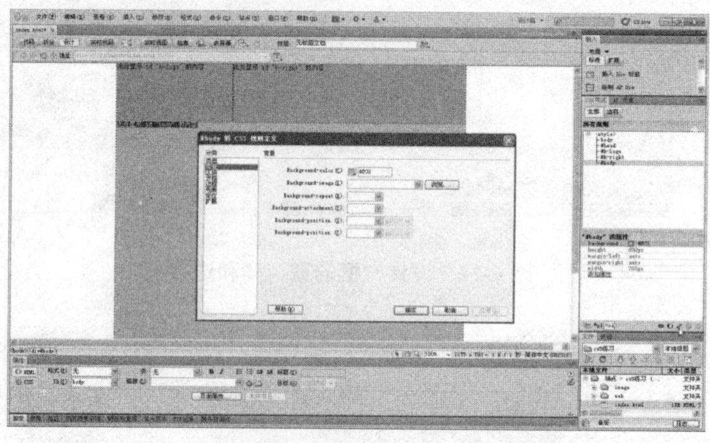

图 6-30　重新定义样式

本章小结

本章主要讲解了使用 Div 划分网页的结构。通过本章的学习，读者应重点掌握结构化网页的设计方法以及 CSS 样式和 Div 的综合运用。

本章练习

一、填空题

（1）Div 称为__________，可以在文档中创建一个具有_________的分区。

（2）通常一个网页布局包括_________、_________和_________等三大部分。

（3）使用 CSS 规则是为了定义新建 Div 区域的_________、_________和_________等属性。

二、上机练习

（1）使用 Div 划分一个网页的结构。

（2）使用 Div 和 CSS 样式，制作一个网页布局。

第 7 章　模板与库

网站中同类网页通常具有相似的页面结构和风格，如果每个新建页面都需要重复制作网页中相同的部分，那么工作会非常繁琐。Dreamweaver CS5 提供了模板功能，可以简化这一操作。模板的功能就是把网页的布局和内容分离，布局设计好后将它保存为模板，这样，相同结构布局的网页就可以使用同一个模板来建立，极大地简化了工作流程。

Dreamweaver CS5 允许把网站中需要重复使用或需要经常更新的页面元素，如图像、文本等，存放在库中。存放在库中的元素称为库项目。库项目可以被反复调用，当库中的元素被更新时，网页中对应的元素也会随着自动更新。

【本章学习目标】

- ➢ 了解模板和库的基本概念
- ➢ 学会模板和库的创建方法
- ➢ 了解资源面板

7.1　模板

使用模板可以快速建立风格统一的网站，创建模板有两种方法：从新建的空白 HTML 文档中创建模板，也可以把现有的 HTML 文档存为模板。

一、创建模板

创建模板的方法如下：

（1）执行“文件/新建”命令，打开“新建文档”对话框。如图 7-1 所示，选择“空模板”下的“HTML 模板”，单击“创建”按钮，进入到编辑界面。

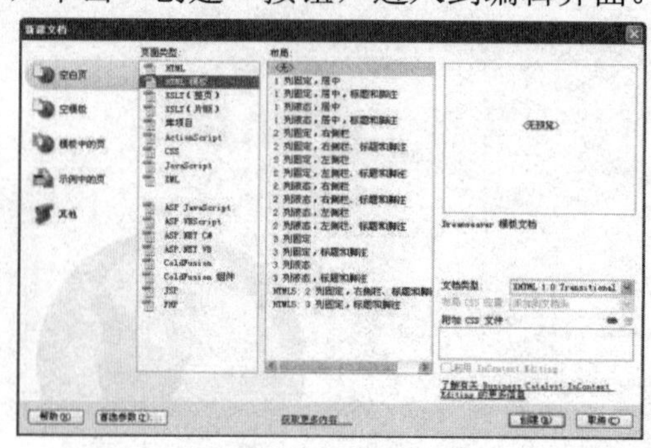

图 7-1　“新建文档”对话框

（2）在编辑界面中可以像编辑普通网页一样编辑模板，如图 7-2 所示。

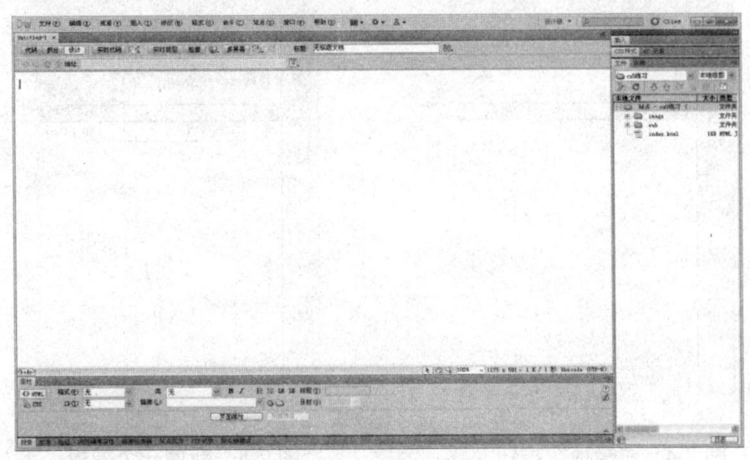

图 7-2　模板的编辑界面

（3）使用前面讲解的编辑网页的方法，把当前网站中各网页共有的元素放到指定位置，如基本的框架、网站左上角的标识、首页链接等。

（4）设置完成后，执行“文件/保存”命令，打开如图 7-3 所示的“另存模板”对话框，在该对话框中选择存放模板的站点，然后命名模板名称，单击“保存”按钮完成保存。

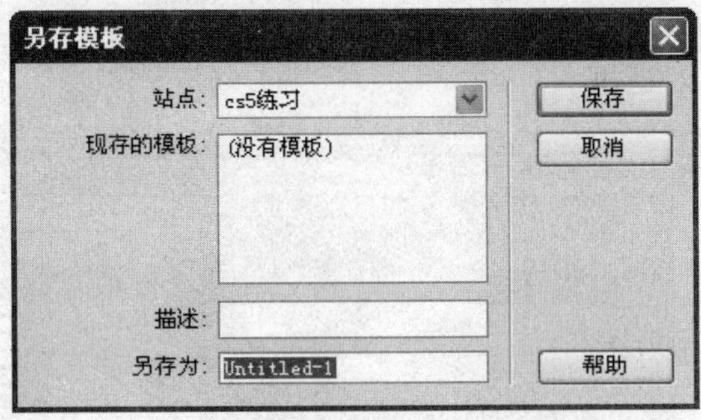

图 7-3　“另存模板”对话框

还可以使用资源面板来创建模板，方法如下所示：

（1）单击“窗口/资源”，打开“资源”面板，单击图 7-4 所示的“模板”按钮。

（2）单击“新建模板”按钮，如图 7-5 所示，在资源栏中新增一个模板。输入模板名称后按【Enter】键。

（3）当需要编辑该模板时，可双击该模板图标，或在选择该模板后，单击“编辑”按钮。

（4）编辑该模板后保存。

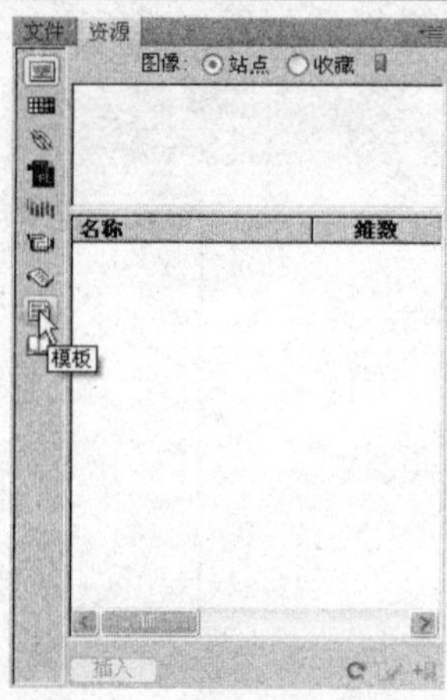

图 7-4 “模板”按钮

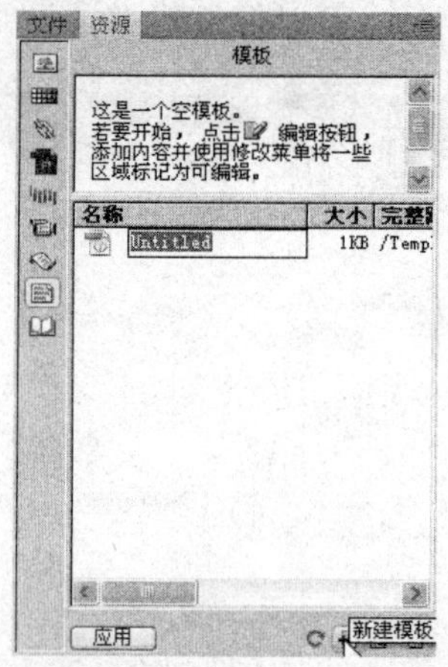

图 7-5 新增一个模板

二、将网页存储为模板

将现有网页存储为模板的方法如下所示：

（1）打开一个网页。

（2）执行“文件/另存为模板”命令，打开“另存模板”对话框。

也可以切换到“插入”面板的“常用”选项卡中，单击图 7-6 所示的“创建模板”按钮，打开“另存模板”对话框。

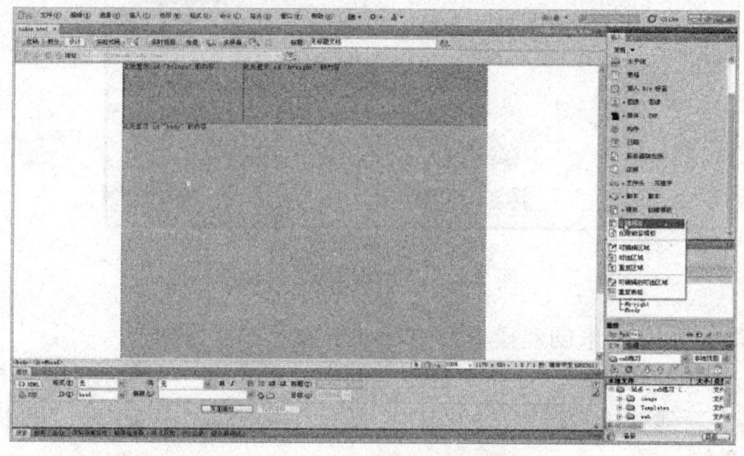

图 7-6 “创建模板”按钮

（3）在图 7-7 所示的“另存模板”对话框中，选择保存模板的站点，设置模板的名称，单击“保存”按钮，打开如图 7-8 所示的更新链接提示框。

（4）在如图 7-8 所示的提示框中单击“是”按钮，完成模板另存。

在网站中建立模板后，会发现在站点中多了一个 Templates 文件夹，如图 7-9 所示，所有模板都自动放置在这个文件夹下。资源面板中显示了当前站点下的所有模板。

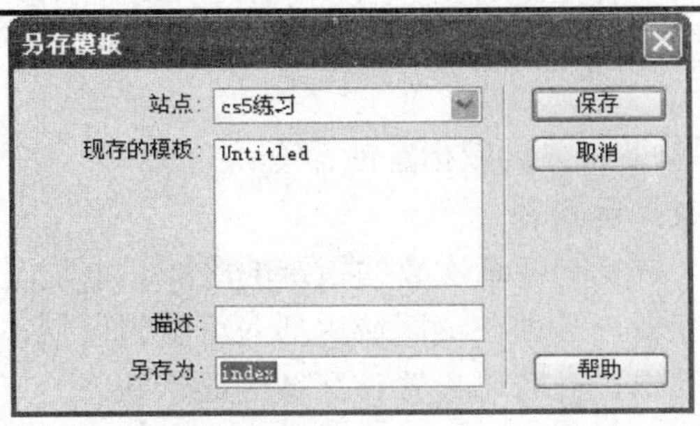

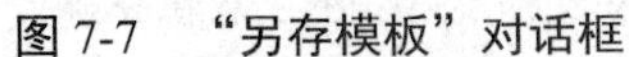

图 7-7　“另存模板”对话框

图 7-8　更新链接提示框

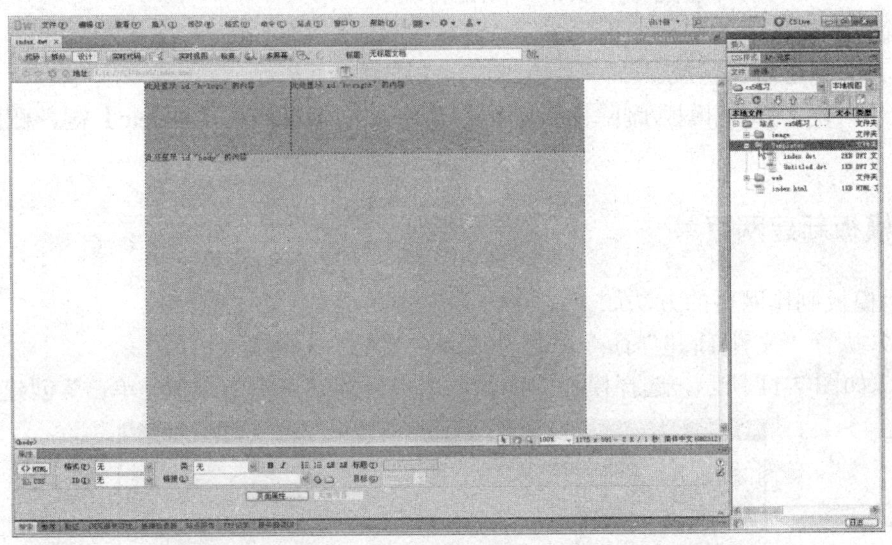

图 7-9　新建的模板

三、设置模板的可编辑区域

建立模板后需要指明哪些区域是可编辑的，即可以向其中添加内容。没有指定可编辑区域的模板，是无法用来创建具体网页的。指定可编辑区域的操作如下：

（1）单击或框选目标区域。

（2）执行“插入/模板对象/可编辑区域”命令，打开图 7-10 所示的“新建可编辑区域”对话框。

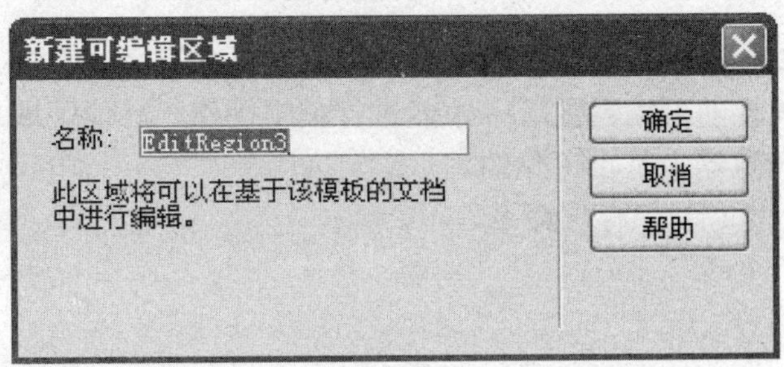

图 7-10　“新建可编辑区域”对话框

（3）在该对话框中输入该可编辑区域名称，单击“确定”按钮，完成该区域可编辑的指定。

在“插入/模板对象”的级联菜单中还有以下有关区域指定的命令：

- **可选区域：**可以设定该区域的隐藏或显示状态。
- **重复区域：**模板用户可以使用重复区域复制任意次数的指定的区域。重复区域不是可编辑区域。若要使重复区域可编辑，必须在该区域内插入可编辑区域。
- **可编辑的可选区域：**该区域可以被编辑，并可以设置该区域的显示状态。
- **重复表格：**可以使用重复表格创建包含重复行的表格格式的可编辑区域。可以定义表格属性并设置哪些表格单元格可编辑。

删除可编辑区域的操作如下：

（1）选择可编辑区域。

（2）执行“修改/模板/删除模板标记”命令，或者直接按【Delete】键，删除可编辑区域。

四、用模板新建网页

利用模板制作网页的方法如下：

（1）执行“文件/新建”命令，打开“新建文档”对话框，

（2）如图 7-11 所示，选择模板中的页，选择目标站点中的模板，单击”创建”按钮。

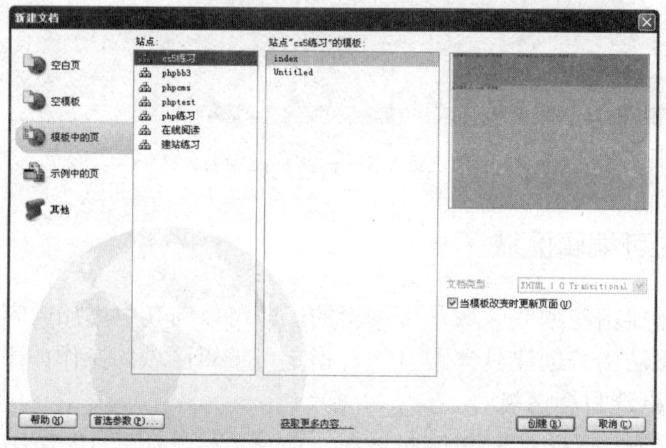

图 7-11　模板中的页

（3）如图 7-12 所示，在设计视图中可以直接向可编辑区域中输入内容。在编辑过程中会发现，只有在模板的可编辑区域中才能进行编辑操作，其他区域是不可编辑的。图中可编辑区域标签在浏览器中是不可见的。

（4）最后执行“文件/保存”命令。

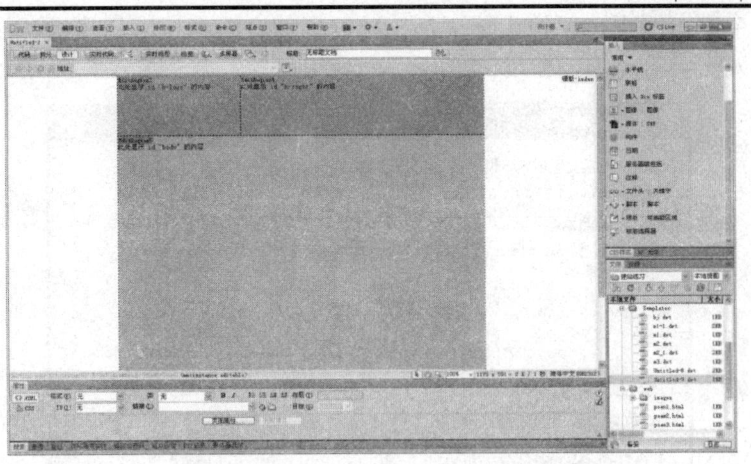

图 7-12　在可编辑区域中输入内容

五、套用模板

制作好模板后，我们便可以将模板套用到网页中，具体方法如下：

（1）新建一个 HTML 文档。

（2）执行“修改/模板/应用模板到页”命令，打开“选择模板”对话框。在“选择模板”对话框中选择要套用的目标模板，单击“选定”按钮，如图 7-13 所示。

步骤（2）也可以用下面的方法代替：打开“资源”面板的“模板”标签，选择目标模板，单击“应用”按钮。

（3）如果当前网页含有的内容与准备套用的模板不完全相符，会弹出图 7-14 所示的“不一致的区域名称”对话框。

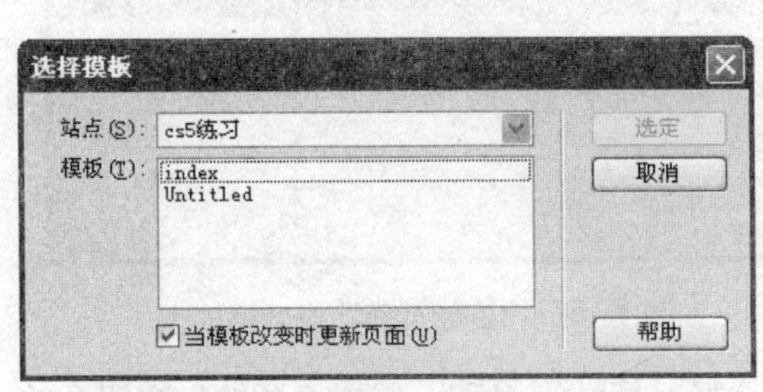

图 7-13　“选择模板”对话框

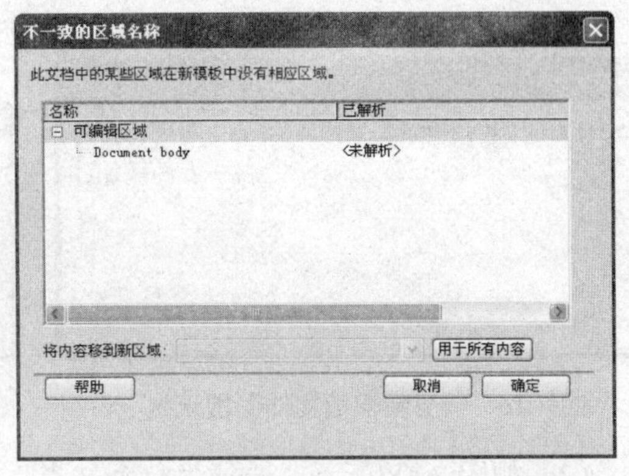

图 7-14　“不一致的区域名称”对话框

（4）先单击目标内容，然后再单击“将内容移到新区域”右侧的下拉按钮，在弹出的下拉菜单中选择目标可编辑区域，如图 7-15 所示。

这里显示的可编辑区域是套用的模板中拥有的可编辑区域。当需要把某个内容放置到目标可编辑区域中时，就在这里进行选择。

（5）单击“确定”按钮，关闭对话框，完成模板套用。

如果是一个空白网页，可按上述（2）、（3）步的方法直接套用模板，然后在网页中的可编辑区域加入文字等元素。

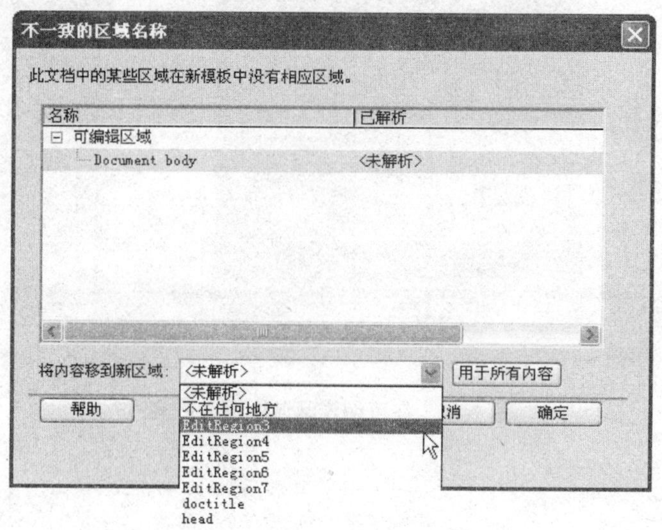

图 7-15　选择目标可编辑区域

六、用模板更新网页及网站

修改了模板后，Dreamweaver CS5 会提示是否对网站进行更新。可以按照提示逐步完成更新，也可以通过更新命令来更新整个网站中套用该模板的网页，具体方法如下：

（1）修改模板，执行“文件/保存”命令，弹出图 7-16 所示的“更新模板文件”提示框。在图中列出了当前站点中所有使用该模板建立的网页。

（2）单击“更新”按钮，弹出图 7-17 所示的“更新页面”对话框。

图 7-16　“更新模板文件”提示框

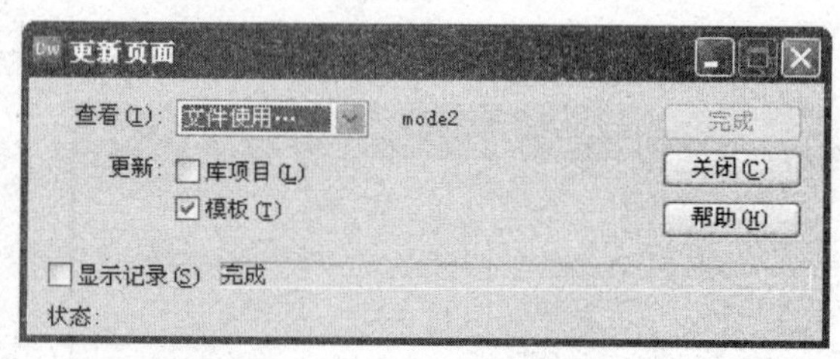

图 7-17　“更新页面”对话框

（3）如图 7-18 所示，选择“整个站点”，选择目标站点名称，单击“开始”按钮开始更新。

（4）更新完成后，单击“关闭”按钮，关闭“更新页面”对话框。

也可以在保存时，在弹出的提示框中选择不更新，等整体修改完成后，执行“修改/更新/更新当前页”命令，打开图 7-17 所示的“更新页面”对话框。然后进行更新操作。

若修改模板时出现与原始模板中的可编辑区域无法对应的情况，在执行更新操作时会弹出如图 7-19 所示的提示框，在该提示框中匹配编辑区域就可以了。例如删除原始模板中的可编辑区域后，在弹出的“不一致的区域名称”对话框中选择提示中的“可编辑区域”。匹配工作完成后单击“确定”按钮，回到图 7-16 所示的“更新模板文件”对话框。

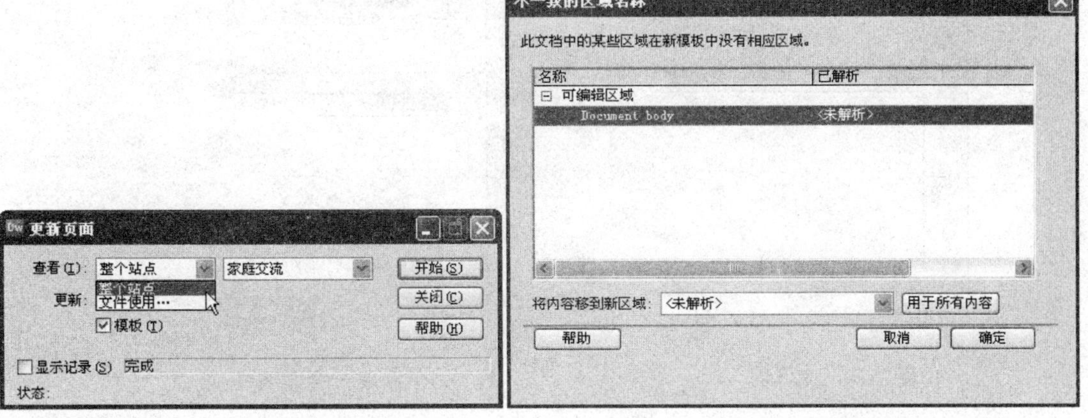

图 7-18　选择“整个站点”　　　　图 7-19　“不一致的区域名称”对话框

七、模板的相关操作

如果要查看、修改文档所套用的模板，可用下列方法来完成：

（1）打开一个套用了模板的网页文件。

（2）执行“修改/模板/打开附加模板”命令。

若要终止文档与模板之间的关联关系，即将文档与模板分离，可以用下列方法来完成：

（1）打开一个套用了模板的网页文件。

（2）执行“修改/模板/从模板中分离”命令。

7.2　库

使用库可以减少重复设置元素各项属性等方面的操作，提高工作效率。

一、创建库项目

一些网站中重复用到的元素，如一幅图像、一段文字或多个内容组合，可以将其定义为库项目，这样既能减少网页的存储空间，也能非常方便地进行网页的更新。创建库项目的操作步骤如下：

（1）执行“窗口/资源”命令，打开资源面板。单击“库”按钮，显示如图 7-20 所示的库面板。

（2）如图 7-21 所示，单击“库”面板中的“新建库项目”按钮，新建一个库项目，输入库项目名称后按【Enter】键。

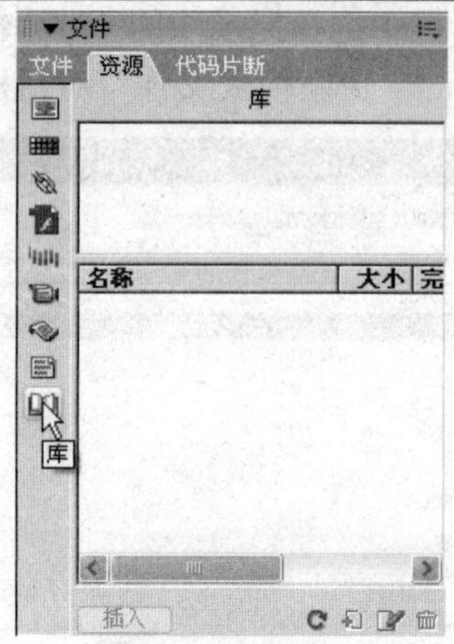

图 7-20 库界面

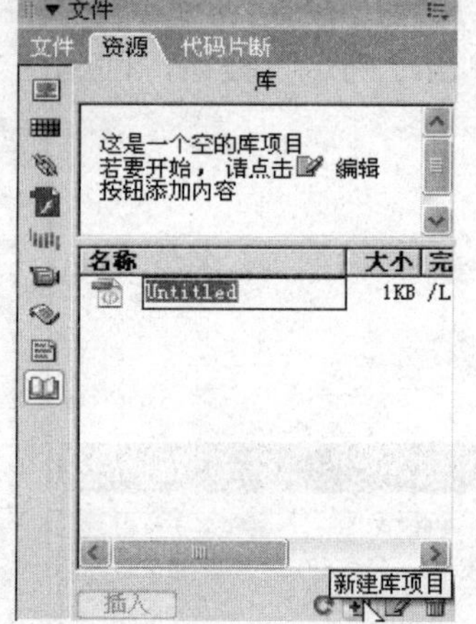

图 7-21 新建一个库项目

（3）双击“库项目”图标，或单击“库”面板中的“编辑”按钮，进入到图 7-22 所示的编辑界面。编辑库项目与编辑网页的方法相同。

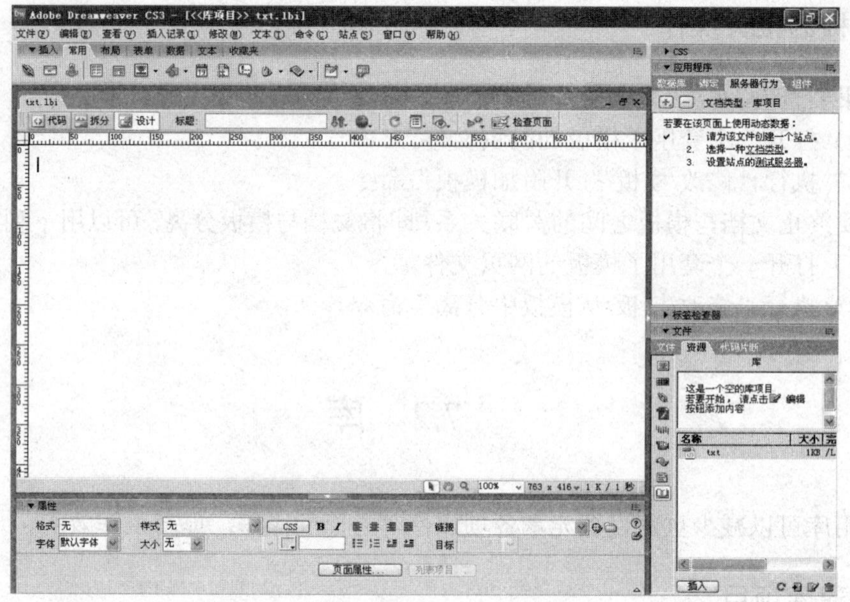

图 7-22 库工作界面

（4）编辑完成后，执行“文件/保存”命令。

二、将网页元素制作成库项目

将网页中的元素制作成库项目的方法如下：

（1）打开网页，选取目标网页元素。

（2）可将网页元素直接拖到库面板中；也可以执行“修改/库/增加对象到库”命令；还可以单击库面板中的“新建库项目”按钮。

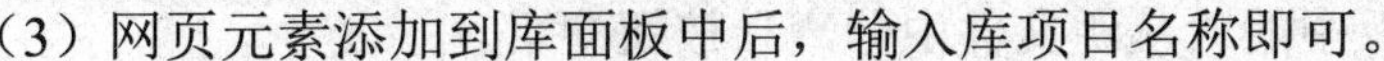

（3）网页元素添加到库面板中后，输入库项目名称即可。

应用到网页中的库项目被看成是一个独立的个体，无法直接在网页中进行修改。因此在制作库项目时，应当注意库项目内容的相关性，考虑好库项目的内容和外观。

三、将库项目应用到网页中

应用库项目到网页中的方法如下：

（1）打开网页，将光标置于需要插入库项目的位置。

（2）打开“资源”面板，切换到“库”选项卡中。

（3）选择目标库项目，单击“插入”按钮，或者拖动库项目到网页中的目标位置。如图7-23所示，插入库项目后属性面板中显示了当前库项目的相关设置。

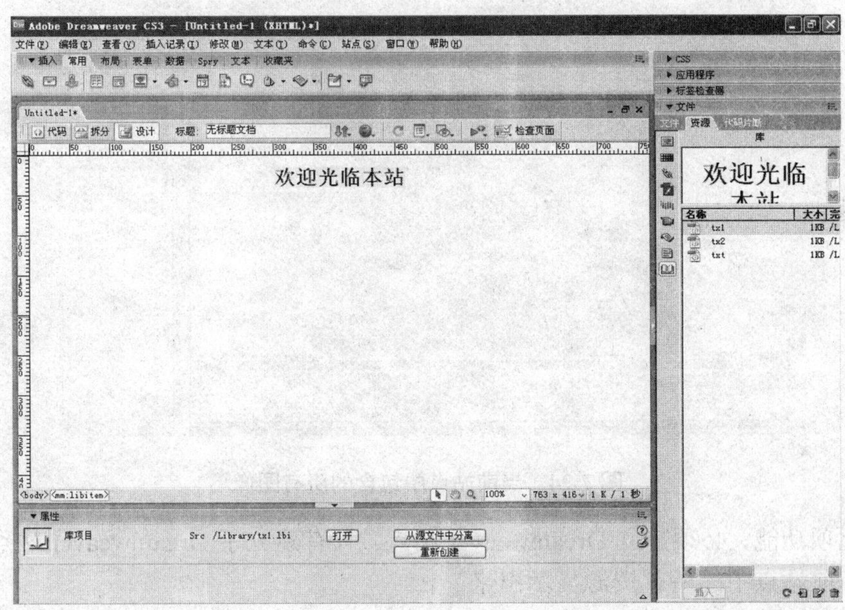

图7-23 显示当前库项目的相关设置

四、编辑库项目

编辑库项目的方法如下：

（1）打开“资源”面板，切换到“库”选项卡中。

（2）选择库项目，然后单击“编辑”按钮，进入到编辑窗口，或双击“库项目”图标，进入到编辑窗口。

五、脱离库项目控制

应用到网页中的库项目，如果需要摆脱库项目的制约，成为网页内容的一部分，可以按照下列方法来实现：

（1）选中网页中的库项目。

（2）单击“属性”面板中的“从源文件中分离”按钮即可。

7.3　资源面板

在上节中，建立库项目时接触到了资源面板。Dreamweaver CS5 会自动把站点中的资源进行分类，使用时可以根据需要单击资源面板中的分类按钮，资源面板就会列出当前站点中的相关资源。

例如，当需要查看和调用当前站点的图像资源时，只需单击“资源”面板中的“图像”按钮，在“资源”面板中就列出了当前站点中包含的所有图像，如图 7-24 所示。

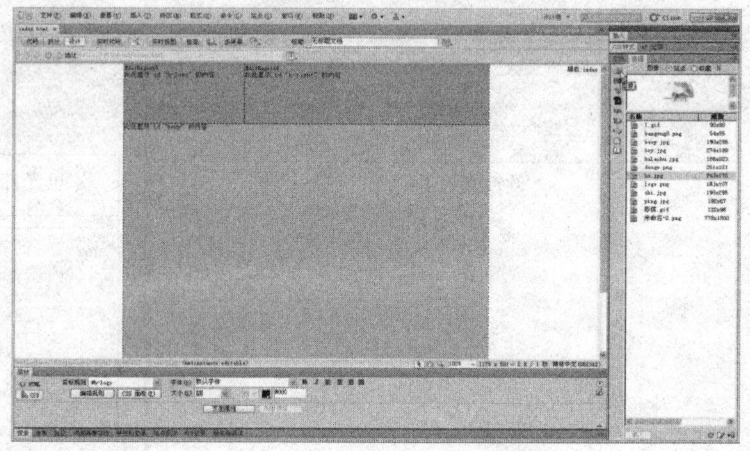

图 7-24　当前站点中包含的所有图像

使用此项功能，必须建立 Dreamweaver 站点。只有建立了 Dreamweaver 站点，资源面板才会把当前站点中的所有资源显示出来。

资源面板中除了提供库、图像等资源管理功能，还提供了颜色、Flash 和链接等资源归类管理功能。使用 Dreamweaver CS5 时要充分利用资源面板，完成对站点各项资源的查找和调用工作，提高工作效率。

本章小结

本章讲解了模板、库项目和资源面板的使用。使用模板、库项目和资源面板可以有效地提高工作效率。通过本章的学习，读者应当了解资源面板的用途；掌握模板的建立；学会建立或删除模板中的可编辑区域；掌握将现有网页转换为模板的方法及使用模板和套用模板的方法；学会将常用元素建立为库项目并灵活地加以应用。

本章练习

一、填空题

（1）模板的功能就是把网页的_________和_________分离。

（2）存放在库中的元素被称为_________。

（3）Dreamweaver CS5 会自动把站点中的资源进行分类，使用时可以根据需要单击______________的分类按钮，_________就会列出当前站点中的相关资源。

二、问答题

（1）模板的作用有哪些？

（2）库项目的作用有哪些？

（3）资源面板的用途有哪些？

三、上机练习

（1）建立一个新的模板，要求有明确的层、表格和网页的主要链接。

（2）建一个网站，将网站中的常用元素以库项目形式保存到库中。

（3）打开一个网页，将网页中的内容以库项目形式保存到库中。

第 8 章　文　本

文本是网页中最常见的内容元素，网页中文本拥有许多预留的标签样式，这些标签样式拥有默认的属性，在使用时可以直接调用。也可以对这些预留的标签样式进行修改，具体修改方法可以参考 CSS 样式章节。

【本章学习目标】

- 了解文本面板
- 学会使用属性面板设置文本
- 学会插入特殊字符

8.1　插入面板的文本标签和文本属性面板

插入面板的文本标签是建立文本的基本工具，通过文本标签可以设置文本的标题格式和字体样式等。属性面板可以显示当前文本的属性，通过属性面板可以编辑这些属性。

一、文本面板

如图 8-1 所示，切换插入面板到文本标签，在文本选项卡中列出了常用文本格式。

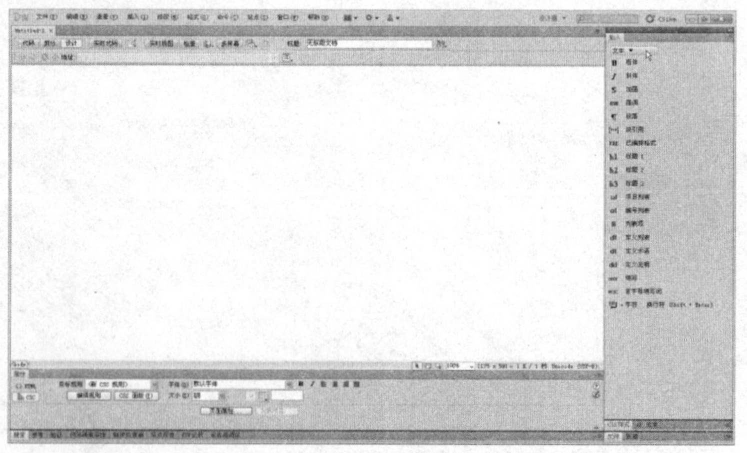

图 8-1　切换插入面板到文本标签

其各项含义如下：

- **文字样式：**分别为粗体、斜体、加强、强调。更多样式可见“格式”菜单的“样式”命令。

- **段落：**新建一个段落。
- **块引用：**设置文本缩进。
- **已编排格式：**对文本进行预格式化，利用预格式化的特性可以非常方便地连续输入多个空格或制表符。
- **标题：**将文本定义为相应级别的标题。标题实际上是一段特殊显示的文字。
- **列表：**建立列表格式，包括项目列表、编号列表、列表项。
- **定义：**包括定义列表、定义术语、定义说明。
- **缩写：**英文及其他语言中的缩写、首字母缩写词。

二、文本属性面板

新建一个文档，属性面板即显示为文本属性。当选择编辑窗口中的文字，或将光标置于这些文字之间时，属性面板也会显示如图 8-2 所示的文本属性。

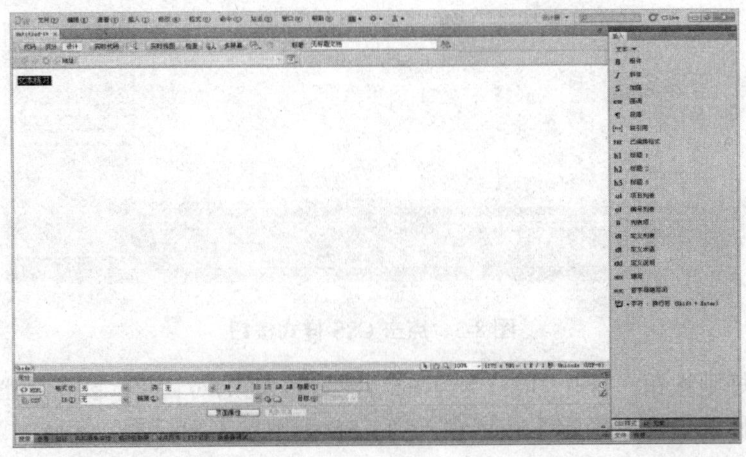

图 8-2　文本属性面板

- **格式：**为一段文本设置统一的格式（输入一段文本，按一下【Enter】键即自成一个段落），设置段落格式时无需选择文本，只要将光标置于段落之中即可。
- **类：**CSS 样式的一种类型，用来定义各种形式的样式，如字体颜色、大小等。在需要时可以直接调用这些样式。CSS 样式具体操作可以参考本书的相关 CSS 章节。
- **粗体、斜体：**设置被选择的文本或光标后将要输入文本的样式。更多的样式见“格式”菜单下的“样式”命令。
- **列表：**将选择文本或下面将要输入的文本设置为项目列表或编号列表形式。
- **缩进：**设置整个段落相对于文档窗口的缩进，包括缩进、凸出。
- **链接：**设置被选择文本的链接。
- **目标：**该项可以设置打开链接的方式。只有当前文本具有链接属性时，此项才处于可设置状态。

8.2 设置文本属性

网页中的文本属性需要通过 CSS 样式定义，例如，定义文本字体、大小或字号等。

一、设置字体

设置文本字体的方法如下：

如图 8-3 所示，选择文本或将光标移至文本中，在属性面板点击 CSS 样式按钮。

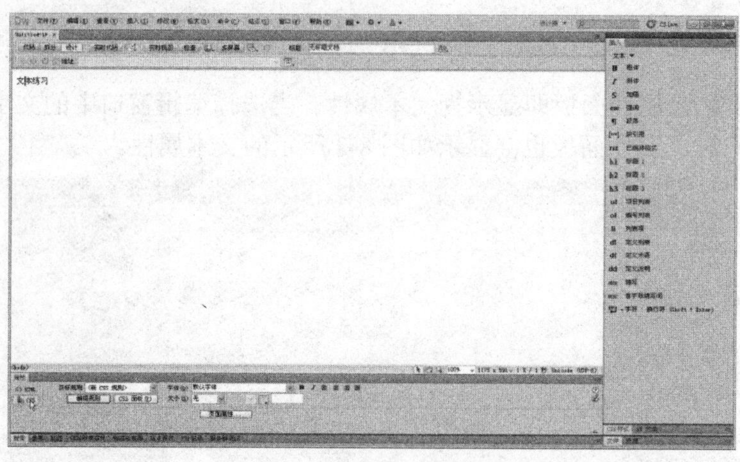

图 8-3 点击 CSS 样式按钮

单击编辑规则按钮，打开图 8-4 所示的新建 CSS 规则对话框。在选择器名称栏中输入新建样式的名称，点击“确定”按钮进入到 CSS 规则定义对话框。

新建 CSS 规则

选择器类型：

为 CSS 规则选择上下文选择器类型。

类（可应用于任何 HTML 元素）

确定

取消

选择器名称：

选择或输入选择器名称。

ctext

此选择器名称将规则应用于

所有具有类“ctext”的 HTML 元素。

不大具体

更具体

规则定义：

选择定义规则的位置。

（仅限该文档）

帮助

图 8-4 新建 CSS 规则对话框

如图 8-5 所示，选择字体。

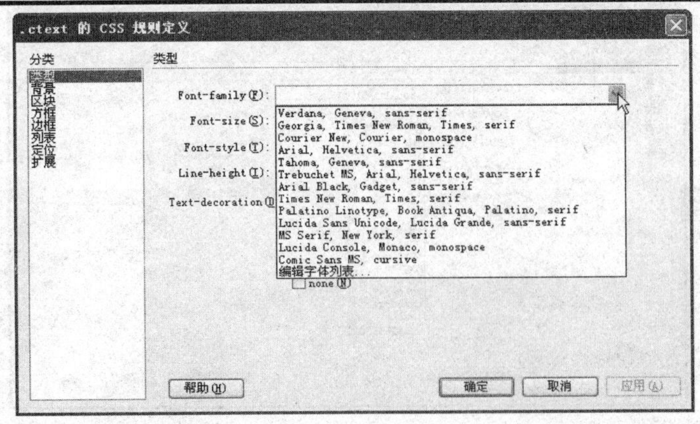

图 8-5　选择字体

- **字体列表：**每个列表含有多种字体，排在行首的为显示网页时浏览器的首选字体，如果浏览者的电脑中没有安装这种字体，则会使用列表中排在第二位的字体，以此类推。如果找不到对应字体，就会以浏览器的默认字体显示。
- **编辑字体列表：**如向字体列表中增加字体及字体组合。

如果字体列表中没有需要的字体或字体组合，可以按下列方法来增加一种字体或字体组合：

（1）执行"格式/字体/编辑字体列表"命令，打开图 8-6 所示的编辑字体列表对话框。

图 8-6　编辑字体列表对话框

（2）选择要添加的字体，单击"添加字体"按钮。

（3）重复步骤（2）的操作可增加一个字体组合，单击"确定"按钮，关闭对话框。

为使网页的字体被浏览者的电脑所支持，可将少量的特殊文字做成图片使用。但一般不建议使用这种方法添加字体。

二、设置字号

设置字号的方法如下：

如图 8-7 所示。单击"Font-size"栏的下拉按钮，在弹出的菜单中选择目标字号；也可以在该栏中手动输入目标字号的大小。

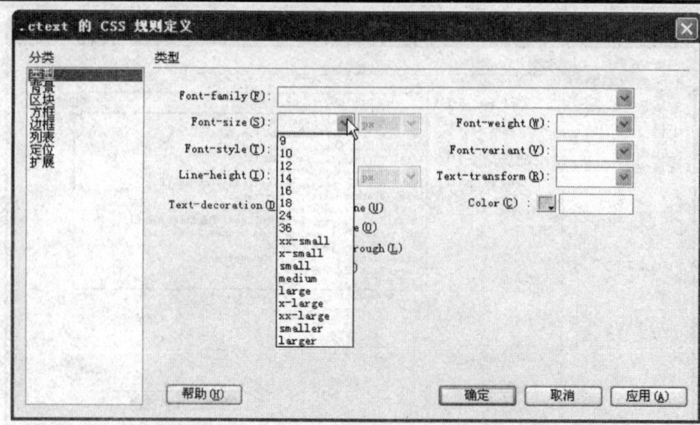

图 8-7　选择目标字号

如图 8-8 所示，当输入或选择具体字号后，右侧的字号单位被激活，单击该下拉按钮会弹出字号单位选择菜单，根据实际需要选择具体单位。

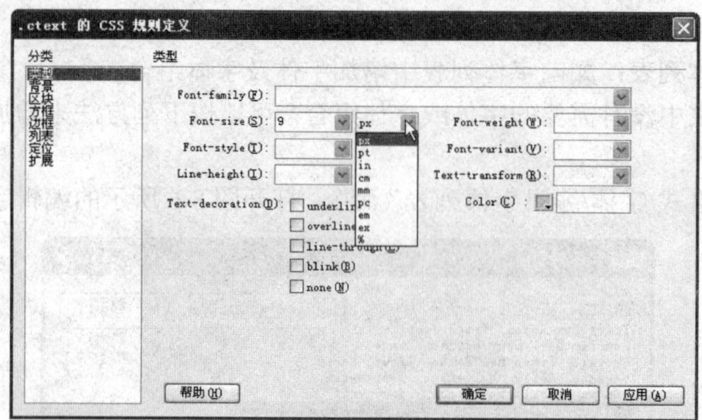

图 8-8　选择具体单位

三、设置文本颜色

要设置文字颜色，方法如下：

如图 8-9 所示，点击颜色样本按钮，在该样本中选择所需的颜色。如果知道颜色的 RGB 值，也可直接在颜色样本按钮右侧的文本框内输入目标色彩值，如：#FFFFFF。

对于颜色样本中没有的颜色，可以按下列方法自定义所需的颜色：

如图 8-10 所示，点击系统颜色拾取器按钮，打开颜色对话框。

如图 8-11 所示为颜色对话框。单击目标颜色，设置所需的色阶。单击“确定”按钮，关闭对话框，所选颜色即应用到当前设置。

Dreamweaver CS5 提供的颜色样本中的颜色为 Web 安全色（如图 8-10）。为了提高网页的兼容性，建议选用 Dreamweaver CS5 颜色样本中的颜色。

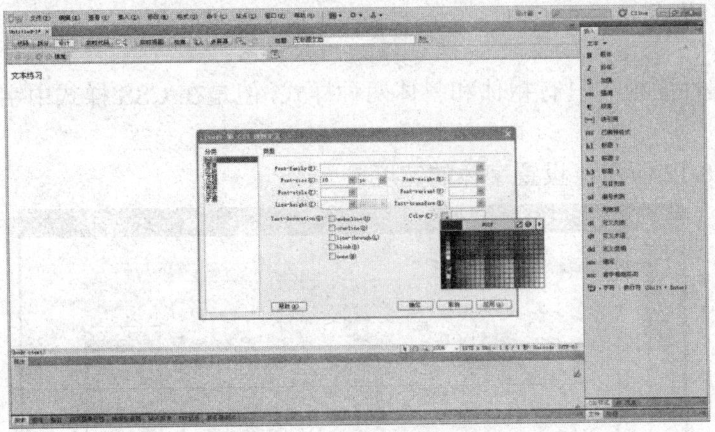

图 8-9 选择所需的颜色

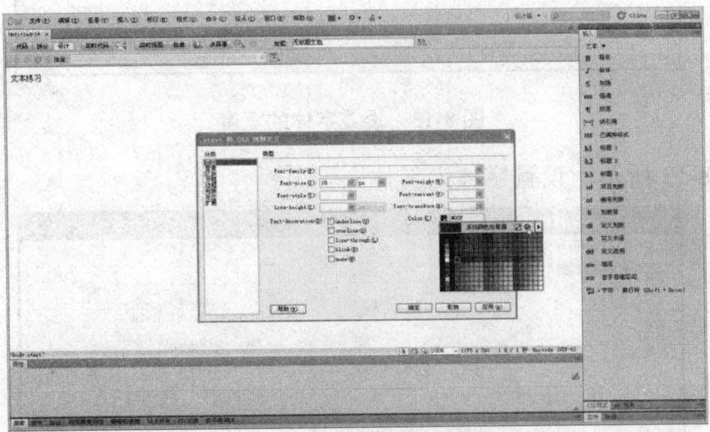

图 8-10 点击系统颜色拾取器按钮

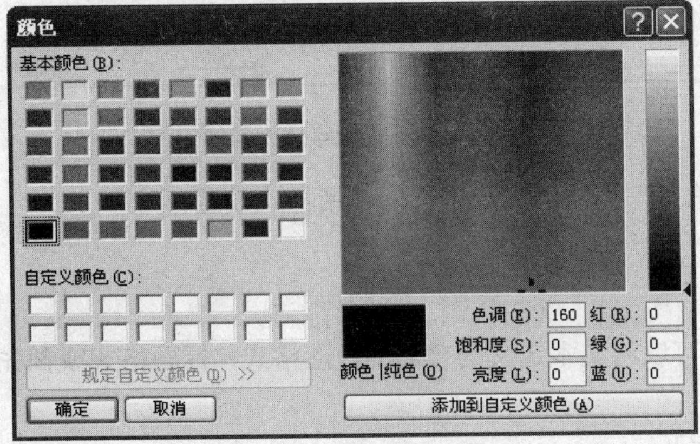

图 8-11 颜色对话框

四、设置字符样式

在文字的属性面板中只有粗体和斜体两种样式，但是在 CSS 样式中字符样式拥有更多的选择。

（1）如图 8-12 所示，设置字体的宽度。

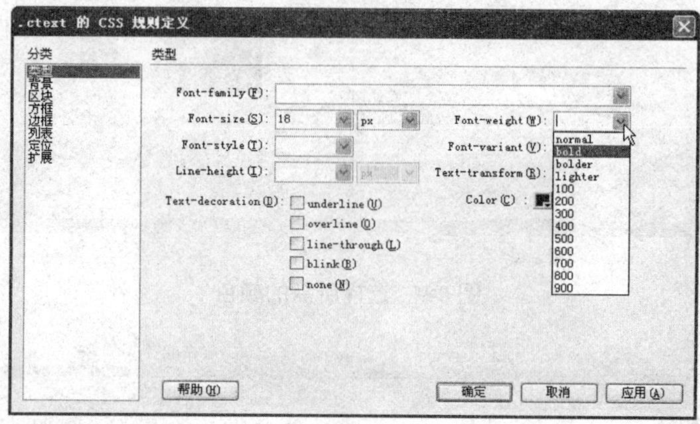

图 8-12　设置字体的宽度

（2）如图 8-13 所示，设置字体为斜体。

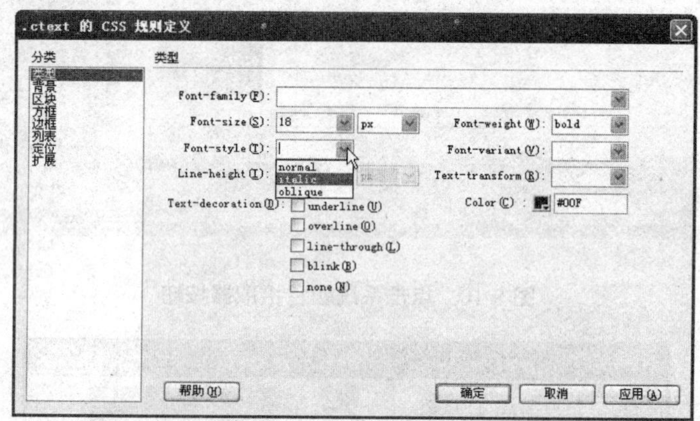

图 8-13　设置字体为斜体

（3）点击“确定”按钮，完成字体的常用样式设置。

五、定义段落格式

定义段落格式可以将文本定义为普通的段落格式、标题格式或预先格式化段落，本节以一个实例说明：

（1）输入一段文字。

（2）单击工具栏中文档面板的拆分按钮，同时打开代码和设计视图。

（3）选择一段文字，单击属性面板中“格式”框右侧的下拉按钮，从菜单中选择“段落”，如图 8-14 所示。

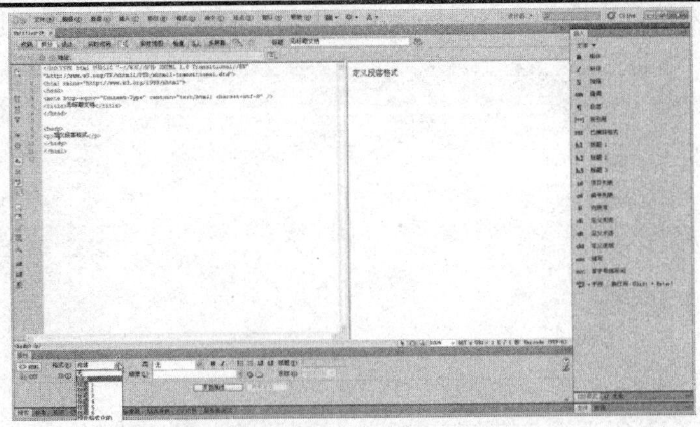

图 8-14 从菜单中选择“段落”

也可以单击插入面板的段落按钮，添加段落标识。经过上述操作，设计窗口中的文字格式没有发生任何变化，只是在代码视窗里可以发现这段文字两端添加了<p>与</p>标记。

- **无**：取消定义段落格式。
- **段落**：定义为普通段落，自动在文本两端添加段落标记<p>和</p>。
- **标题**：将文本定义为相应级别的标题。如选择“标题 3”则自动在文本两端添加标题标记<h3>和</h3>。
- **预先格式化**：将文本两端添加预先格式化的标记<Pre>和</Pre>，可预先对标记内的文本进行格式化，浏览器显示网页时也将按文本原格式显示。利用预先格式化的特性可以非常方便地连续输入多个空格或制表符。

使用文本预先格式化有一个弊端，即预先格式化后的文本不会随浏览窗口的变化而自动换行，但可以随意输入多个空格。

六、段落对齐

如图 8-15 所示，段落的对齐有 4 种方式，它们分别为左对齐、居中对齐、右对齐、两端对齐。

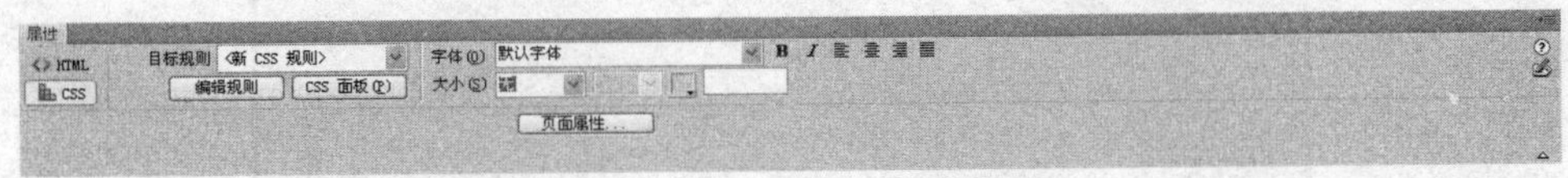

图 8-15 段落的对齐方式

其具体的操作方法如下：

快速应用段落对齐的方法，先将光标移到目标段落。然后如图 8-16 所示，选择新内联样式，然后再点击对齐方式。

图 8-16 选择新内联样式

以居中对齐为例，先选择新内联样式，点击居中对齐。结果如图 8-17 所示。

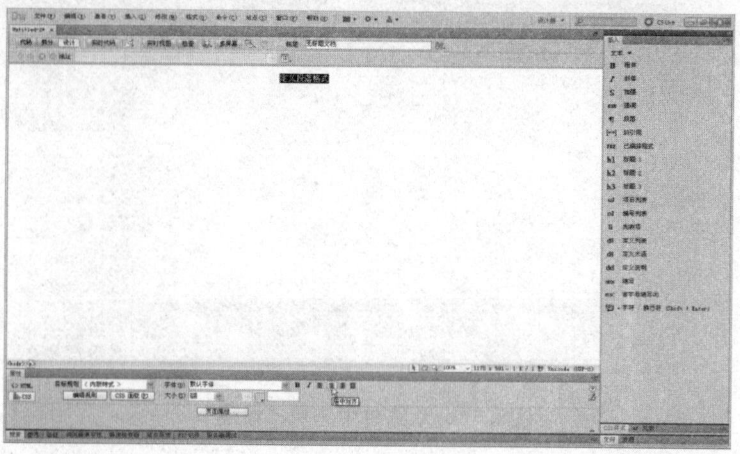

图 8-17　居中对齐

还可以按前面讲解的在 CSS 样式中定义。如图 8-18 所示，选择新建 CSS 规则，然后再点击具体的对齐方式，打开图 8-19 所示的新建 CSS 规则对话框。

图 8-18　新建 CSS 规则

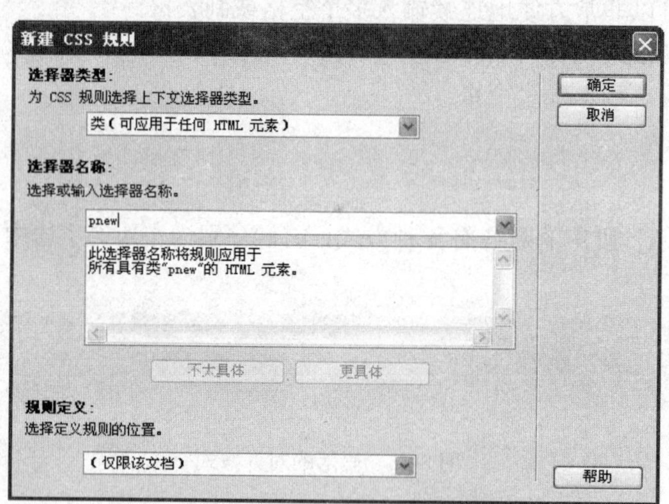

图 8-19　新建 CSS 规则对话框

在图 8-19 中，设置选择器名称，点击确定，完成设置。定义的类，可以被反复使用。如图 8-20 所示，在属性面板的 HTML 标签下的类选择框中，有已定义的类列表。当需要时，在这里选择就可以了。

图 8-20 定义的类列表

七、段落缩进

段落的缩进有两种方式，即缩进、凸出。具体的操作方法如下：

先输入一段文本，然后将光标置于文本中的任意位置，单击属性面板中的文本凸出按钮或文本缩进按钮，如图 8-21 所示。

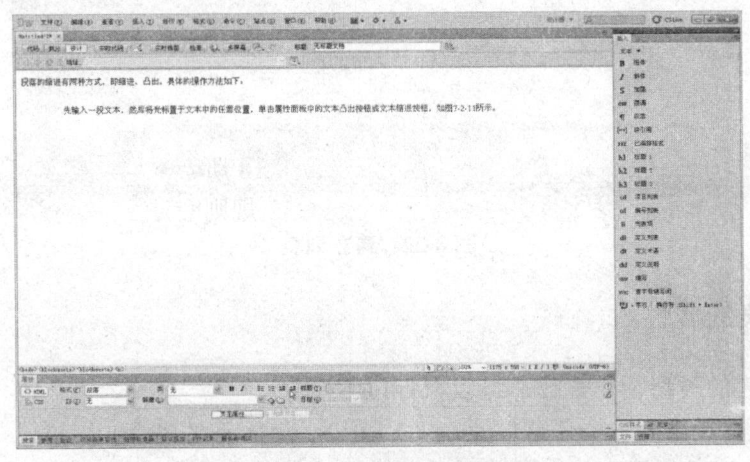

图 8-21 设置段落缩进

每按一次文本缩进按钮，文本左右两端各向内缩进两个汉字距离；每按一次文本凸出按钮，文本左右两端各向外扩充两个汉字距离。凸出可以说是缩进的反向操作。

8.3 设置列表

使用列表排列文本可以使文本结构更清晰。列表实际上是在每段文字前面加上列表符，使文本内容显得更有序。如图 8-22 所示，分别在两节文字中的每一段前加上编号列表符与 1、2、3 等有序的数字列表符，并且通过相同或同一类的列表符知道这些文字是一个整体，在这一整体中又被排序标出。

一、建立列表

用 Dreamweaver CS5 可以建立多种列表格式，如项目列表、编号列表、目录列表、菜单列表。本节以建立项目列表为例进行说明。

如图 8-22 所示，在 HTML 页面中分别建立了项目列表和编号列表。将光标置于目标位置，单击属性面板中的“项目列表”按钮，光标所在位置自动添加默认的项目符号。使用同样的方法可以建立编号列表。按【Enter】键会自动为下一行添加项目符号或自动按顺序建立编号。

（1）要停止项目列表的输入，按两次【Enter】键即可。

（2）要在一个列表后添加内容，可在所需的列表项目后按【Shift+Enter】快捷键。

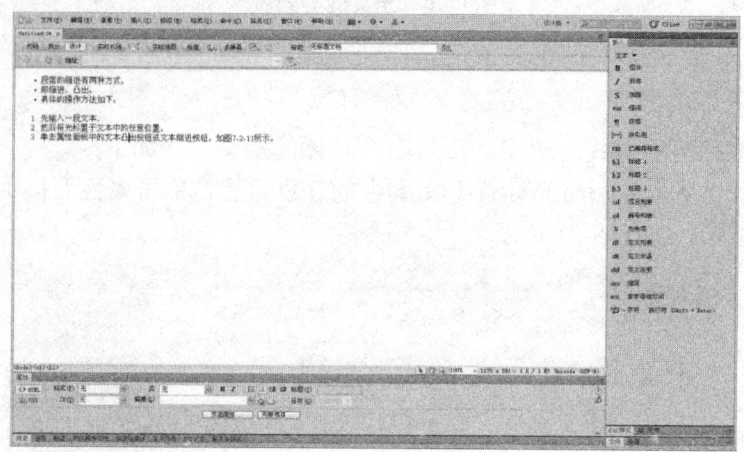

图 8-22　建立列表

二、设置列表的属性

要改变列表的类型、样式等，可以执行以下操作：

（1）将光标置于列表中任意位置。

（2）如图 8-23 所示，单击属性面板中的“列表项目”按钮，打开列表属性对话框。

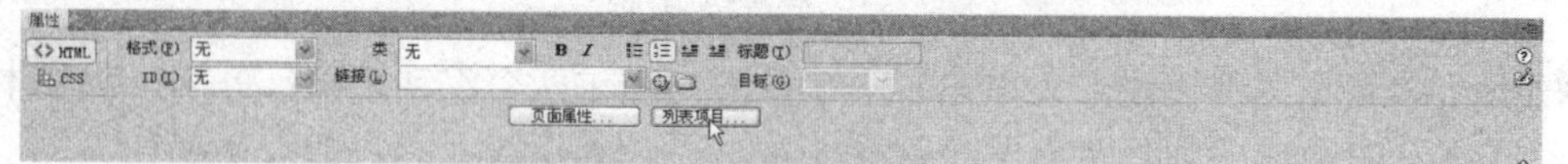

图 8-23　列表属性对话框

（3）如图 8-24 所示，在列表属性对话框中设置各项属性。

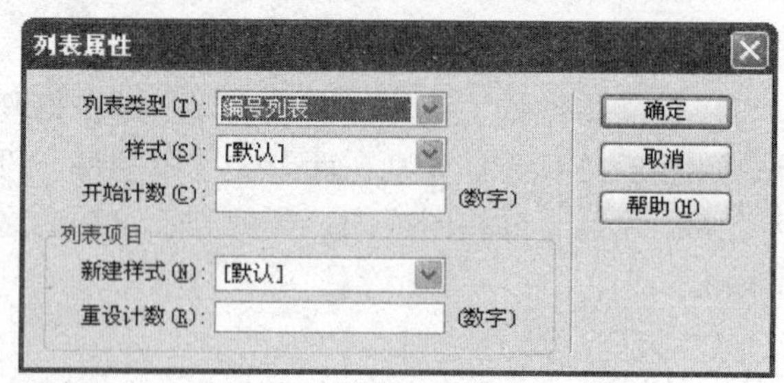

图 8-24　设置列表的属性

（4）设置完成后单击“确定”按钮，将新设置的属性应用到当前文本中。

列表属性对话框中各项属性含义如下：

➢ **列表类型：**设置当前列表的类型，有项目列表、编号列表、目录列表和菜单列表。

- **样式**：随着列表类型的不同，而对应不同选项。如编号列表框中可以选择编号的样式，有数字样式：1，2，3……，也有字母类型：a，b，c……。
- **开始计数**：此项只有在项目类型为编号类型时才处于可设置状态，可以设置起始编号的数值。如从 5 开始作为编号列表的起始数，这里就设为 5。

8.4　特殊字符的输入

网页制作过程中一些特殊字符是无法通过键盘的对应按键输入的。这时可以通过插入面板的文本标签下的字符菜单来完成特殊字符的输入。

（1）如图 8-24 所示，单击“字符”按钮弹出字符菜单，单击目标字符命令即可输入对应字符。

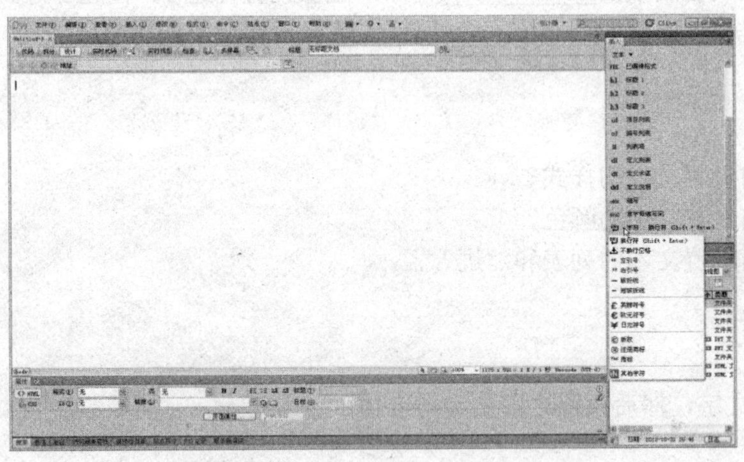

图 8-24　输入对应字符

（2）若想获得更多字符，可以单击字符菜单中的其他字符，打开图 8-25 所示的插入其他字符对话框。在该对话框中选择目标字符，单击“确定”按钮即可插入目标字符。

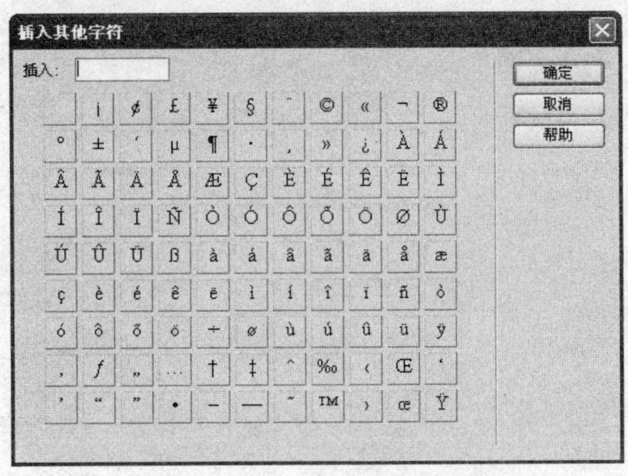

图 8-25　插入其他字符对话框

本章小结

本章讲解了设置文本的方法，如字体、字号、位置和样式等设置方法。通过本章的学习，读者应当重点掌握设置文本的方法。

本章练习

一、填空题

（1）通过属性面板的____________属性，可以设置标题 1、标题 2 等。
（2）通过属性面板的____________属性，可以设置文本的字号。

二、问答题

（1）如何设置文字的样式？
（2）如何设置文字的颜色？
（3）如何设置文本的列表和缩进？

三、上机练习

输入一段文字，然后设置这段文字的字体、字号等。

第9章　图　像

图像是制作网页过程中最常使用到的元素，可以使网页更加直观和具欣赏性。在Dreamweaver CS5中无法创建和生成图像，因此使用Dreamweaver CS5向网页中插入图像时，就应先准备好所需图像。

【本章学习目标】

- 学会向网页中插入图像
- 掌握如何设置图像属性
- 熟悉如何优化图像

9.1　插入图像

本节讲解在网页中插入图像的基本方法，并进一步认识资源面板。

一、插入图像的基本操作

在前面章节中，在定义本地端站点时已经建立了一个名为image的图像文件夹，建议网页中需要使用到的图像全部先存放到这个文件夹中。下面介绍插入图像的方法：

第一种方法，使用插入图像功能，按照提示逐步向网页中插入图像。

（1）“插入”面板切换到“常用”选项卡。

（2）如图9-1所示，单击“图像”下拉按钮，在弹出的菜单中选择“图像”；或执行“插入/图像”命令，打开“选择图像源文件”对话框。

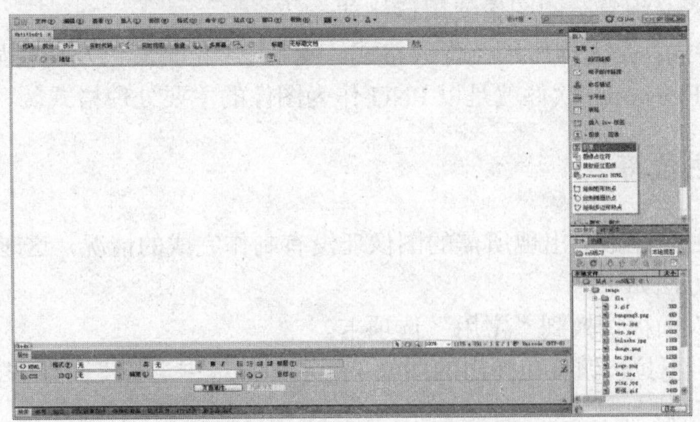

图9-1　单击“图像”下拉按钮

（3）在图 9-2 所示的“选择图像源文件”对话框中选择目标图像，单击“确定”按钮即可插入图像。

第二种方法，使用资源面板或文件面板，直接拖动目标图像到网页中。

（1）执行“窗口/资源”命令，打开资源面板，单击“图像”按钮，如图 9-3 所示，资源面板中显示了当前站点中的所有图像。

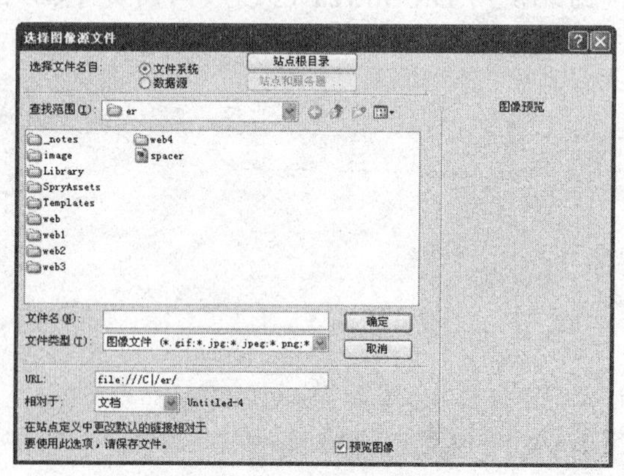

图 9-2　选择目标图像

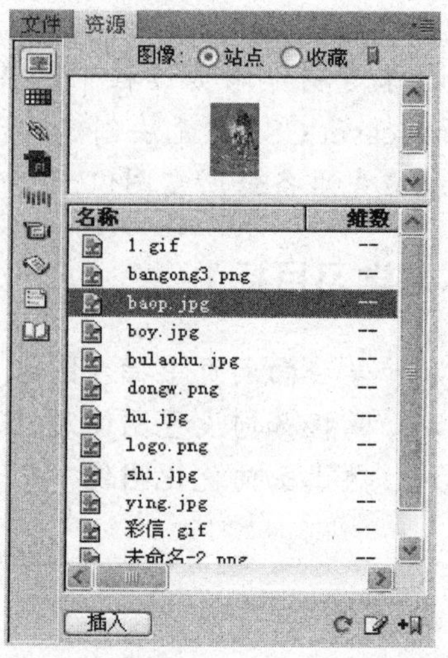

图 9-3　当前站点中的所有图像

（2）从图像列表中选择目标图片，拖动该图像到设计视图中的目标位置。

常见的图像格式主要有以下几种：

- **GIF 格式：**是一种无损的压缩图像的格式，图像原来什么样子，压缩后还是什么样子。但色彩模式仅支持 256 色，适合显示对颜色要求低的画面。GIF 格式提供了隔行扫描功能，在下载 GIF 图像时可以在浏览器中以逐渐细化形式显示。GIF 格式还可以支持透明和动画效果。
- **JPG/JPEG 格式：**是一种有损压缩图像的格式，具有很高的压缩比，且压缩比可调，但随着压缩比的加大，图像损失也就越严重。这种压缩文件格式可以支持 24 位真彩色，能最大限度地保留图像的颜色信息。一般情况下，对使用色彩数量较多且色彩交织复杂的图像使用该格式。
- **PNG 格式：**是无损压缩图像的格式。支持 24 位真彩色及透明显示功能。Adobe 公司的 Fireworks 软件就是以 PNG 作为图像的主要处理格式。

二、插入图像占位符

在制作网页时，经常会出现所需的图像还没有制作完成的情况，这时可先插入一个图像占位符，操作方法如下：

（1）“插入”面板切换到“常用”选项卡。

单击“图像”下拉按钮，在弹出的图 9-4 所示的菜单中选择“图像占位符”，打开“图像占位符”对话框。

（2）在图 9-5 所示的“图像占位符”对话框中，设置图像占位符的宽度为 350，高度为 120，单击“确定”按钮。

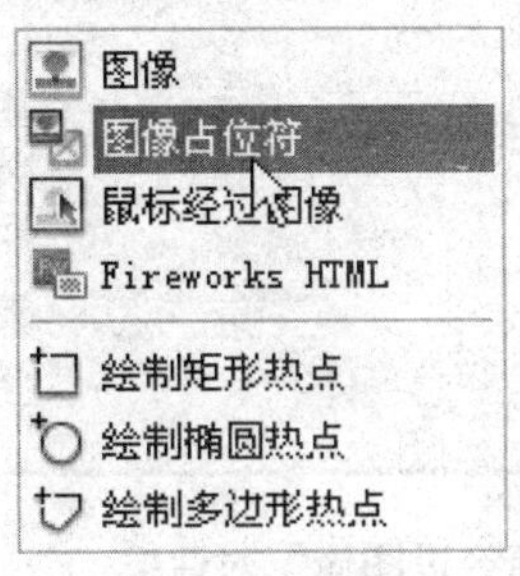

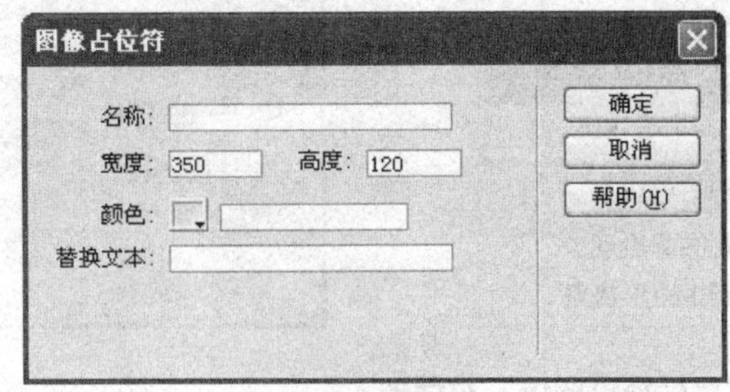

图 9-4 “图像占位符”对话框　　　　图 9-5 设置图像占位符

图像占位符的宽度、高度为必填项，其他如占位符的名称、颜色、替换文本可以根据需要进行设置。其中替换文本是浏览者在鼠标移向该图像占位符时显示的提示信息。

准备好所需图片后，可以双击该图像占位符，打开如图 9-6 所示的“选择图像源文件”对话框，选择所需要的图像。

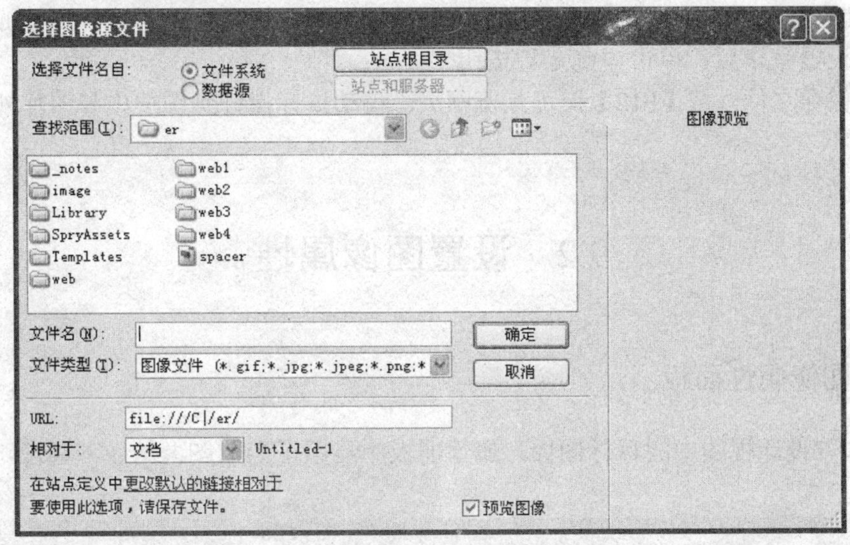

图 9-6 “选择图像源文件”对话框

三、插入鼠标经过图像

在浏览网页过程中，当鼠标指针移至某一个图像时，图像会发生变化，鼠标指针移开时，图像又恢复原来的样子，要实现这种互动图像的效果，可按下列方法完成：

（1）首先准备两个图像，将其保存到同一个文件夹下，本例图像保存在 image 文件夹下。

（2）新建一个 HTML 文件。

（3）单击“图像”下拉按钮，在弹出的图 9-7 所示的菜单中选择“鼠标经过图像”。

（4）打开“插入鼠标经过图像”对话框，如图 9-8 所示。

图 9-7 “鼠标经过图像”对话框

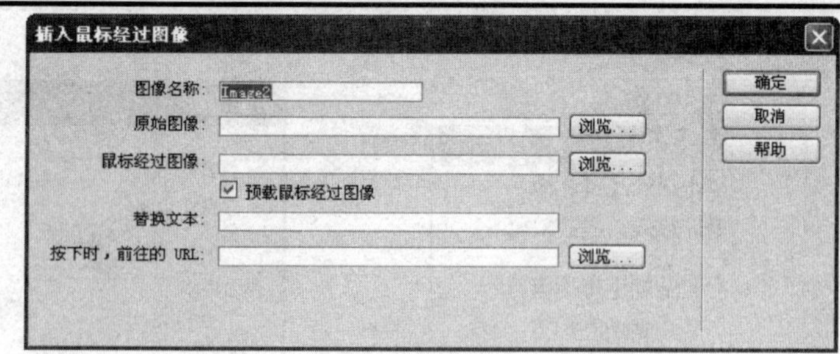

图 9-8 “插入鼠标经过图像”对话框

单击“原始图像”的“浏览”按钮，在打开的原始图像对话框中选择“image”文件夹下的目标文件，单击“确定”按钮。

单击“鼠标经过图像”的“浏览”按钮，选择鼠标指针经过时显示的目标图像文件，单击“确定”按钮。

（5）根据需要还可以进行以下设置：在图 9-8 所示对话框的“替换文本”栏中，输入提示文本信息；在“前往的 URL”栏中输入链接的网页，如“http://www.todayonline.cn”。

（6）设置完毕后，单击“确定”按钮。

（7）保存文件，按【F12】键可预览网页。移动鼠标指针到图片内和图片外，测试其效果。

9.2 设置图像属性

一、认识图像属性面板

单击选取设计视图中的目标图像，属性面板中显示了当前图像的各项属性，如图 9-9 所示。

图 9-9 图像属性面板

属性面板中相关选项的含义如下：

- **图像 ID：**设置图像的唯一标识，可以留空。ID 必须以英文字母开头，以保证兼容性。
- **图像的宽、高：**图像的尺寸，可输入数值改变图像大小。
- **源文件：**显示图像文件所在的目录，也可以单击其后的“文件夹”图标，在打开的对话框中选择新的图像来替换当前图像。
- **链接：**指定图像的超链接。即单击该图像时打开的目标网页。
- **替换：**设置图像的说明性文字，当浏览者将鼠标指针移向该图像时显示提示信息；

还可以在浏览者关闭了图像显示功能时在图片位置上显示这些文字，以便浏览者了解原图片的内容。

- **编辑：**编辑图像的工具。
- **地图和热点工具：**用以建立一个区域，当鼠标单击时可以链接到目标网页。
- **垂直边距和水平边距：**设置图像相对于编辑窗口或文本等的间隔，以像素为单位。
- **目标：**设置链接网页载入时的目标窗口或框架。
- **原始：**设置低分辨率的图像。在主图像被下载之前，先载入低分辨率的图像，以便浏览者及早地了解图像的信息。
- **边框：**可以设置边框的粗细，以像素为单位。当边框值为零时，没有边框。
- **对齐：**设置图像与一段文字的绕排方式。

二、设置图像大小

要改变图像的大小，可用下列方法：

方法一：选中图像后，将鼠标指针移到图像的边框变形点，当鼠标指针变为双向箭头时，按住鼠标左键拖动，可以改变图像的大小，如图 9-10 所示。按住【Shift】键再拖动控制点可按比例调整图像的大小。

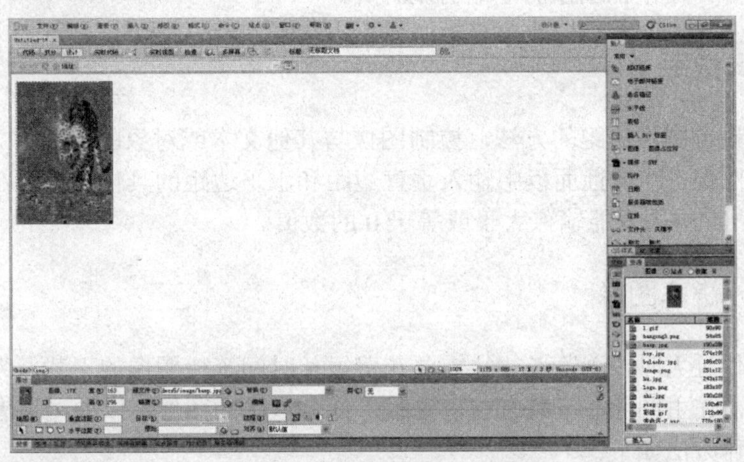

图 9-10　设置图像大小

方法二：选择目标图像，然后在图 9-10 所示的属性面板中输入图像宽度与高度的数值。要恢复图像原来的大小，可单击属性面板中的“恢复原始大小”按钮。

本节中介绍的改变图像大小，仅改变图像的显示大小。如果要减小原始图像的大小，以节省下载时间，则需要通过其他图像处理软件对图像进行优化处理。

三、设置图像对齐方式

要设置图像的垂直对齐方式，需要先选择目标图像，然后单击属性面板的对齐栏右侧的下拉按钮，从弹出的菜单中选择对齐方式，如图 9-11 所示。

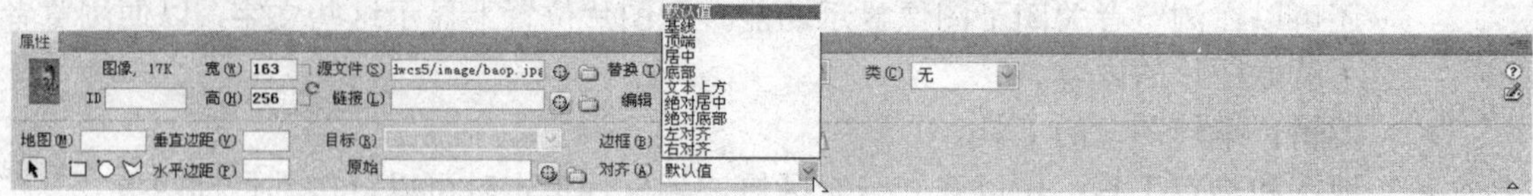

图 9-11　图像的对齐方式

对齐方式的含义如下：

- **默认值**：一般浏览器默认方式是基线对齐方式。
- **基线**：基线对齐方式是使图像的底部与文字的基线对齐。
- **顶端**：使图像的顶部与当前行中最高对象的顶部对齐。
- **居中**：图像的中间与当前行的基线对齐。
- **底部**：底部对齐方式与基线对齐基本相同。
- **文本上方**：图像的顶部与当前行中最高的文字顶部对齐。
- **绝对居中**：图像的中间与当前文字或对象的中间对齐。
- **绝对底部**：图像的底部与当前文字或对象的绝对底部对齐。
- **左对齐**：文字在图像的右端自动对齐。
- **右对齐**：文字在图像的左端自动对齐。

四、设置图像边距

可以通过设置图像边距的方法，控制图像与其他文本或对象的距离，方法是：

选择目标图像，在属性面板中输入垂直边距和水平边距的具体数值。在默认状态下图像的边距为 0。此框内只能输入大于或等于 0 的数值。

五、设置低分辨率图像

当图像文件过大时，浏览者往往需要花费很长时间等待图像的下载。为使浏览者不致因等待而生厌，在主图像被下载之前，先载入低分辨率的图像，以便浏览者及早地了解图像的信息，操作方法如下：

（1）首先要准备两张图片，其中一张为正常的清晰图像，另一张是用 Photoshop 或其他图像处理软件加工过的低分辨率图像，如图 9-12 所示。

图 9-12　清晰图像与低分辨率图像

（2）单击插入面板中的“插入图像”按钮，插入一张正常的图像。

（3）在文档窗口选取插入的图像，单击属性面板中的“原始”栏右侧的浏览文件按钮，在打开的选择图像源文件对话框中选择目标低分辨率图像，属性面板中显示出低解析度文件的位置，结果如图 9-13 所示。

（4）完成低分辨率图像的设置。

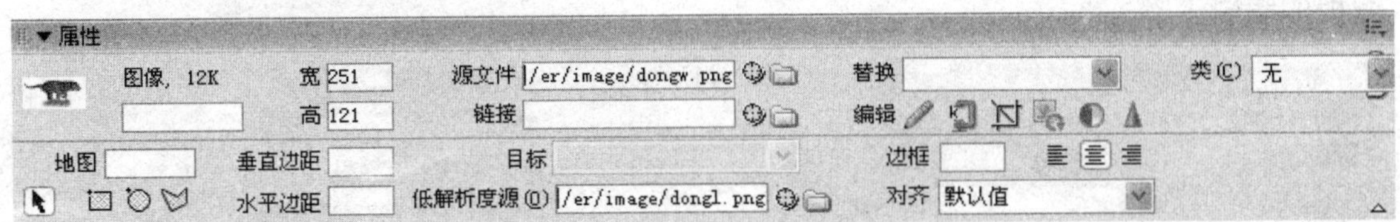

图 9-13　设置低分辨率图像

六、设置热区

使用热区可以将图像分割为不同的链接源，这些链接源可以拥有独立的链接目标。使用热区制作链接的方法如下：

（1）新建一个 HTML 文件。

（2）插入一幅图像。

（3）单击属性面板的“矩形热点工具”，在图像上画出一个热区，此时属性面板显示为当前新建热区的相关参数，如图 9-14 所示。

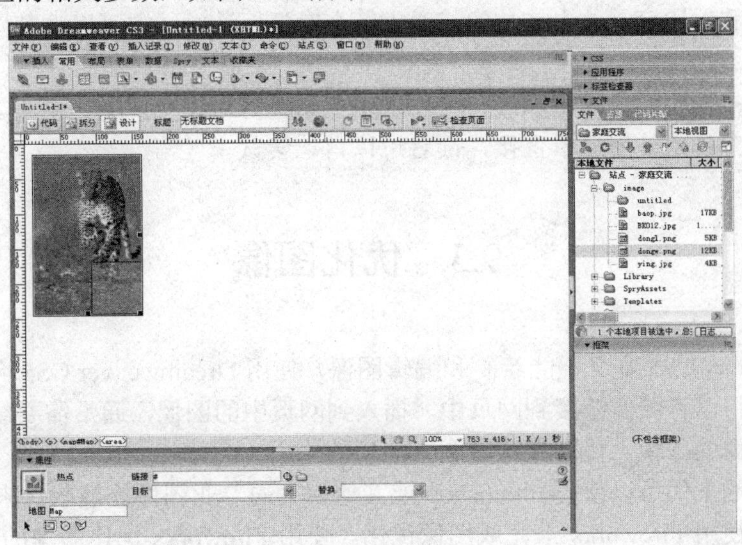

图 9-14　设置热区

（4）在链接框中，设置链接网页或其他网络资源。在目标栏中设置打开网页的方式，如：在当前页中打开。

（5）使用同样的方法建立其他热区，并设置相关链接。

当需要修改热区时，可以使用指针热点工具，选择目标热区，然后在属性面板中修改相关链接设置。

七、使用编辑工具

在 Dreamweaver CS5 中，还提供了一些基本的编辑图像的工具，图 9-15 所示为属性面板的编辑工具。

图 9-15 属性面板的编辑工具

单击目标图像，属性面板中针对当前图像有效的工具处于激活状态，其含义如下：

- **编辑**：可以打开一个编辑软件对当前图像进行编辑。如果当前计算机安装了 Fireworks 软件，则会自动启动该软件编辑当前图像；如果没有安装该软件，则会启动其他相关软件。若当前计算机没有安装相关的图像处理软件，该选项不可用。
- **优化**：可以启动 Fireworks 优化当前图像。
- **裁剪**：可以对当前图像进行裁剪操作。
- **重新取样**：可以重新优化修改大小后图像的显示质量。
- **亮度和对比度**：单击该按钮，弹出一个对话框，通过它可以调整图像的对比度和亮度。
- **锐化**：调整图像的清晰度，使图像中色彩边缘对比更鲜明、清晰。

以上编辑工具的使用简单直接，读者可以自己尝试。

9.3 优化图像

Dreamweaver CS5 本身不能绘制和编辑图像，使用 Dreamweaver CS5 向网页中添加图像，实际上是将已有图像链接到网页中。插入到网页中的图像，通常需要经过一些优化处理，以减小图像的体积，使图像适合网络环境的应用。

制作图像的工作可以使用 Photoshop 或其他相关的专业图像处理软件来完成。

本书推荐使用 Fireworks 来完成图像优化。使用 Fireworks 优化图像的操作比较简便。Fireworks 的安装程序可以到 Adobe 公司的网站 http://www.adobe.com/下载一个 30 天的试用版。

（1）安装 Fireworks 后，启动 Fireworks，如图 9-16 所示。

（2）单击“打开最近的项目”中的“打开”链接，弹出图 9-17 所示的“打开”对话框。在该对话框中选择目标图像文件，单击“打开”按钮。

（3）在 Fireworks 的编辑界面中，单击“窗口/优化”，打开优化面板。

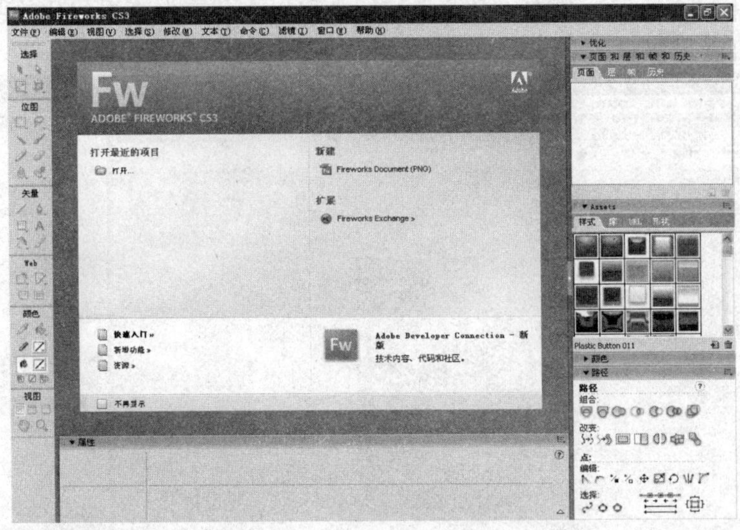

图 9-16　Fireworks 工作界面

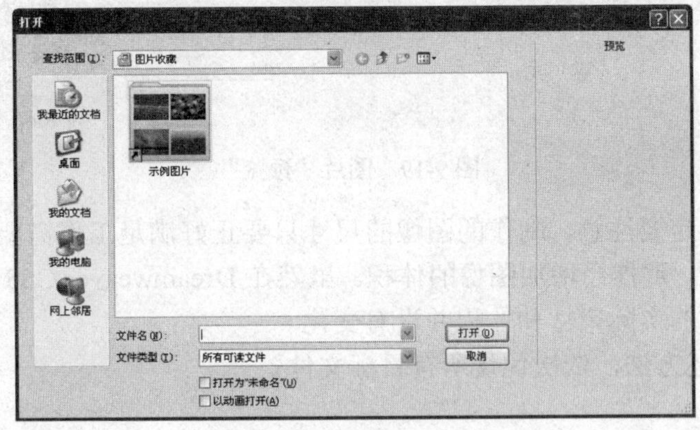

图 9-17　“打开”对话框

（4）如图 9-18 所示，单击优化面板中的优化栏，在弹出的菜单中选择合适的优化项目即可。

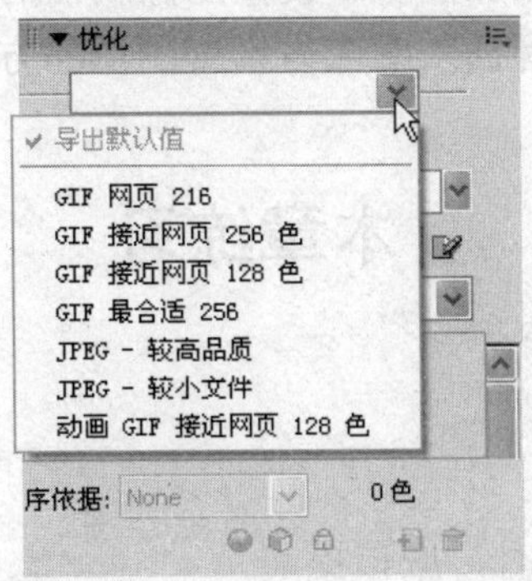

图 9-18　选择合适的优化项目

（5）如图 9-19 所示，单击“预览”按钮，可以在状态栏查看优化的图像大小，一般 10KB 左右即可满足要求。

图 9-19 图片“预览”

制作图像时一定要注意，制作的图像的尺寸只要正好满足工作需要即可，不要制作大于要求尺寸的图像，那样会增加图像的体积。虽然在 Dreamweaver CS5 中可以设置图像的显示尺寸，但图像的实际尺寸和体积并没有变化。

（6）使用上述方法，依次优化所有目标文件。

本章小结

本章主要讲解了向网页中添加图像、设置图像属性的方法，以及如何优化图像。通过本章的学习，读者应当重点掌握插入图像与设置图像的方法。

本章练习

一、填空题

（1）在向网页中插入图像时，应该提前______________。

（2）网页常用的 3 种图像格式分别是______________、____________和____________。

（3）设置图像热区的工具是______________。

二、问答题

（1）简述图像的大小应该如何调整。
（2）简述如何设置图像的对齐。

三、上机练习

（1）为自己制作的网页添加图像。
（2）制作一个“鼠标经过图像”。
（3）设置网页中的低分辨率图像。
（4）使用 Fireworks 优化图像。

第 10 章　多 媒 体

随着网络技术的发展，多媒体技术开始越来越多地被应用到网页中。当前网页中应用的多媒体元素包括：图像、Java 小程序、Shockwave 影片、Flash 影片和 ActiveX 控件等。

【本章学习目标】

- ➢ 学会插入 Flash 影片
- ➢ 知道插入其他多媒体元素

10.1　使用 Flash 影片

Flash 影片是网络中被广泛使用的多媒体元素，Flash 影片以矢量动画为基础，具有文件体积较小、支持流媒体技术等特点，非常适合网络环境的应用。

一、插入 Flash 影片

插入 Flash 影片的方法如下：

（1）新建或打开一个 HTML 文档。

（2）如图 10-1 所示，“插入”面板切换到“常用”选项卡中，单击“媒体”下拉按钮，在弹出的菜单中选择“SWF”，打开“选择 SWF”对话框。如图 10-2 所示。

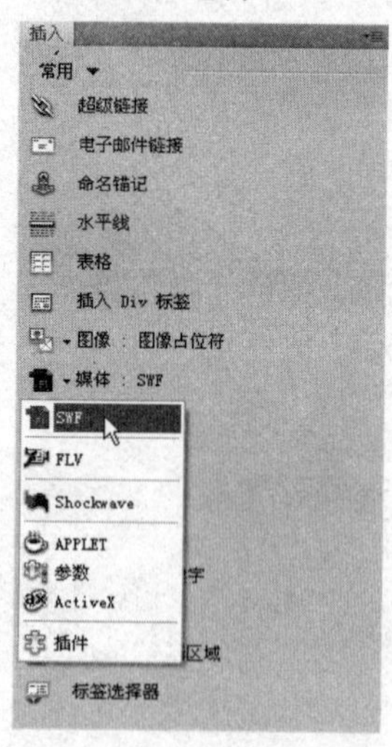

图 10-1　“常用”选项卡

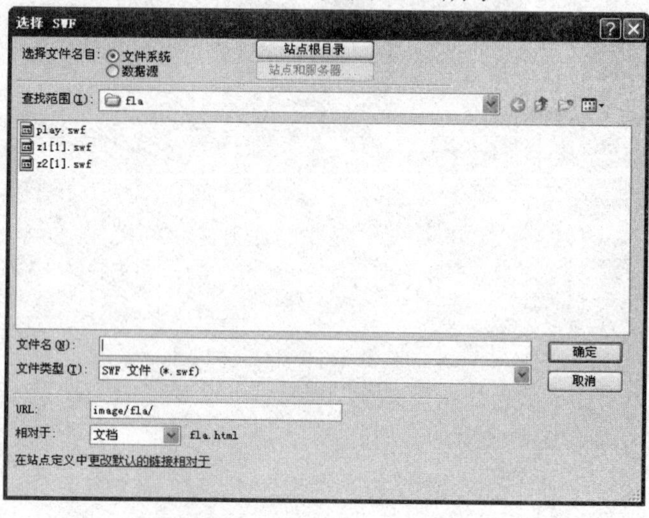

图 10-2　“选择 SWF”对话框

（3）“选择 SWF”对话框中选择所需的 Flash 影片，单击“确定”按钮，导入 Flash

影片。

在导入 Flash 影片前，应当在当前站点中新建一个用于存放 Flash 影片的文件夹，然后将相关的 Flash 影片放入该文件夹。

（4）导入的 Flash 影片在文档窗口中显示为图标，大小与 Flash 动画的原始尺寸相同，在属性面板中可以设定导入 Flash 影片的属性，如图 10-3 所示。

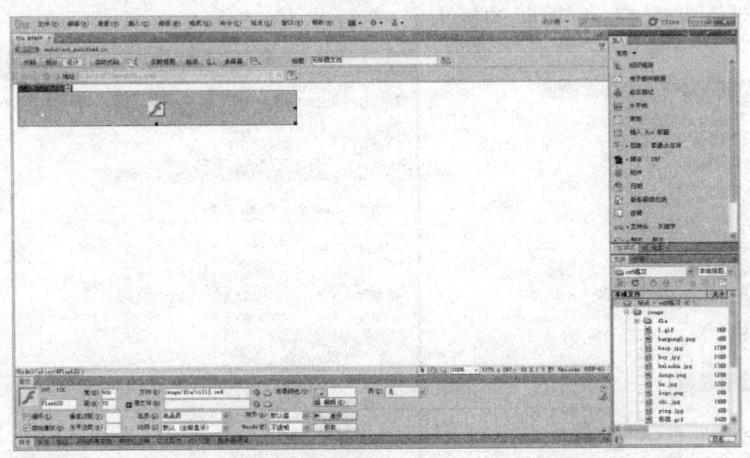

图 10-3 设置导入 Flash 影片的属性

- **Flash**：此处显示当前影片文件的大小，本例是 22KB。可以在栏中设置影片的名称。
- **高、宽**：指定 Flash 影片在网页中的显示高度和宽度。
- **文件**：指定 Flash 影片的路径。一般在导入影片时，影片的路径自动填写在这里。
- **编辑**：单击启动 Flash 程序重新对影片进行编辑。
- **重设大小**：在高、宽栏中设置了 Flash 影片的高度和宽度后，单击此按钮可以恢复为原始大小。
- **循环**：勾选此复选框，重复播放 Flash 影片。
- **自动播放**：勾选此复选框，载入浏览器后自动播放影片。
- **垂直边距、水平边距**：指定 Flash 影片距上下左右边界的距离。
- **品质**：设置 Flash 影片的显示质量。
- **比例**：设置 Flash 影片大小与指定播放区域大小不匹配时如何显示。
- **对齐**：设置 Flash 影片的对齐方式。
- **背景颜色**：指定 Flash 影片的背景色彩。
- **播放**：在设计视图中播放 Flash 影片。
- **参数**：设定参数以传递给 Flash 影片。

二、插入 Flash 视频

在安装 Flash 的过程中会安装一个 Flash Video Encoder 的编码软件，它可以将其他非 Flash 的常见多媒体格式转换为 Flash 视频格式。例如可以将 QuickTime 格式转换为 Flash 视频格式。在使用 Flash Video Encoder 软件时，还需要安装 QuickTime 6.5 或以上版本，才能正常运行 Flash Video Encoder。插入 Flash 视频的方法如下：

（1）新建 HTML 文档，保存该文档。

（2）切换“插入”面板到“常用”选项卡，单击“媒体”下拉按钮，在弹出的菜单中选择“FLV”，如图 10-4 所示，打开“插入 Flash 视频”对话框。

（3）如图 10-5 所示，在“插入 Flash 视频”对话框中设置将要插入的 Flash 视频，单击“确定”按钮，完成 Flash 视频的插入。

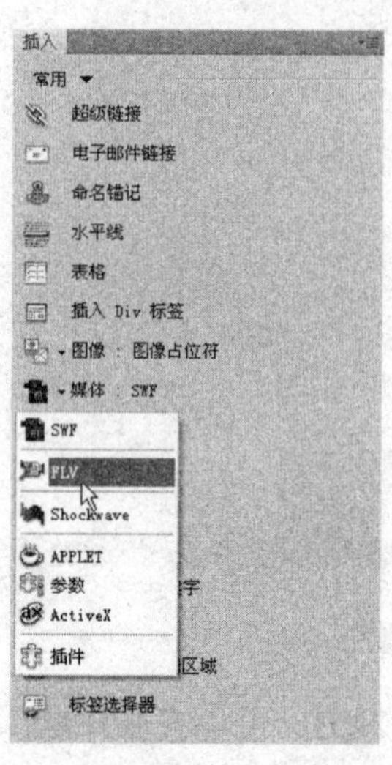

图 10-4　选择“FLV 视频”

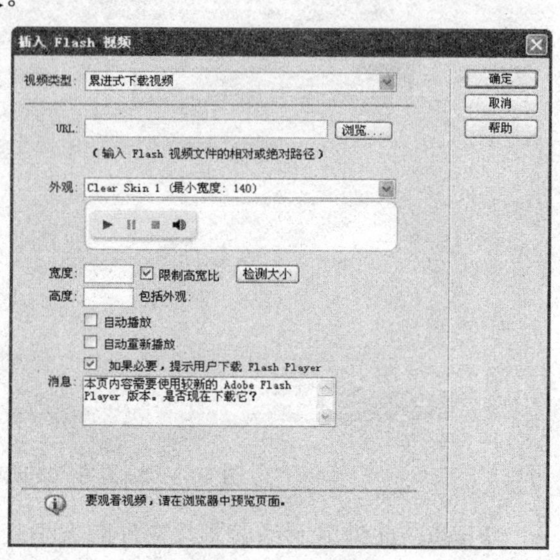

图 10-5　“插入 Flash 视频”对话框

三、插入 Shockwave 动画

本节学习插入 Shockwave 动画的方法。Shockwave 是使用 Director 创建的媒体文件。插入 Shockwave 动画的具体操作方法如下：

（1）将光标置于要插入动画的位置。

（2）切换“插入”面板到“常用”选项卡，单击“媒体”下拉按钮，在弹出的菜单中选择“Shockwave”，如图 10-6 所示。打开“选择文件”对话框，选择所需的文件。

（3）选定文件后，在当前窗口中以一个图标显示插入的 Shockwave 动画。

具体操作与调整 Flash 类似，这里不再赘述。

10.2　插入特殊对象

本节讲解向网页中插入 Java 小程序、ActiveX 及插件的方法。

一、插入 Java 小程序

插入Java小程序可以实现一些动态的网页效果，而且Java Applet 具有很好的兼容性。

Java 小程序的源文件有 3 种，后缀名分别是.java，.class 和.jar。这里只有.java 文件可以被编辑修改，但是.java 文件必须用编译器把它编译成.class 文件才能使用。实际上，多数 Applet 程序都是这种可以直接使用的.class 文件。

插入 Java 小程序的方法如下：

（1）将光标置于目标位置。

（2）切换“插入”面板到“常用”选项卡，单击“媒体”下拉按钮，在弹出的菜单中选择“APPLET”，如图 10-7 所示。打开“选择文件”对话框。

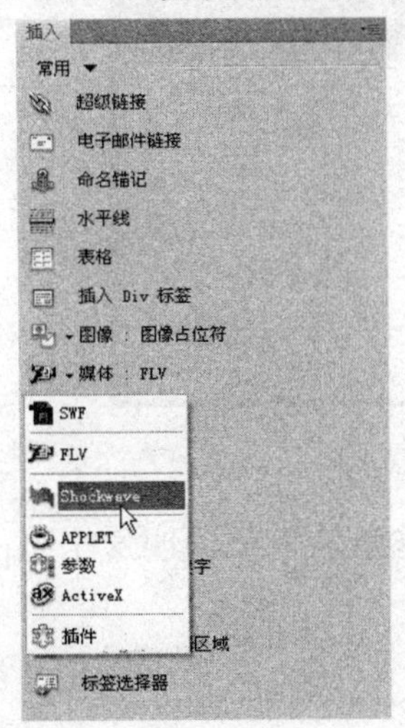

图 10-6　选择“Shockwave”

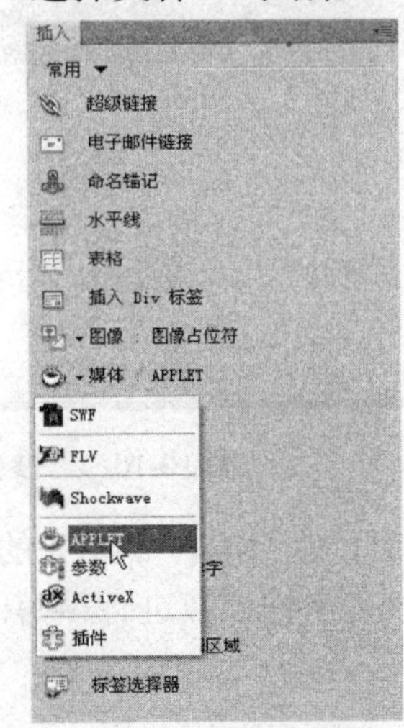

图 10-7　选择“APPLET”

（3）选择 Java 类文件后，单击“确定”按钮，插入选择的 Applet 文件。

（4）在当前文档窗口中显示 Java 小程序图标，可在其属性面板中作相应设置，如图 10-8 所示。

图 10-8　设置 Java 小程序的属性

（5）如图 10-9 所示，设置 Java Applet 的属性，即在属性面板中设置 Java 程序的宽和高等属性。

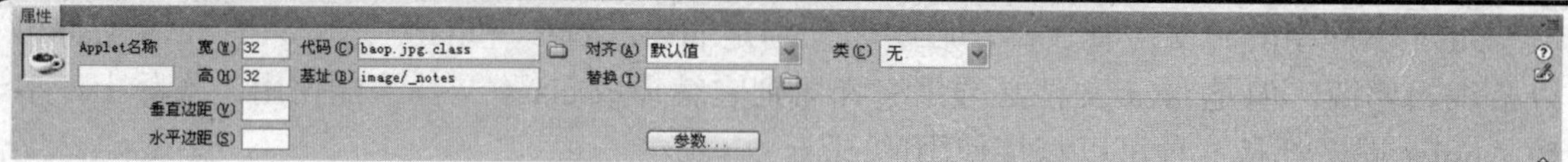

图 10-9　设置 Java 程序的宽和高等属性

（6）设置 Java Applet 的参数，单击属性面板的“参数”按钮，打开图 10-10 所示的“参数”对话框，输入相关参数。

图 10-10　“参数”对话框

在获得 Applet 程序时，都会有一个相关的属性和参数说明，说明这个 Applet 的宽和高以及各个参数，设置时只需按参数进行填写即可。

二、插入 ActiveX

ActiveX 是 Microsoft 公司开发的一种在应用程序间共享代码的技术，用于增强 Windows 环境下 IE 浏览器的功能，也被用来代替 Java 小程序。插入 ActiveX 的具体方法与插入 Java 程序类似，这里仅简单介绍其操作流程：

（1）将光标置于要插入 ActiveX 的位置。

（2）切换“插入”面板到“常用”选项卡，单击“媒体”下拉按钮，在弹出的菜单中选择“ActiveX”。

（3）在当前文档窗口中显示 ActiveX 控件图标。

（4）选中编辑窗口中的插件图标，在属性面板中作相应设置。

三、插入参数

参数用以增强 Netscape Navigator 功能，实现对网页中插入的多媒体对象的设置。插入参数的具体方法如下：

（1）将光标置于要插入参数的位置。

（2）切换“插入”面板到“常用”选项卡，单击“媒体”下拉按钮，在弹出的菜单中选择“参数”，打开图 10-11 所示的“标签编辑器”对话框，在当前文档中设置标签。插入的参数在当前编辑窗口中没有图标显示，它仅对使用标签的对象起作用。

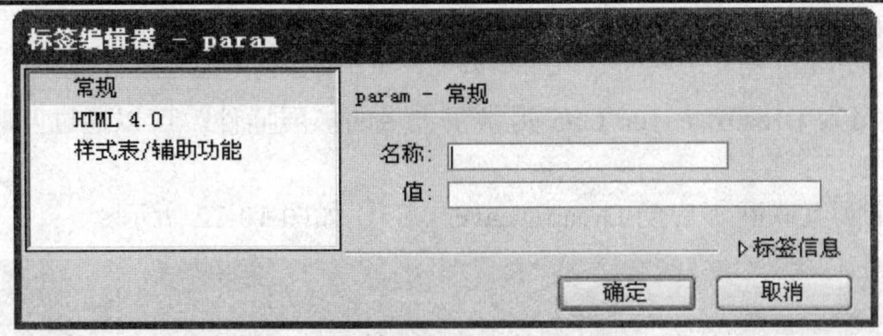

图 10-11　“标签编辑器”对话框

四、插入插件

插件用以增强 Netscape Navigator 功能，实现对网页中插入的多媒体对象的控制。插入插件的具体方法如下：

（1）将光标置于要插入插件的位置。

（2）切换“插入”面板到“常用”选项卡中，单击“媒体”下拉按钮，在弹出的菜单中选择“插件”，打开“选择文件”对话框，选择所需的插件文件。

（3）插入的插件在当前文档窗口中显示插件图标。选中编辑窗口中的插件图标，可以在属性面板中作相应设置。

10.3　扩展 Dreamweaver

本节讲解获取扩展插件的方法。对于 Dreamweaver CS5 无法支持的多媒体格式，可以先安装支持这些格式的外部插件，再使用这些插件对相关的媒体处理后放到网页中。

一、安装外部插件

插件实际上是实现特定功能的一组代码，通过插件可获取一些扩展功能，提高工作效率。插件的文件类型一般为 MXP，可通过互联网搜索获得这些插件。Dreamweaver CS5 为各种外部插件提供了良好的扩展性，下面就以嵌入音频插件 audioembed 的安装为例进行介绍。

（1）启动 Dreamweaver CS5 软件，执行“帮助/扩展管理”命令，打开“扩展管理”对话框。

（2）单击“安装”按钮或执行“文件/安装扩展”命令，打开“选取要安装的扩展”对话框，选择目标扩展文件。

（3）按照扩展管理对话框的提示，逐步完成安装。

（4）安装结束后，重新启动 Dreamweaver CS5 软件。在插入面板的“媒体”标签下，将看到该插件的图标。

二、获得插件的方法

Adobe 公司为 Dreamweaver CS5 提供了大量的扩展插件。可以通过互联网下载获得，具体操作方法如下：

（1）登录到互联网。启动 Dreamweaver CS5，如图 10-12 所示。

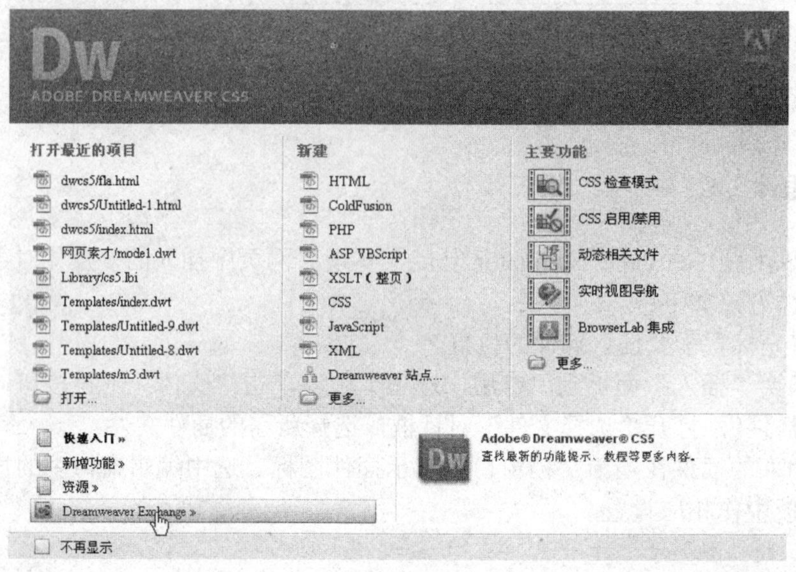

图 10-12　启动 Dreamweaver CS5

（2）单击起始页面中的“Dreamweaver Exchange”按钮，打开下载分类网页，如图 10-13 所示。

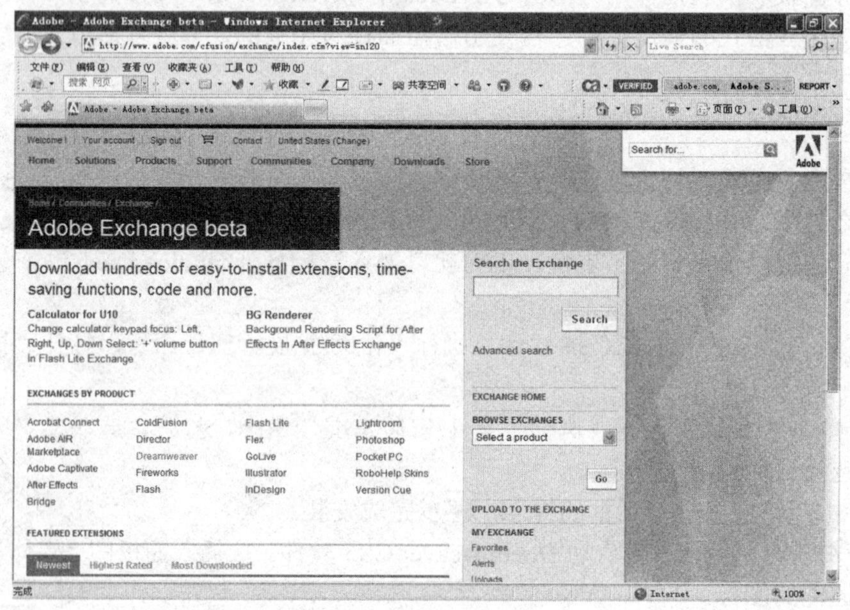

图 10-13　打开下载分类网页

（3）单击“Dreamweaver”链接，进入到 Dreamweaver CS5 扩展插件的下载页面。如图 10-14 所示。

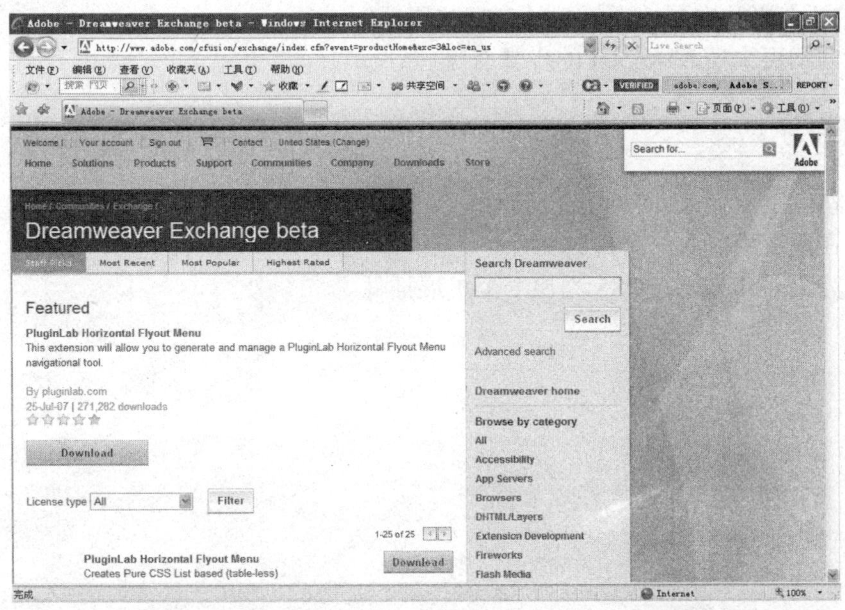

图 10-14　Dreamweaver CS5 扩展插件的下载页面

（4）选择所需扩展插件，单击“Download”（下载）按钮，按提示开始下载相关插件。下载插件完成后，可以使用上节中讲解的方法安装插件。然后启动 Dreamweaver CS5，在插入面板中可以查找到新安装的插件。具体使用方法与所安装的插件提供的功能有关。

本章小结

本章主要讲解了向网页中添加多媒体元素的方法。通过本章的学习，读者应当重点掌握向网页插入 Flash 影片、Flash 按钮和 Flash 文本的方法。

本章练习

一、填空题

（1）当前网页中应用的多媒体元素包括________、________、________、________和 ActiveX 控件等对象。

（2）Flash 影片以___________动画为基础，具有_________较小，同时支持流媒体技术等特点，非常适合网络环境的应用。

二、问答题

（1）Flash 影片在属性面板中具有哪些属性？

（2）向网页中插入 Applet 的步骤有哪些？

三、上机练习

（1）在网页中插入一段 Flash 影片。

（2）在网页中嵌入一个视频文件。

（3）为 Dreamweaver CS5 添加一个扩展插件。

第11章 超链接

链接是网页中最重要的元素，通过链接可以实现网页间的快速跳转。一个完整的链接有源端点和目标端点两个端点。源端点是指向目标链接位置的载体，目标端点即按路径或URL到达位置后所打开的对象，它可以是任何网络资源。

【本章学习目标】

- 了解路径和链接的概念
- 掌握如何创建网页内部、本地网页间链接
- 了解如何建立网站外部链接

11.1 创建网页内部链接

创建网页内部链接可以实现网页内的跳转，网页内部实现跳转，需设定锚记，然后锚记作为被链接对象建立与源链接对象的链接。

一、链接的有关基本知识

1. URL

URL是Uniform Resource Locator的缩写，译为统一资源定位符。它是因特网中用来描述信息资源的字符串，主要用在各种因特网客户程序和服务器程序上。URL使用统一的格式描述信息资源，由以下三部分组成：

第一部分：协议或称服务方式。

第二部分：该资源所在主机的IP地址（或是端口号）。

第三部分：主机资源的具体地址，如目录、文件夹、文件名等。

2. 路径

路径是对存放文档位置的描述，如对个人住址的简单描述“中国北京”。只是在因特网中，这种描述方式使用URL（统一资源定位符）定义。

要正确创建链接，必须了解链接与被链接之间的路径关系。每个网页都有唯一的地址，称为URL。一般创建内部链接，即同一站点内文档间的链接时，不需要指定完整的URL，只需指定相对于当前文档或站点的根文件夹的路径。这与在同一个城市中问其他人的住址类似，通常只需说出所在的区、街道和门牌号，而不用说出国家、省和城市。在网站制作过程中，使用3种文档路径类型。

- **绝对路径**：绝对路径就是文档的完整 URL，包括传输协议。例如：http://www.todayonline.cn/index.html。
- **文档相对路径**：文档相对路径是指以当前文档所在位置为起点到被链接文档经由的路径。这是用于本地链接的最方便的表述方式。例如：web/index.htm 就是一个文档的相对路径。文档间的相对路径省去了当前文档和被链接文档间的完整 URL 中相同的部分，只留下不同的部分。
- **根相对路径**：根相对路径是指从站点根文件夹（即一级目录）到链接文档经由的路径。根相对路径由前斜杠开头，它代表站点的根文件夹。例如 /sport/web/image.htm。

3. 链接的组成

一个完整的链接有两个端点，源端点和目标端点。源端点是指向目标链接位置的载体，它含有到达目标端点的路径或 URL，它可以是文字、图像或按钮等。目标端点即按路径或 URL 到达位置后所打开的对象，它可以是任何网络资源。

4. 超链接的方式和对象

超链接的形式有以下 3 种：

- **文字链接**：用文字建立链接，这是最常用的功能，占用极少的资源且便于维护。
- **图像链接**：使用图像为链接源点。
- **按钮链接**：使用按钮为链接源点，按钮链接提供了更人性化的视觉效果，但占用资源比较多。

这 3 种链接源点仅是源点对象上的差异，在实际操作中设置链接的方法基本相同。超链接的对象有以下几种形式：

- **命名锚记的链接**：通常是一段文本的内部链接，如单击每章的小标题会跳到本章对应的节等。
- **网站内部的链接**：链接到网站内部其他网页，或同一网页的其他内容。
- **网站外部的链接**：链接到其他网站。
- **电子邮件的链接**：建立一个填好收件人地址的空白邮件的链接，方便网络沟通。

二、创建网页内部链接

创建网页内部链接可以实现网页内的跳转，如实现网页内部文档中标题跳转到文档的某一段。在网页内部实现跳转，需设定锚记，然后锚记作为被链接对象建立与源链接对象的链接。设置锚记前应明确两点：可以为一段文字设置多个锚记；锚记仅在编辑状态下可见，在浏览器中不可见。

（1）新建 HTML 文档，并输入一段文字。

（2）移动鼠标指针到目标文字位置，单击鼠标左键。

（3）切换“插入”面板到“常用”选项卡，单击“命名锚记”按钮，弹出图 11-1 所示的“命名锚记”对话框。在该对话框中输入锚记的名称为“a1”，单击“确定”按钮完成锚记命名。

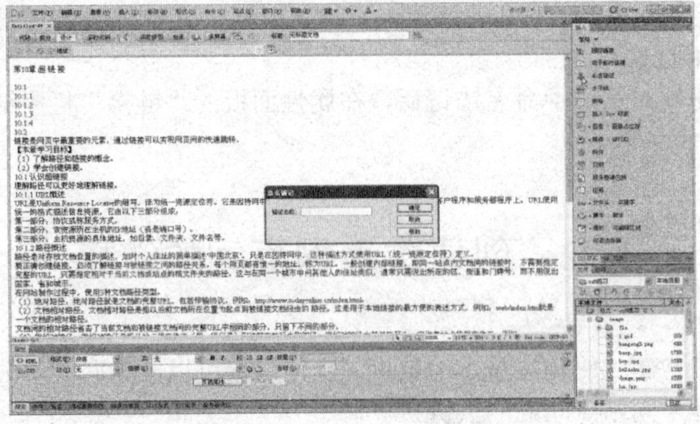

图 11-1　“命名锚记”对话框

（4）插入的锚记在“设计”视图中如图 11-2 所示。插入的锚记在浏览器中不会显示出来，仅在 Dreamweaver CS5 的“设计”视图中为可见状态。

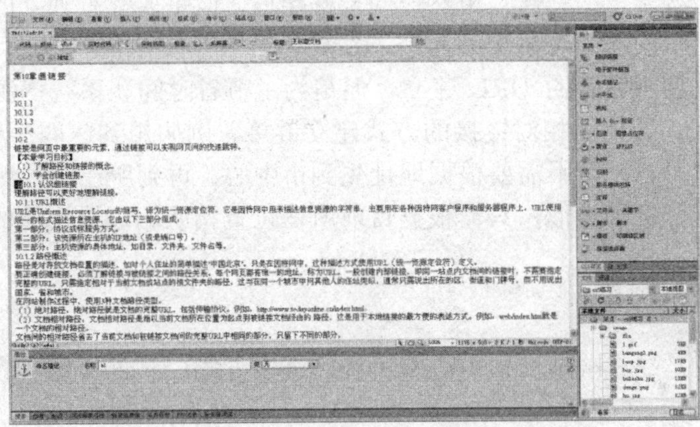

图 11-2　“设计”视图

（5）如图 11-3 所示，框选需要链接到锚记的目录文字，在属性面板的“链接”栏中输入“#a1”。

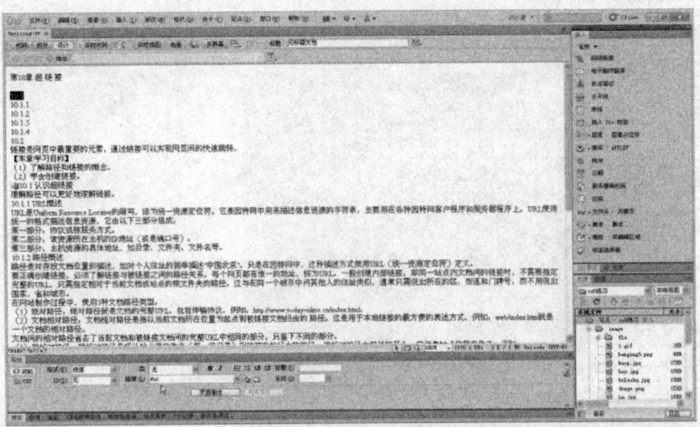

图 11-3　属性面板的“链接”栏中输入“#a1”

（6）使用同样的方法命名其他锚记，并设置链接。其他种类的锚记链接如图片、按钮等的设置方法相同。

在“命名锚记”对话框中命名锚记后，在属性面板的“链接”栏中链接该锚记时，需要在锚记名称前加“#”。

11.2　创建本地网页间的链接

制作网站时最常建立的链接是本地链接。本地链接可以分为两个部分，即同一站点上的网页链接和本地不同站点间的网页链接。

同一站点网页链接比较好理解，本地不同站点是指在一个服务器中存放的 2 个或 2 个以上站点，如一些免费的个人主页服务器，个人主页可以理解为各自独立的站点。这有点类似个人计算机中可以存放不同的文件，这些文件都有自己的存放位置而不会相互影响。或理解成住在同一栋楼里的邻居，虽然在同一栋楼里，但每人都有独立的房间。这栋楼可以理解为服务器，每间房间可以理解为个人站点。

本地链接可以使用完整的 URL 建立，但是为了节省时间和系统资源，通常需要建立最快捷的链接方式，即使用相对链接的方式建立链接。例如想到达同一栋楼的邻居那里，这时只需走过去就可以了，不需要根据地址先到市中心，再到所在区，然后进入街道……建立本地链接与这个例子类似，只需根据目前所在位置指明相对最快捷的路径。

一、建立站点内的链接

站点内的链接是建立网站过程中最常用到的链接方式。下面以文字链接为例说明建立站点内链接的方法。

（1）新建一个文件，输入一段文字；框选源链接文字。

（2）执行“窗口/文件”命令，打开“文件”面板。设置目标站点为当前站点。

（3）如图 11-4 所示，拖动属性面板中“链接”右侧的“指向文件”图标到目标网页，完成站点内网页间的链接设置。

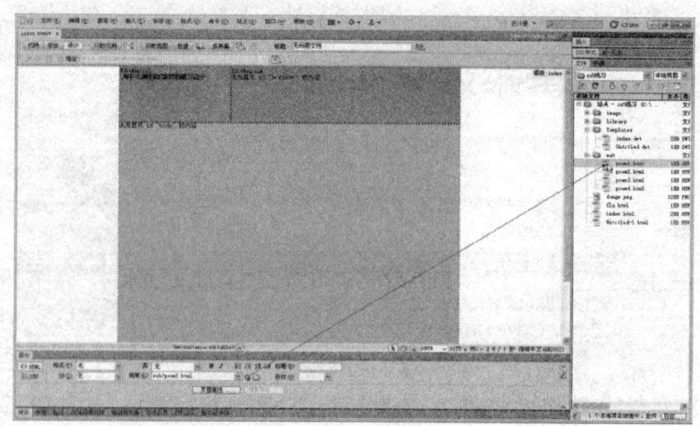

图 11-4　站点内网页间的链接设置

在前几章的讲解中，初始建站时已经构建了网站的基本结构，如存放网页的文件夹、存放网站中图片的文件夹等，并使用文件面板建立相关的文件和文件夹。这样，当使用文件面板打开站点时，站点会清晰地显示在文件面板中。这时可以利用文件面板方便、快捷地建立站点链接。

使用这种方法建立的站点内链接，路径自动以相对链接路径表示。

二、建立本地不同站点间网页的链接

建立本地不同站点间的网页链接与建立本地站点内的网页链接的方法类似。可以通过文件面板建立不同站点间网页的链接。下面以文字链接为例讲解不同站点间网页的链接。

（1）新建文件，输入一段文字。

（2）执行“窗口/文件”命令，打开“文件”面板。

（3）在“文件”面板中选择其他站点，如图 11-5 所示。

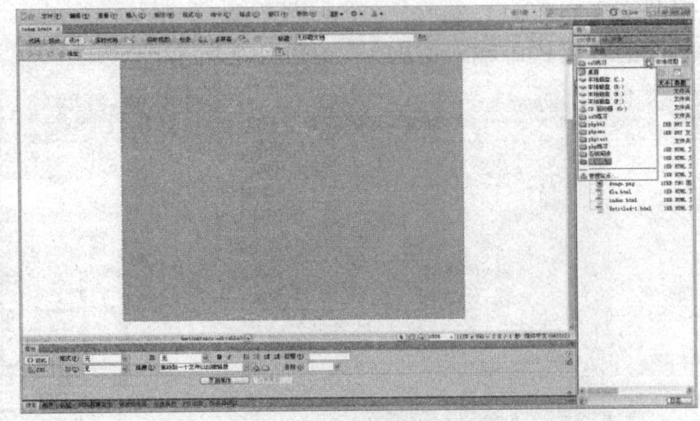

图 11-5　在“文件”面板中选择其他站点

（4）框选链接的源文字，拖动属性面板中“链接”右侧的“指向文件”图标到目标网页，如图 11-6 所示。释放鼠标左键完成设置。

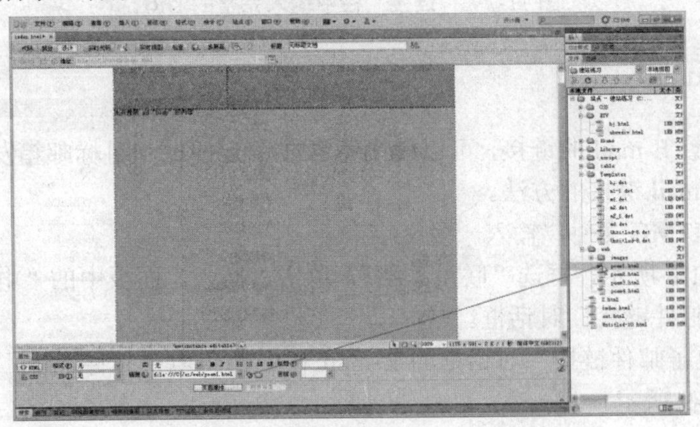

图 11-6　拖动到目标网页

上面介绍的方法基于这个服务器中所有链接的网页站点均由设计者本人设计和控制，

所以可以在本机中通过文件面板直接完成站点间文件的查找。

如果没有控制其他站点的权限，那么可以通过打开对方网页的方式获得对方网页的相对路径，例如网址 http://www.todayonline.cn/forum/viewtopic.php?t=33147，去掉基本的传输协议和服务器信息，得到/forum/viewtopic.php?t=33147，这就是该网页针对服务器根目录的相对路径。

11.3　建立网站外部链接

建立网站外部链接比较简单，直接在属性面板的“链接”栏中输入完整的 URL 即可，以实例说明如下：

（1）输入一段文字。

（2）框选链接源文字。

（3）在属性面板的链接栏中输入 URL，如图 11-7 所示。

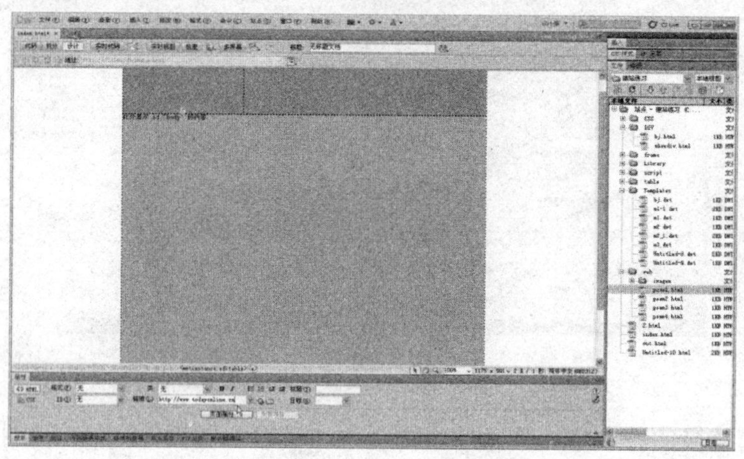

图 11-7　“链接”栏中输入完整的 URL

一、链接到 E-mail

在网页中设置 E-mail 的链接，可以使浏览者非常方便地向目标邮箱发送邮件。下面以实例说明建立 E-mail 链接的方法。

（1）新建 HTML 文件，输入一段文字。

（2）如图 11-8 所示，框选“联系本站”，单击“插入”面板中的“电子邮件链接”按钮，打开“电子邮件链接”对话框。

（3）在“电子邮件链接”对话框的 E-mail 栏中输入电子邮件地址，单击“确定”按钮，结果如图 11-9 所示。

如果不选取文字，也不在“文本”栏内输入要链接的文字，则直接以电子邮件地址作为链接。如果直接在属性面板的链接栏内输入 E-mail 地址，E-mail 地址前一定要加“Mailto:”。

（4）按【F12】键，预览网页，单击 E-mail 的链接文字或图像时，网页就会自动打开

邮件处理程序，并在收件人栏内自动填写设定的 E-mail 地址。

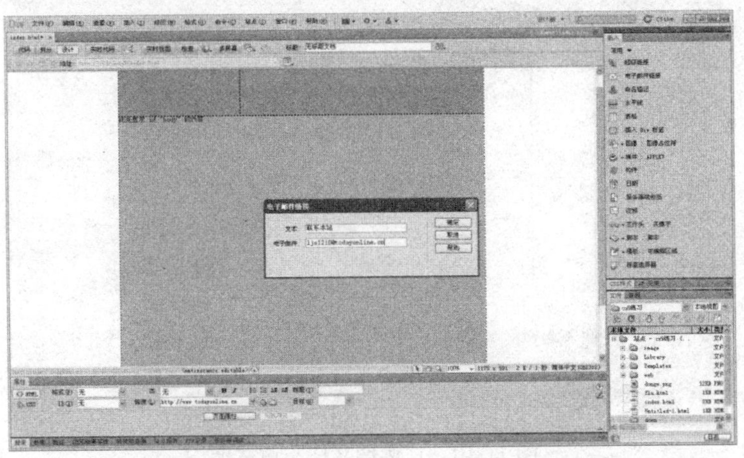

图 11-8　“电子邮件链接”对话框

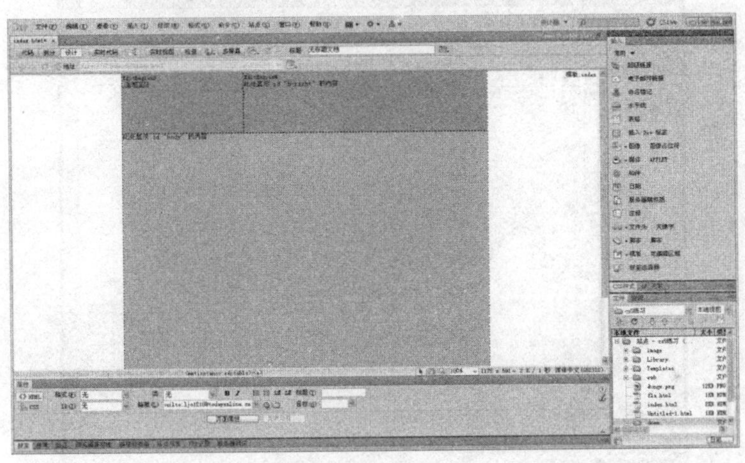

图 11-9　链接到 E-mail

二、创建下载文件链接

下载链接是另一个比较常用的链接，许多网站都提供下载服务，这些下载服务提供的就是下载文件链接。以实例说明创建下载链接的方法。

在学习本操作前，在练习站点中建立一个用来存储下载文件的文件夹，将下载文件存储到这个文件夹中。

（1）新建一个 HTML 文件，输入“下载链接”。

（2）如图 11-10 所示，框选“下载链接”文字，单击属性面板中“链接”右侧的“浏览文件”按钮，打开“选择文件”对话框。

（3）如图 11-11 所示，在选择文件对话框中，选择站点中的目标下载文件，单击“确定”按钮，完成下载文件的建立。

也可以拖动属性面板中的指向文件按钮，拖动到目标下载文件，完成链接的建立。

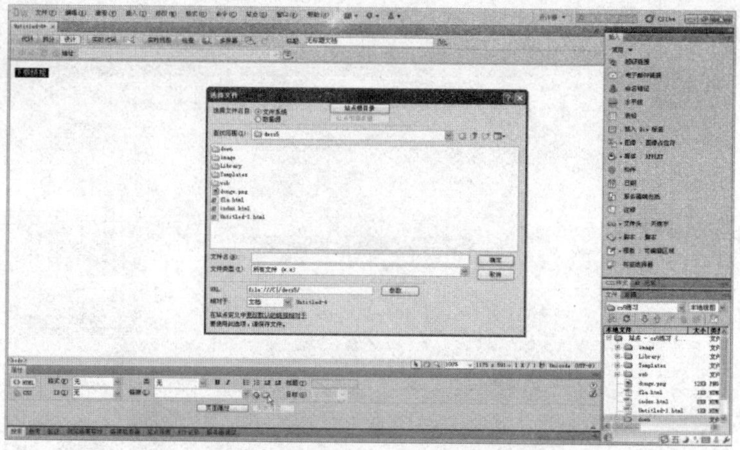

图 11-10 “选择文件”对话框

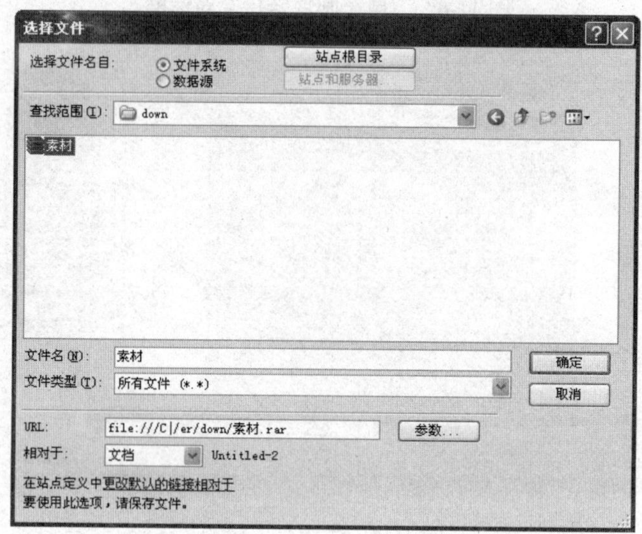

图 11-11 完成下载文件的建立

三、设置链接网页的打开方式

设置链接时，同时需要设置链接网页的打开方式。下面以实例说明它的设置方法。

（1）如图 11-12 所示，建立链接后，单击属性面板的“目标”右侧的下拉按钮，弹出网页打开方式菜单。

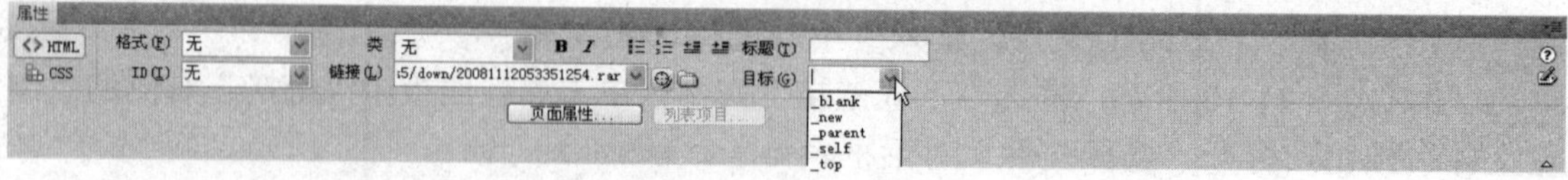

图 11-12 属性面板

（2）选择打开方式，完成设定。

网页打开方式菜单中各选项的含义如下：

- **_blank**：在新窗口中打开链接的文件。
- **_parent**：在父窗口的框架中打开链接文件。如果这个父窗口中该部分内容是显示在下级窗口中，如某些网站中的滚动窗口等，那么这个链接内容会显示在这个小窗口中；如果这个链接框架不是嵌套的，那么直接在该窗口中显示新的网页内容。
- **_self**：在同一框架或窗口中打开链接的文件。此项为默认值，不需重新指定。
- **_top**：在当前浏览器中打开链接文件，删除之前的所有框架内容。

四、补充说明

前面仅说明了建立链接关系最简便的方法，下面举例说明建立链接关系的其他方法。

（1）框选一段源链接文字，切换“插入”面板到“常用”选项卡。单击“超链接”图标，打开图 11-13 所示的“超级链接”对话框。

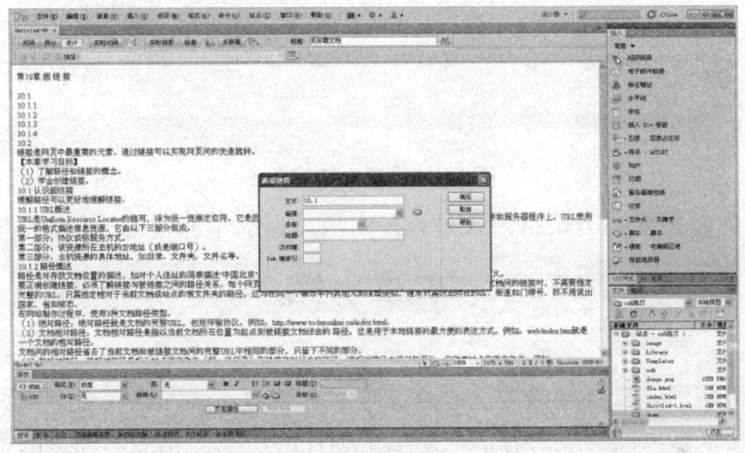

图 11-13 “超级链接”对话框

（2）在超级链接对话框中设置相关链接选项。

如图 11-14 所示，单击“链接”右侧的下拉按钮，在弹出的菜单中显示已经设置的锚记，若想链接到锚记，可以直接选择。

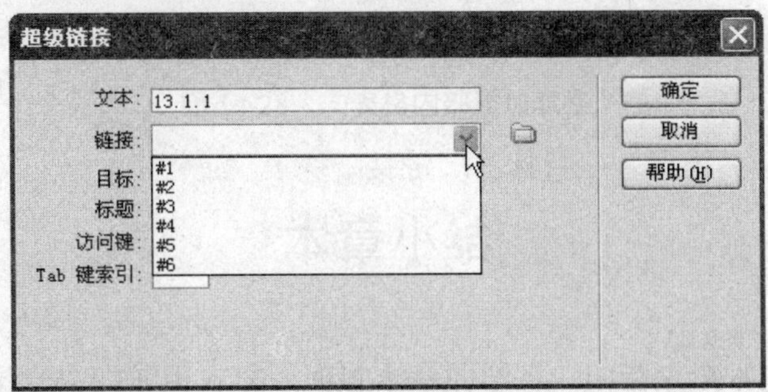

图 11-14 设置锚记

要灵活运用各项链接功能，如建立网页间的链接时，既可以使用文件面板，通过拖动属性面板的“指向文件”图标到目标网页；也可以通过单击属性面板的“浏览文件”按钮，在打开的文件夹中寻找目标网页，这些都需要根据实际情况进行操作。

例如，制作下载文件链接时，可以先将下载的目标文件放置到站点的目标文件夹，如 down 文件夹中，打开“文件”面板，单击存放下载文件的 down 文件夹左侧的“+”按钮，展开该文件夹，拖动“指向文件”图标到下载文件，如图 11-15 所示。

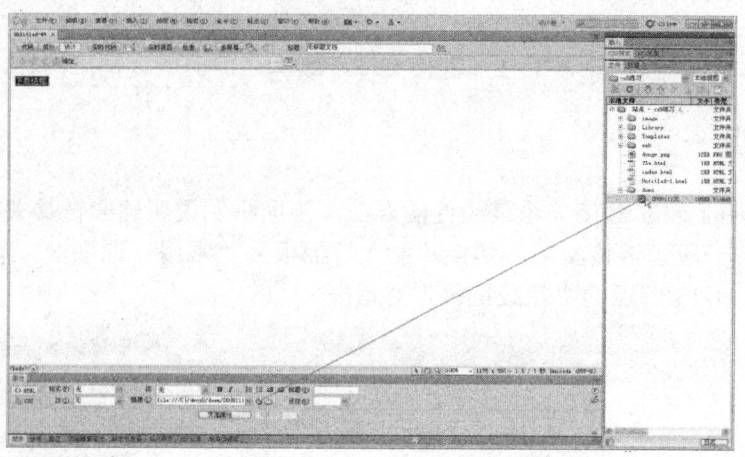

图 11-15　建立链接关系

本章小结

本章主要讲解了建立链接的方法。通过本章的学习，读者应当熟练网页内部链接的创建，掌握如何建立网页间链接的方法，如电子邮件的链接、站点内网页的链接、下载链接的建立等。

本章练习

一、概念题

URL　　路径　　锚记　　目标　　链接

二、简答题

（1）什么是相对路径？

（2）在网站制作过程中，使用哪三种文档路径类型？

三、上机练习

建立一个 Dreamweaver CS5 基本站点。设置主题和目录，建立首页与下级页面间链接。

第 12 章　表　格

创建表格时有标准模式和扩展表格模式两种视图模式。我们可以通过“查看/表格模式”菜单中的命令进行模式切换。标准和扩展表格模式的视图界面基本一致，只是在扩展表格模式下，表格边框为加粗显示。本章中，创建表格全部是在标准模式下进行的。

【本章学习目标】

- 掌握如何创建表格
- 掌握如何编辑表格
- 熟悉如何向表格中添加内容

12.1　创建表格

在 Dreamweaver CS5 中，创建表格的步骤如下：

（1）新建一个 HTML 文档。

（2）切换“插入”面板到“常用”选项卡，如图 12-1 所示。

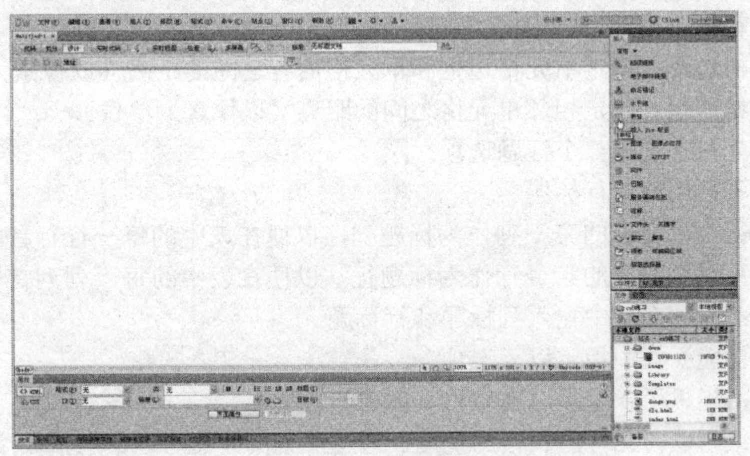

图 12-1　“常用”选项卡

（3）单击插入面板的“表格”按钮（或执行“插入/表格”命令），打开“表格”对话框，如图 12-2 所示。

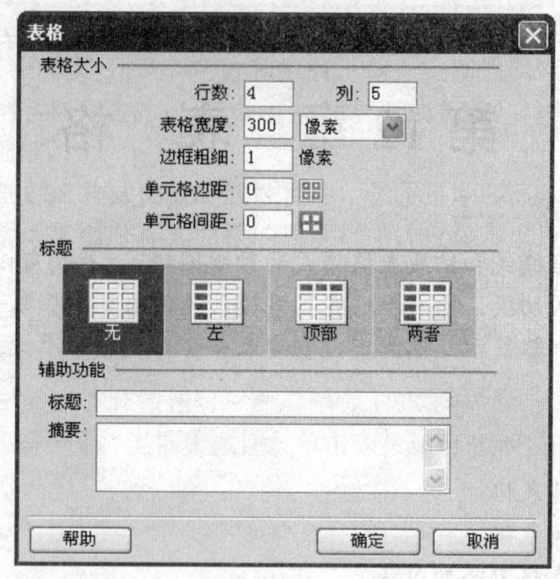

图 12-2　“表格”对话框

（4）在“表格”对话框中设置行数为 4，列数为 5，表格宽度为 300 像素，边框粗细为 1 像素。表格对话框中各项的含义如下。

在“表格大小”栏中指定以下选项：

➢ **行数**：确定表格行的数目。
➢ **列数**：确定表格列的数目。
➢ **表格宽度**：以像素为单位或按占浏览器窗口宽度的百分比指定表格的宽度。
➢ **边框粗细**：指定表格边框的宽度（以像素为单位）。
➢ **单元格边距**：确定单元格边框和单元格内容之间的距离（以像素为单位）。
➢ **单元格间距**：确定相邻单元格之间的距离（以像素为单位）。

在“标题”栏中选择一个标题选项：

➢ **无**：不启用列或行标题。
➢ **左侧**：可以将表的第一列作为标题列，以便在表中的每一行行首输入一个标题。
➢ **顶部**：可以将表的第一行作为标题行，以便在表中的每一列列首输入一个标题。
➢ **两者**：能够在表中输入列标题和行标题。

在“辅助功能”栏中指定以下选项：

➢ **标题**：提供了一个显示在表格外的表格标题。
➢ **摘要**：可以在此写出表格的说明。通过屏幕阅读器可以读取摘要文本，但是该文本不会在浏览器中显示。

（5）单击“确定”按钮，编辑窗口显示 4 行 5 列表格，如图 12-3 所示。

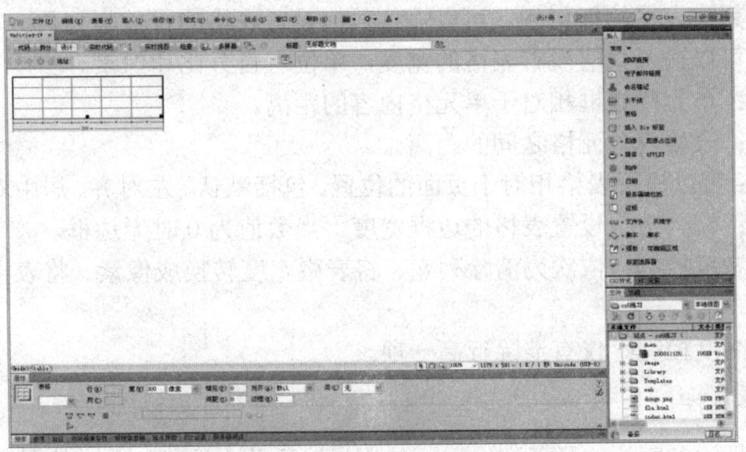

图 12-3　创建表格结果

12.2　编辑表格

建立表格后需要对表格进行编辑，如增加表格的列数、拆分行数等。

一、编辑表格和单元格属性

1. 表格属性

移动鼠标指针到表格或单元格的边框位置，当鼠标指针变为双向箭头标识时，单击选择表格，此时属性面板如图 12-4 所示，显示了当前表格的各项属性。

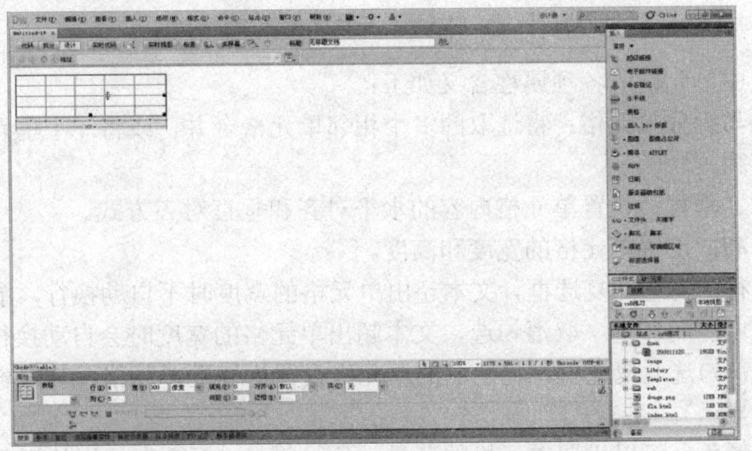

图 12-4　表格属性面板

属性面板中表格的各项属性含义如下：

- **表格 Id：**表格名称，用于脚本语言中引用。可以根据需要命名，如无需要，保留空白即可。

- **行、列**：表格的行与列。可以输入数值设置表格的行数与列数。
- **宽**：可以输入数值设置表格的宽度，单位有百分比和像素。
- **填充**：单元格边框相对于单元格内容的距离。
- **间距**：表格内单元格之间的距离。
- **对齐**：可以设置表格相对于页面的位置，包括默认、左对齐、居中对齐和右对齐。
- **边框**：输入数值设置表格的边框宽度。当数值为 0 时无边框。
- **表格宽度控制**：依次为清除列宽、将表格宽度转换成像素、将表格宽度转换成百分比。
- **表格高度控制**：仅有清除行高一项。

2. 单元格属性

移动鼠标指针到表格的任意一个单元格内，然后单击鼠标，此时的属性面板如图 12-5 所示。

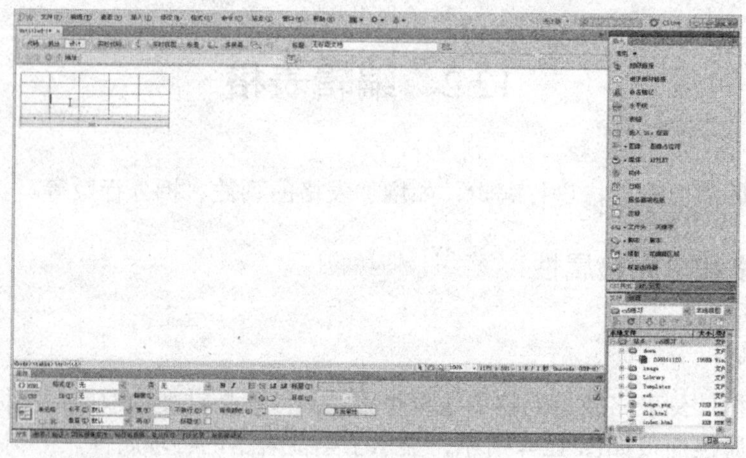

图 12-5　单元格属性面板

属性面板中单元格的各项属性含义如下：

- **合并与拆分单元格**：将选取的多个相邻单元格合并，或将一个单元格拆分为多行或多列。
- **水平、垂直**：设置单元格内容的水平对齐和垂直对齐方式。
- **宽、高**：设置单元格的宽度和高度。
- **不换行**：勾选此复选框，文本超出单元格的宽度时不自动换行，单元格会随文本内容增加而加宽。取消勾选，文本超出单元格的宽度时会自动换行。
- **标题**：勾选此复选框，将选取的单元格设置为标题单元格（其内容一般会被加粗居中显示）。
- **背景颜色**：可以设置单元格的背景颜色。单击“颜色”按钮从颜色样本中选择所需的颜色，或直接在背景颜色栏中输入颜色的 RGB 值。
- **边框**：可以设置单元格的边框颜色。单击“颜色”按钮从颜色样本中选择所需的颜色，或直接在边框栏中输入颜色的 RGB 值。

属性面板中的格式和字体等项，是用来设置单元格中内容的样式的，与单元格本身的

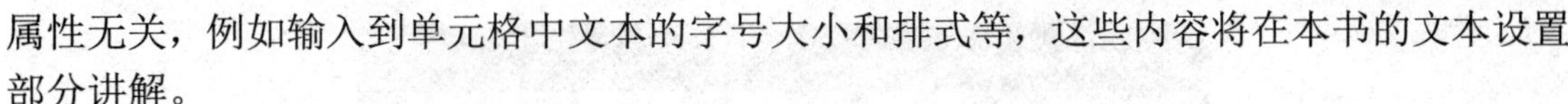

属性无关，例如输入到单元格中文本的字号大小和排式等，这些内容将在本书的文本设置部分讲解。

二、调整表格行数与列数

创建表格后，调整表格行数与列数，有如下几种方法：

方法一

选取表格，直接在属性面板的行和列栏中输入目标的数值，如图 12-6 所示。这种方法可以在现有表格的最下方和最右方插入（或删除）行与列。

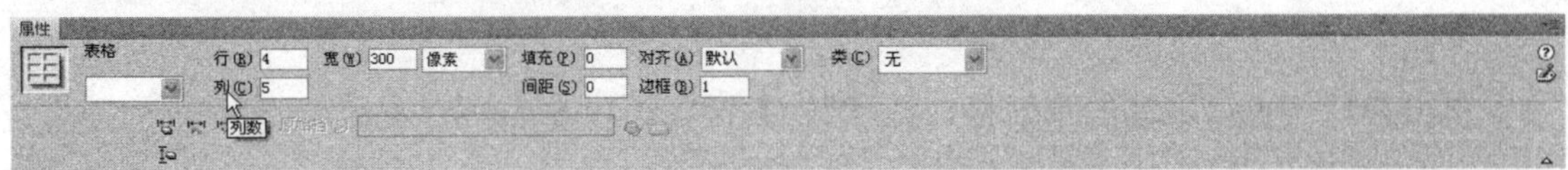

图 12-6　直接在属性面板的行和列栏中输入目标的数值

方法二

如图 12-7 所示，移动鼠标指针到目标单元格内，单击鼠标右键，在弹出的菜单中选择目标操作命令。

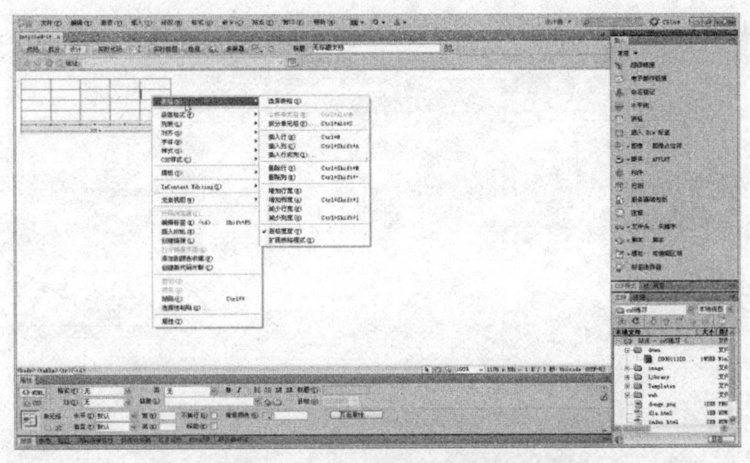

图 12-7　选择目标操作命令

（1）要插入一行，执行“修改/表格/插入行”命令，在插入点上方插入一行单元格。要删除光标所在行的一行单元格，执行“修改/表格/删除行”命令。

（2）要插入一列，执行“修改/表格/插入列”命令，在插入点左侧插入一列单元格。要删除光标所在列的一列单元格，执行“修改/表格/删除列”命令。

（3）要插入多行或者多列，执行“修改/表格/插入行或列”命令，打开“插入行或列”对话框，如图 12-8 所示，输入插入行或列的数目，选择插入行或列的位置，单击“确定”按钮。

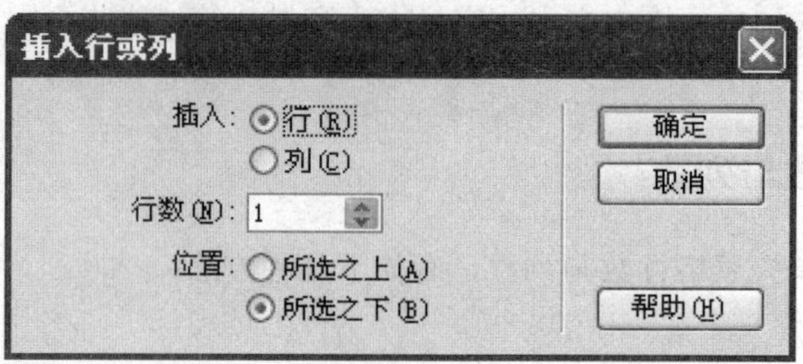

图 12-8　“插入行或列”对话框

方法三

单击最后一行最右侧的单元格，按【Tab】键，可以在表格末尾插入一行。

三、设置表格的宽度和高度

设置表格的宽度，可以按下列两种方法来完成：

方法一

选择表格，在如图 12-9 所示的属性面板中选择宽的长度单位，然后在“宽”栏中输入数值，按【Enter】键完成设置。

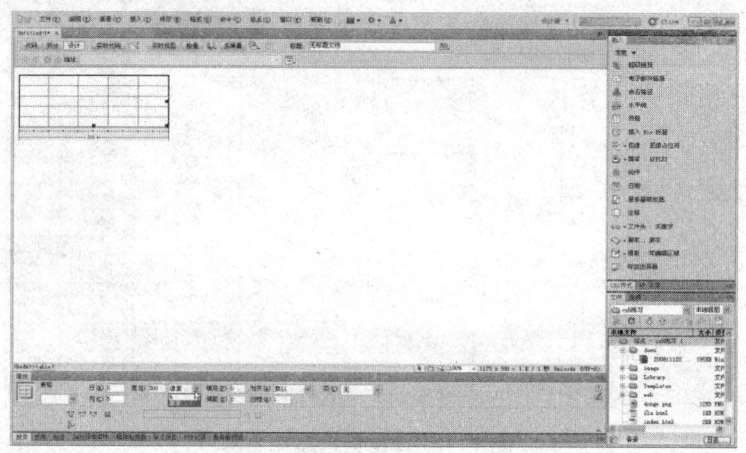

图 12-9　设置表格的宽度

选择以像素作为表格宽度单位，表格的宽度不会随浏览窗口的变化而变化。它的缺点是当浏览窗口过小时，需拖动滚动条来查看表格内容。而选择以百分比作为表格的宽度单位时，表格的宽度会随浏览窗口的变化而变化，它的优点是方便表格的整体查看，弊端是表格内容有时会改变位置，妨碍个别数据的查看。可以通过单击图 12-9 所示的宽的单位选择按钮在像素与百分比之间转换。

方法二

选取表格，拖动图 12-9 所示的表格控制点来改变表格的宽度和高度。移动鼠标指针到右侧的表格控制点，鼠标指针变形为选择图标时，按住鼠标左键并拖动。

表格属性中只有宽度是符合 HTML 语言规范的属性。表格的高度属性是不符合规范的，因此在设置时不要通过拖动表格下方的控制点来设置表格的高度。设置表格的高度可以通过设置表格中各单元格的高度来完成，同列中各单元的高度、单元格间距和填充之和就是表格的高度。

下面以实例说明设置表格高度的方法：

（1）创建一个 2 行 2 列的表格，如图 12-10 所示。

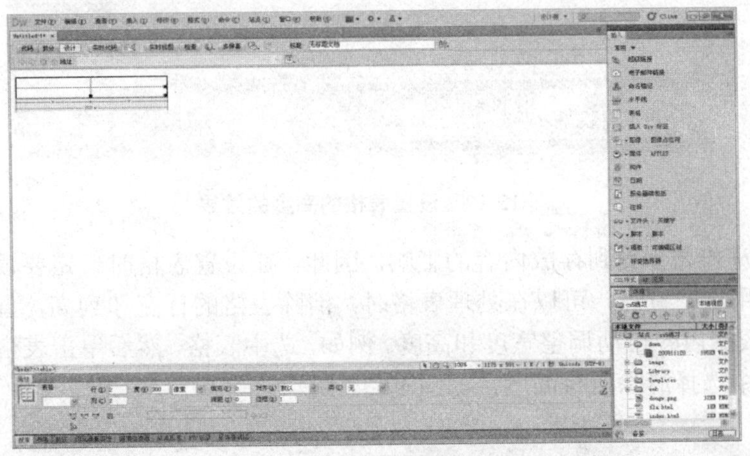

图 12-10　创建表格

表格仅是个框架，表格中的各单元格才是存放网页元素的基本单元。所以在指定了表格的这个框架的具体宽度后，设计者通常需要根据各单元格的用途来决定单元格的高度，当各单元格的高度设置完成后，整个表格的高度也就确定了。这有点类似于盖楼，当规划好楼的长宽后，需要逐层搭建，然后各层的高度和最终的楼层数决定了楼的高度。

（2）单击表格的第一行的任意单元格内部，在属性面板中设置单元格的高度为 50，按【Enter】键完成设置，结果如图 12-11 所示。

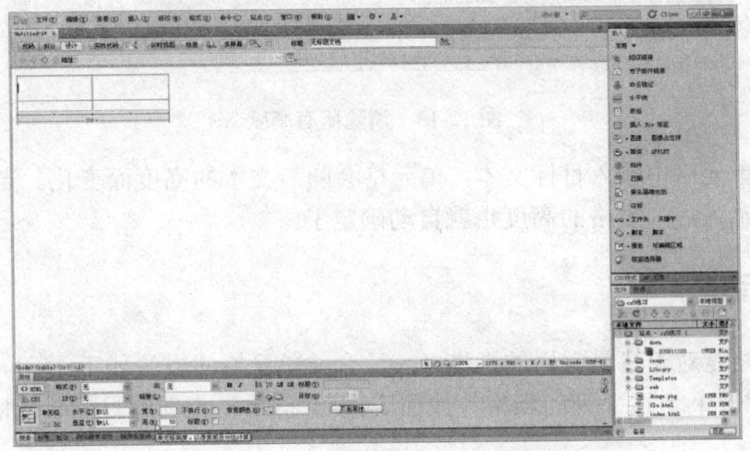

图 12-11　设置单元格的高度

（3）使用同样方法，设置第 2 行任意单元格的高度为 80，最终结果如图 12-12 所示。

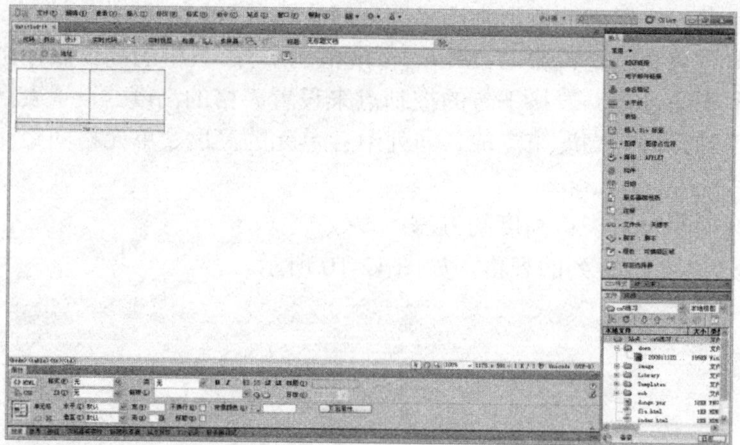

图 12-12　设置表格的高度的效果

单元格的宽和高会受到存放内容的影响，因此，在设置表格时一定要设计好网页内容的宽和高。利用这一特点，可以在处理表格时，清除表格的行宽和列高，直接向其中导入内容，让表格根据内容自动调整宽度和高度。例如，选中表格，然后单击表格的菜单按钮，在弹出的菜单中选择清除所有高度，如图 12-13 所示。

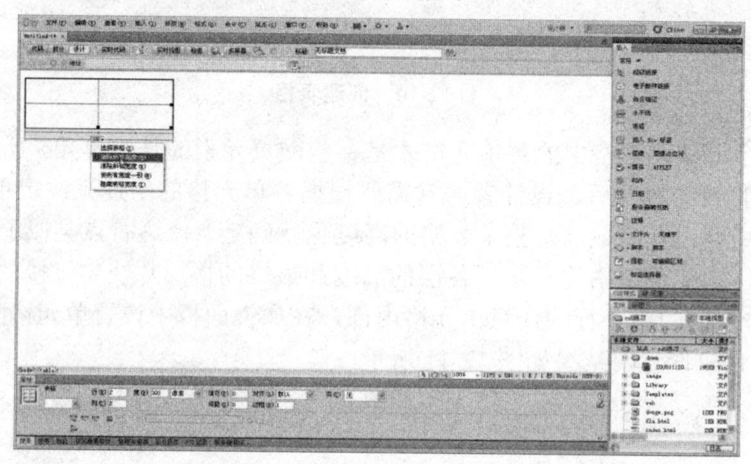

图 12-13　清除所有高度

之后，向单元格中输入目标文本，单元格会随着文本的高度而变化。当完成所有目标单元格内容的输入后，表格的高度也就自动确定了。

四、合并单元格

合并单元格是对表格最常用的操作之一，合并单元格的方法如下：

（1）新建一个 5 行 3 列的表格，按住【Ctrl】键单击相邻的目标单元格，如图 12-14 所示。

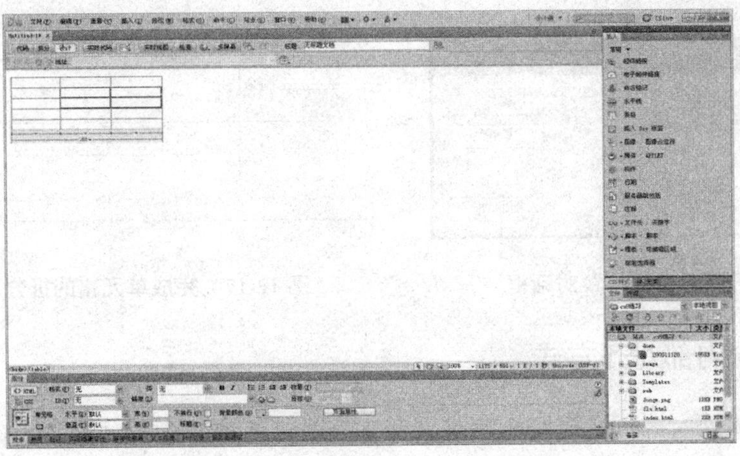

图 12-14　选中目标单元格

（2）单击属性面板中的“合并所选单元格，使用跨度”按钮，合并单元格，结果如图 12-15 所示。

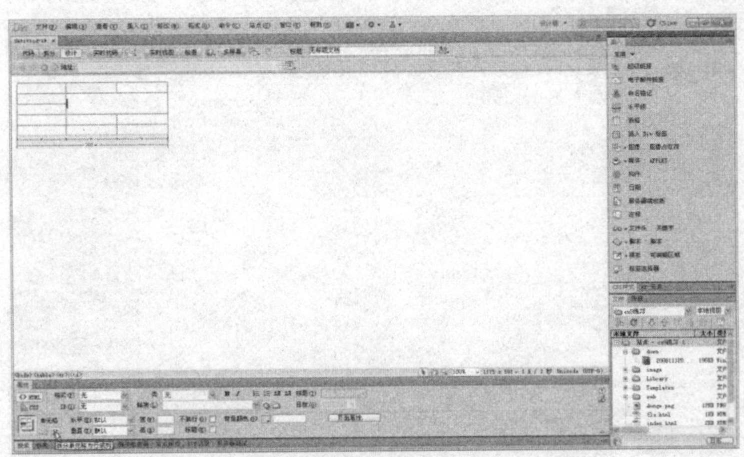

图 12-15　合并单元格效果

五、拆分单元格

拆分一个单元格为两个或两个以上的单元格，可以使用以下方法：

（1）接上例，在图 12-15 中，将鼠标指针移到目标单元格内部，单击鼠标。

（2）单击属性面板的“拆分单元格为行或列”按钮，弹出如图 12-16 所示的“拆分单元格”对话框。

（3）本例选择“列”单选按钮，设置列数为 3，单击“确定”按钮，完成单元格的拆分。结果如图 12-17 所示。

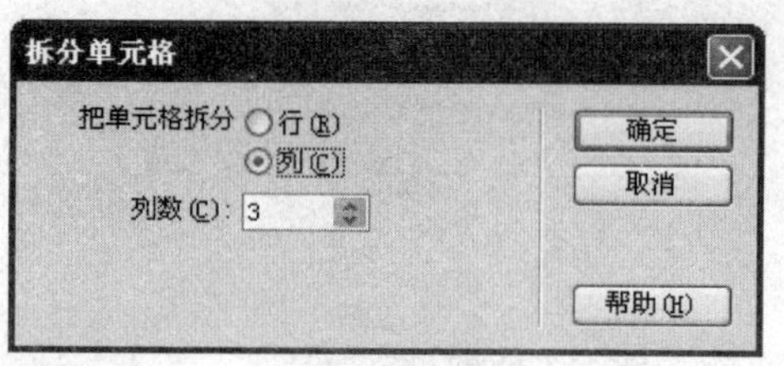

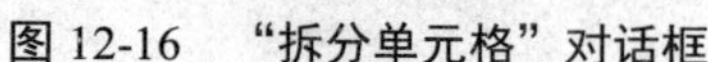
图 12-16 “拆分单元格”对话框

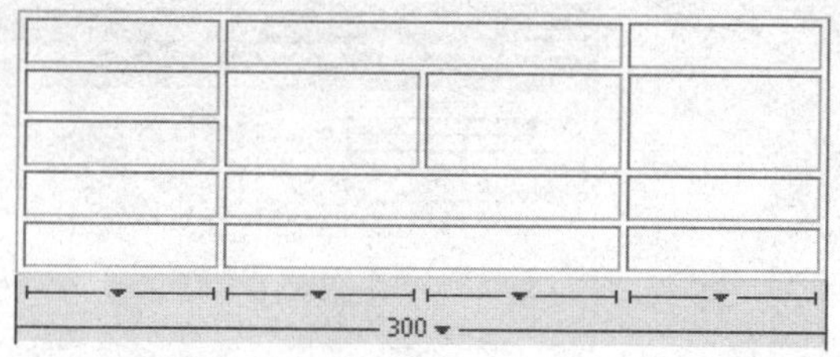

图 12-17 完成单元格的拆分

六、单元格的内部对齐方式

单元格的内部对齐方式包括水平对齐和垂直对齐两种。水平对齐方式有：默认、左对齐、居中对齐和右对齐。垂直对齐方式有：默认、顶端、居中、底部和基线。设置单元格内容水平或垂直对齐方式的方法如下：

选择单元格（可以选择多个单元格），如图 12-18 所示，单击属性面板中的“水平”栏或“垂直”栏右侧的下拉按钮，在弹出的菜单中选择一种水平或垂直对齐方式。

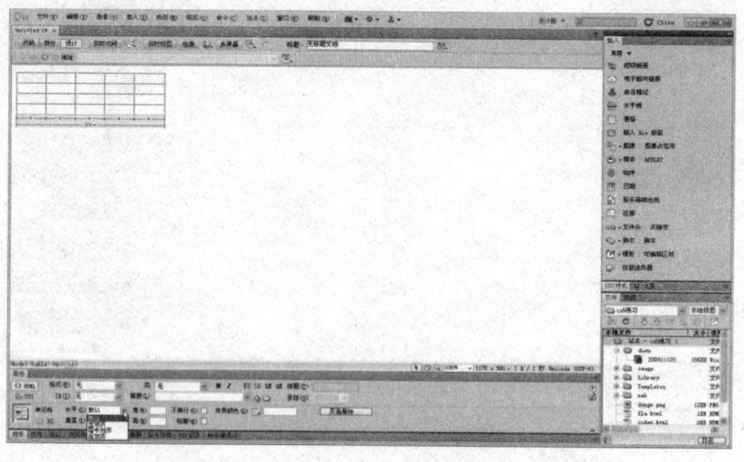

图 12-18 设置单元格的内部对齐方式

12.3 表格的高级编辑

一、设置表格样式

设计者可以根据需要自定义比较复杂的表格样式。自定义方法如下：

（1）选择目标表格。

（2）如图 12-19 所示，执行“修改/编辑标签”命令，打开“标签编辑器”对话框。

（3）如图 12-20 所示为“标签编辑器”对话框，可在“常规”选项中设置表格基本外观样式，这也是在属性面板中显示的常用属性。

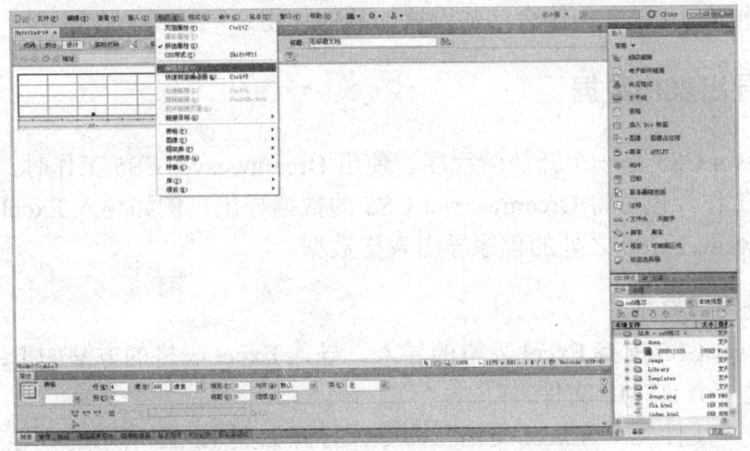

图 12-19　执行“修改/编辑标签”命令

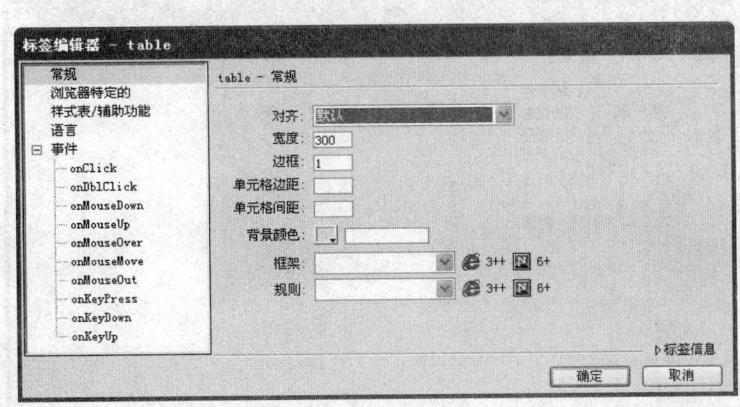

图 12-20　“标签编辑器”对话框

（4）如图 12-21 所示，单击“浏览器特定的”选项，在该项中可以设置边框颜色变化。设置完成后单击“确定”按钮。

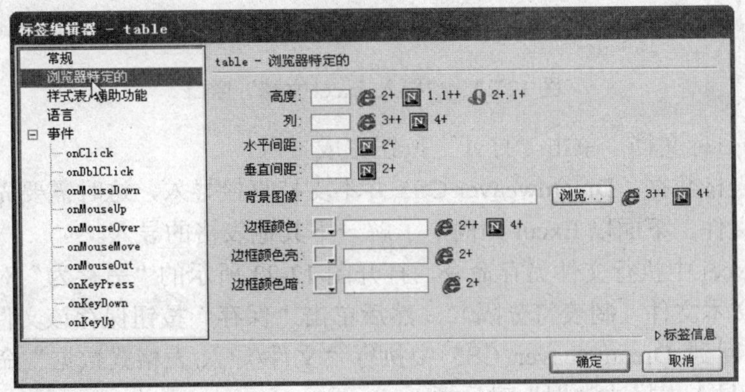

图 12-21　设置边框颜色变化

可以分别设置边框颜色亮和边框颜色暗，让边框呈现阴影效果。为了让效果更加明显，可以先设置边框为 10 以上，体会这些设置的具体作用。

二、导入与导出表格数据

Dreamweaver CS5 是一个开放的程序。使用 Dreamweaver CS5 工作时，可直接利用外部的数据进行工作，也可将 Dreamweaver CS5 的数据导出。例如导入 Excel 工作表中的数据，向 Dreamweaver CS5 之外的程序导出表格数据。

1. 导入表格数据

Dreamweaver CS5 支持 Excel 表格的导入。导入 Excel 表格的方法如下：

（1）新建一个 HTML 文件。

（2）执行“文件/导入/Excel 文档”命令，打开如图 12-22 所示的“导入 Excel 文档”窗口。

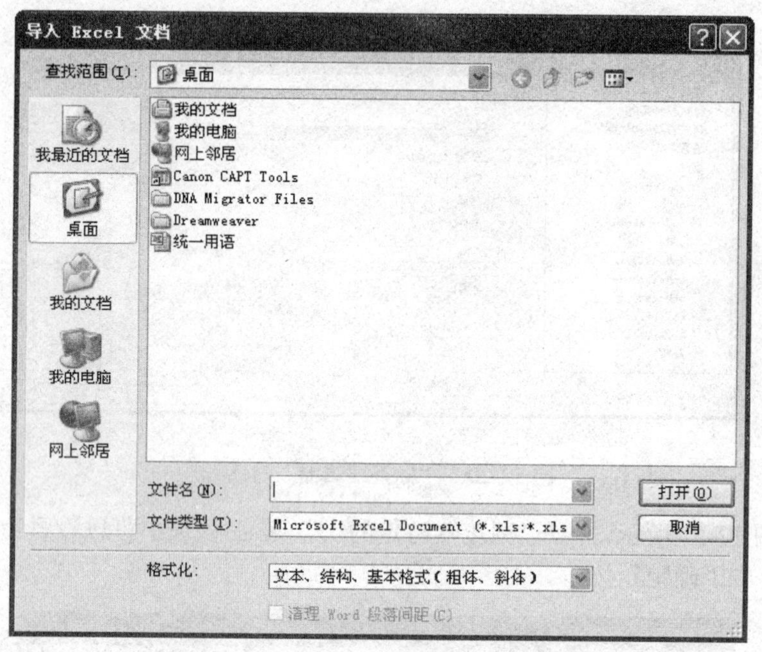

图 12-22 “导入 Excel 文档”窗口

（3）选择目标文档，单击“打开”按钮完成导入。

对于其他表格数据，Dreamweaver CS5 并不支持直接导入，这时需要先将这些表格数据另存为文本文件。下面以 Excel 为例，了解一下其他表格的导入。

（1）在 Excel 中执行文件另存命令，打开图 12-23 所示的“另存为”对话框。在保存类型中选择“文本文件（制表符分隔)”，然后单击“保存”按钮保存该文件。

（2）然后回到 Dreamweaver CS5 中执行“文件/导入/表格式数据”命令，打开如图 12-24 所示的“导入表格式数据”对话框。

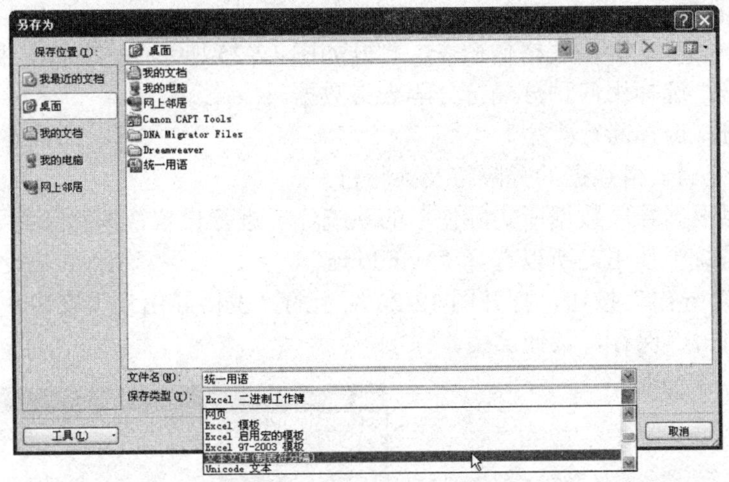

图 12-23　“另存为”对话框

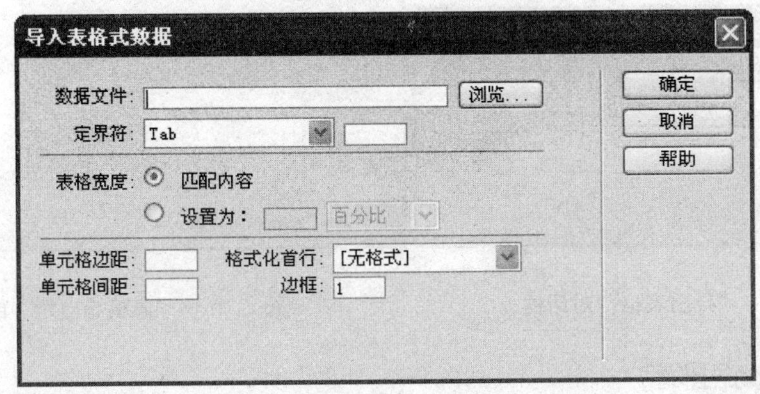

图 12-24　“导入表格式数据”对话框

- **数据文件：**选择要导入的数据文件。
- **定界符：**选择分隔表格数据的分隔符。包括【Tab】（制表符）、逗号、分号、引号、其他（手工设置所需的分隔符）。
- **匹配内容：**选此单选按钮，表格的宽度以数据宽度为准。
- **设置为：**选此单选按钮，指定表格宽度，并可设定宽度单位。
- **单元格边距：**设置数据与单元格边框之间的距离。
- **格式化首行：**对首行文本设置样式。
- **单元格间距：**表格内单元格之间的距离。
- **边框：**设置表格的边框宽度。

（3）单击“数据文件”右侧的“浏览”按钮，在打开的窗口中选择此前保存的文本文件。

（4）单击“确定”按钮，完成数据导入。

2. 导出表格数据

如果要将 Dreamweaver CS5 文档中的表格数据导出，可按下列操作方法完成：

（1）新建表格，并输入数据。

（2）执行“文件/导出/表格”命令，打开如图 12-25 所示的“导出表格”对话框。

- **定界符**：选择用何种分隔符分隔表格数据。
- **换行符**：选择断行类型。

（3）选择分隔表格数据的分隔符及换行符。

换行符需要根据导出数据所实际使用的系统环境进行设置，本例因为导出的数据将在 Windows 操作系统中使用，所以选择“Windows”。

（4）单击“导出”按钮，打开图 12-26 所示的“表格导出为”窗口，选择保存地址，输入文件名，单击“保存”按钮。

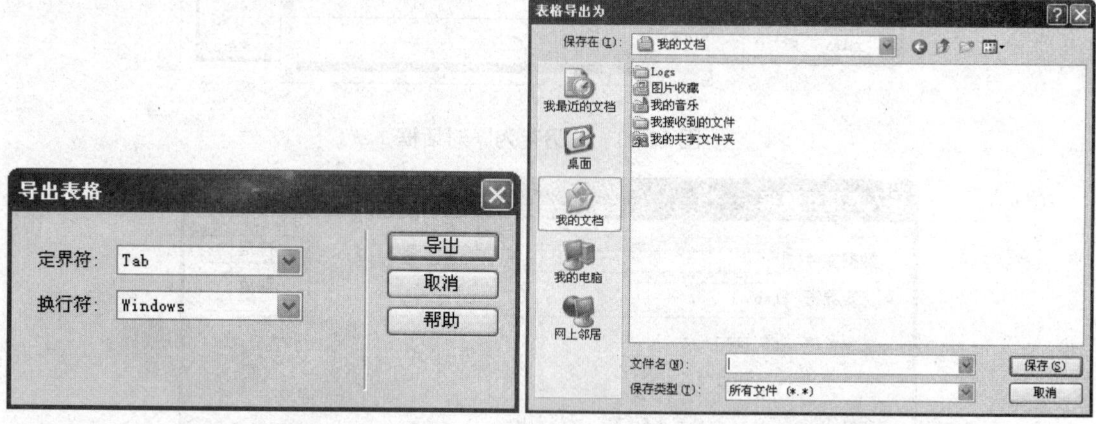

图 12-25 “导出表格”对话框　　图 12-26 “表格导出为”窗口

三、对表格数据排序

对表格数据进行排序的方法如下：

（1）新建表格，并输入相关数据。

（2）执行“命令/排序表格”命令，打开“排序表格”对话框，如图 12-27 所示。

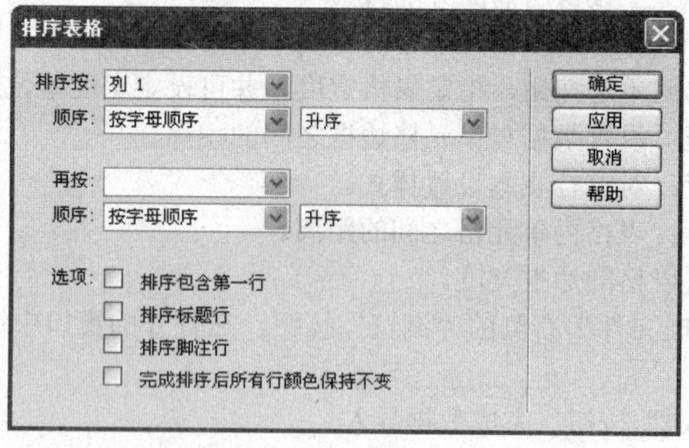

图 12-27 “排序表格”对话框

- **排序按**：选择按哪一列数据进行排序。

- **顺序：** 有“按字母顺序”和“按数字顺序”两种顺序，并可选择按升序还是降序排列。
- **再按：** 一般按上面的排序方式后有并列现象时，可在此栏设置第二种排序方式。
- **排序包含第一行：** 勾选此复选框，对表格进行上述排序的同时也对行首进行排序。如果表格的列首是标题单元格，则应清除勾选此复选框。
- **排序标题行：** 如果存在表头（THEAD 为表格的表头标签），则对其排序。
- **排序脚注行：** 如果存在表格的脚注行（TFOOT 为表格的脚注行标签），就要对其排序。
- **完成排序后所有行颜色保持不变：** 勾选此复选框，表格排序后保留排序行的 TR 属性。如果表格行使用了交替的颜色，则应清除勾选此复选框，可避免重新排序后表格行颜色的混乱。

（3）设置排序规则后，单击“确定”按钮开始排序。

四、向表格内部添加表格

向表格内部添加表格的操作方法如下：

（1）新建一个表格。

（2）单击需要插入表格的单元格，再次执行插入表格操作，结果如图 12-28 所示。

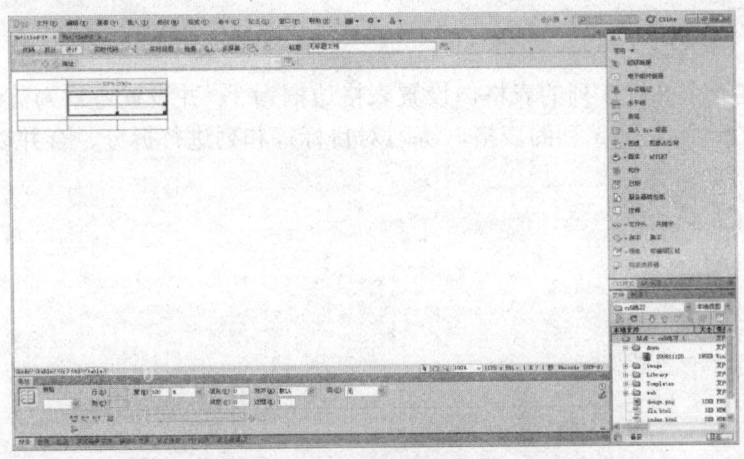

图 12-28　向表格内部添加表格

本章小结

本章主要讲解了表格的使用方法。通过本章的学习，读者应该掌握建立和编辑表格的方法，导入和导出表格的方法，并在实际工作中能够使用表格布局网页。

本章练习

一、填空题

（1）表格属性面板中的间距属性可以设置表格内________之间的距离。

（2）表格边框属性可以通过输入数值设置表格的边框的宽度。当数值为________时无边框。

（3）表格的对齐属性包括________、________、________和________ 4 项设置。

（4）单元格内部对齐方式包括________和________。

二、问答题

（1）表格有何用途？

（2）如何拆分单元格？

（3）如何合并单元格？

（4）如何设置表格的高度？

三、上机练习

（1）新建一个 5 行 3 列的表格，设置表格边框为 3，并设置背景为蓝色。

（2）建立一个 5 行 5 列的表格，练习对目标行和列进行拆分、合并以及新增表格等操作。

第 13 章　CSS 样式

在网页规范中，网页中的元素样式都需要使用 CSS 样式来定义。CSS 样式是定义网页各种元素属性和网页属性的集合。Dreamweaver CS5 提供了 CSS 样式面板来帮助完成 CSS 样式的建立。

【本章学习目标】

- 了解 CSS 样式面板
- 掌握如何设置 CSS 样式
- 掌握如何创建与链接外部 CSS 样式
- 学会如何编辑 CSS 样式

13.1　CSS 样式面板

CSS 的中文意思为级联样式表，也称为风格样式单。CSS 样式能够定义网页元素的属性，如大小、背景、边框和位置等。CSS 样式不仅可以控制一篇文档中的排式，还可通过外部链接的方式，控制整个站点的文档排式。并且当对 CSS 样式修改后，所有链接该 CSS 样式的文档排式都会随着改变。

Dreamweaver CS5 提供了 CSS 样式面板来帮助完成 CSS 样式的建立和修改。执行“窗口/CSS 样式”命令，打开如图 13-1 所示的 CSS 样式面板。

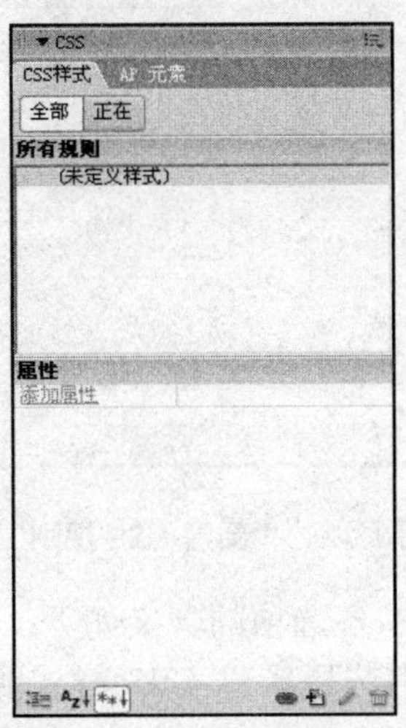

图 13-1　CSS 样式面板

- **类别视图**：在 CSS 样式面板的属性栏中，将属性划分为 8 个类别：字体、背景、区块、边框、方框、列表、定位和扩展。每个类别的属性都包含在一个列表中，可以单击类别名称旁边的加号（+）按钮展开或折叠它。“设置属性”（蓝色）将出现在列表顶部。
- **列表视图**：在 CSS 样式面板的属性栏中，按字母顺序显示 CSS 属性。
- **设置属性视图**：在 CSS 样式面板的属性栏中，仅显示已设置的属性。
- **附加样式表**：单击该按钮可以载入已有的 CSS 样式到当前样式表中。
- **新建 CSS 样式**：单击该按钮可以新建一个 CSS 样式。
- **编辑样式**：单击该按钮可以编辑当前的 CSS 样式。
- **删除 CSS 样式**：单击该按钮可以删除当前 CSS 样式。

CSS 样式面板中还有一个“当前”按钮，单击该按钮可显示当前所选元素使用的 CSS 样式。

13.2 新建 CSS 样式

新建 CSS 样式的方法如下：

（1）新建一个 HTML 文件。

（2）单击 CSS 样式面板中的“新建 CSS 规则”按钮，打开如图 13-2 所示的“新建 CSS 规则”对话框。

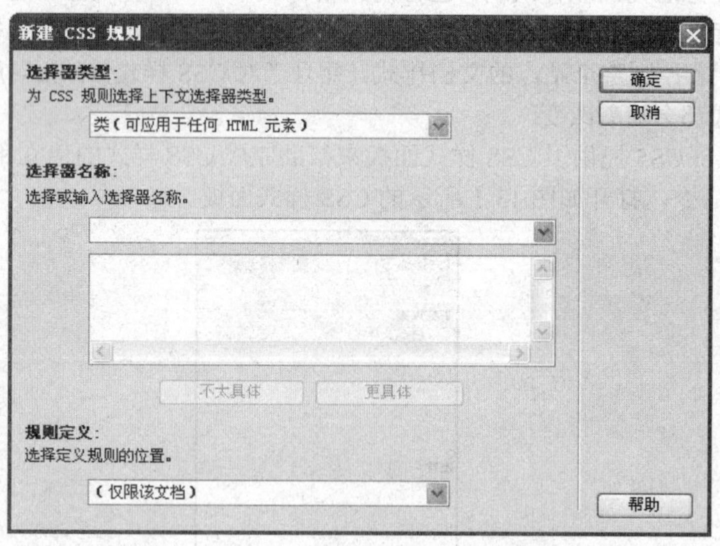

图 13-2 “新建 CSS 规则”对话框

“新建 CSS 规则”对话框中各选项的含义如下：

- **选择器类型**：从列表中选择新建 CSS 样式的类型有:类、ID、标签和复合内容 4 个选项。
- **选择器名称**：设置类、ID 和复合内容的样式名或选择标签。

- **规则定义**：有两个选项，“新建样式表文件”和“仅限该文档”。“新建样式表文件”用以创建一个独立的 CSS 样式表文件。这个文件可以被站点所有网页调用，这是最常用的一种方式。“仅限该文档”用以为当前文档创建内部的 CSS 样式，该样式表保存在当前文档中。

（3）选择目标类型，在选择器中设置 CSS 样式名称，单击“确定”按钮，进入到 CSS 样式定义窗口，开始定义样式。下面分别讲解类、ID、标签和复合内容 CSS 样式的制作。

一、使用类自定义规则

类选项可以设计新的 CSS 样式，可以定义该项的名称及样式的组合。

（1）新建 HTML 文件。

（2）单击 CSS 样式面板中的“新建 CSS 规则”按钮，弹出图 13-3 所示的“新建 CSS 规则”对话框。在“选择器类型”栏中选择“类”，在“选择器名称”栏中输入“ • ptext”，在“规则定义”栏中选择“仅对该文档”。

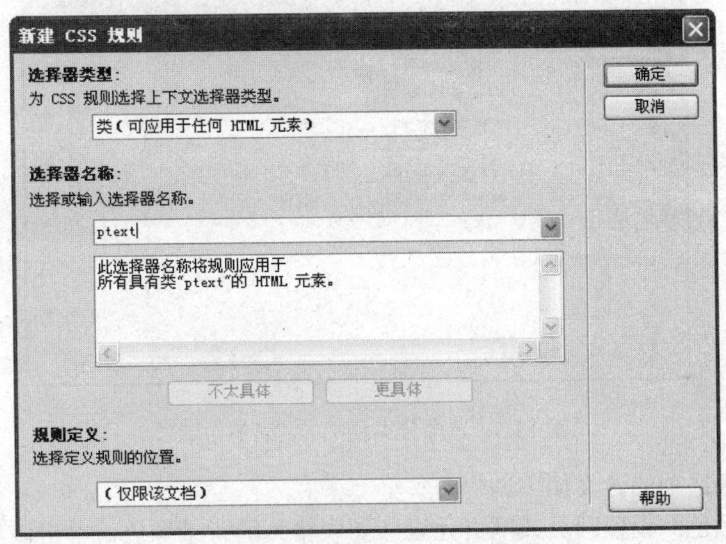

图 13-3　“新建 CSS 规则”对话框

（3）单击“确定”按钮，打开图 13-4 所示的“ • ptext 的 CSS 规则定义”窗口。首选项为类型选项，在类型栏中可定义文本的字体、大小等选项。

- **字体**：单击该项右侧的下拉按钮，弹出字体选择菜单，可在菜单中选择所需选项。
- **大小**：选择字号，或输入数值精确控制字的大小。
- **样式**：有正常、偏斜体、斜体。偏斜体比斜体倾斜的角度略小。
- **行高**：文本行的高度。单位有磅、像素、英寸、厘米、百分比。
- **修饰**：常用的设置有带下划线文字、带上划线文字、带删除线文字。
- **粗细**：可设置文字为正常、粗、细。
- **大小写**：设置英文单词首字母大写、全部大写或全部小写。
- **颜色**：设置文本的字体、大小、颜色，使用方法与文本属性面板的基本相同。

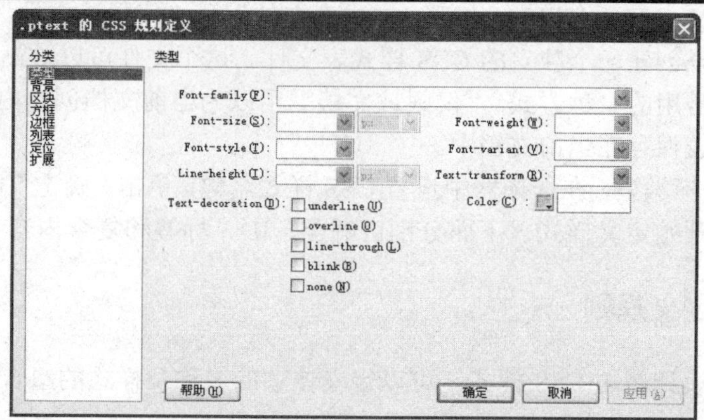

图 13-4 “·ptext 的 CSS 规则定义”窗口

（4）如图 13-5 所示，单击分类栏中的“背景”选项。

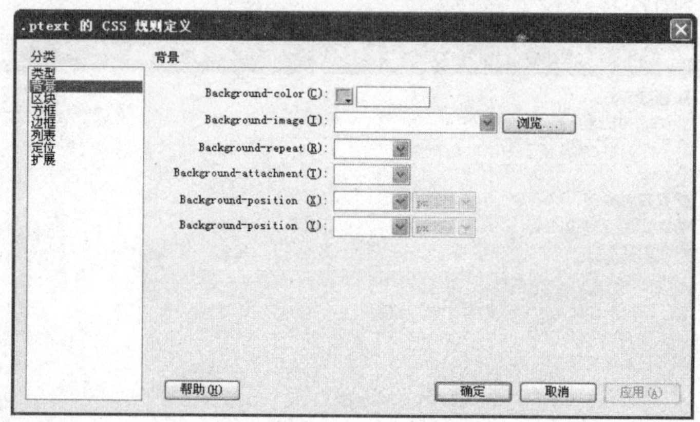

图 13-5 选择分类栏中的“背景”选项

背景栏中各选项的含义如下：

- **背景颜色**：设置网页或网页元素（如表格）的背景颜色，单击该项的颜色块可以打开颜色样本面板，从中可以选择所需颜色。
- **背景图像**：设置网页或网页元素（如表格）的背景图案。单击“浏览”按钮可以打开如图 13-6 所示的“选择图像源文件”对话框，通过该对话框可以查找和选择目标背景图像。
- **重复**：设置当图像不足以填充网页或网页元素时是否重复填充以及如何重复填充。“重复”为默认值，图像由左向右由上向下重复填充。横向重复、纵向重复分别指在水平或垂直方向上重复图像。
- **附件**：指定背景图像是存在于固定位置，还是随内容一起滚动。
- **水平位置、垂直位置**：指定背景图像的位置。

“CSS 样式定义”对话框分类栏中的其他选项，这里就不一一介绍了，它们都与特定的设置直接相关，如区块可以设置字符与字符间的距离，边框可以设置表格边框等。设置时只需单击分类栏中的相应选项，在对话框的右侧就会列出该项的细节设置项。

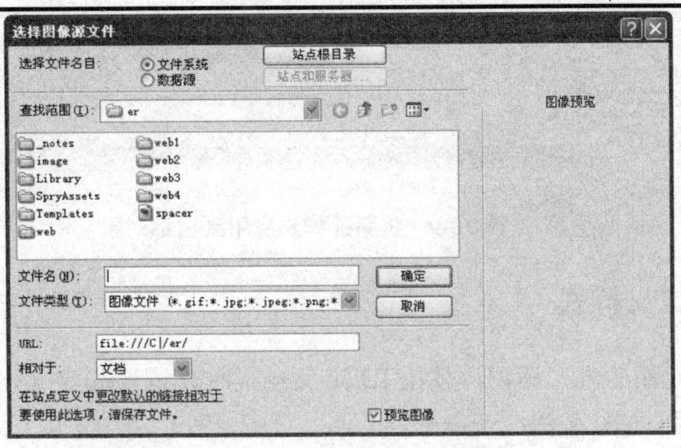

图 13-6　“选择图像源文件”对话框

（5）设置完成后，单击“·ptext 的 CSS 规则定义”对话框的“确定”按钮，关闭该对话框。新建的样式名称“·p text”就会显示在 CSS 样式面板中，如图 13-7 所示。

因在（2）步中选择了“仅对该文档”，所以新建的名为“·p text”的 CSS 样式会直接加载到当前的 HTML 文件中。若选用新建样式表文件，会弹出如图 13-8 所示的“保存样式表文件为”对话框，将新建的 CSS 样式以独立的文件形式保存，之后的操作就与选择“仅对该文档”的操作一致。

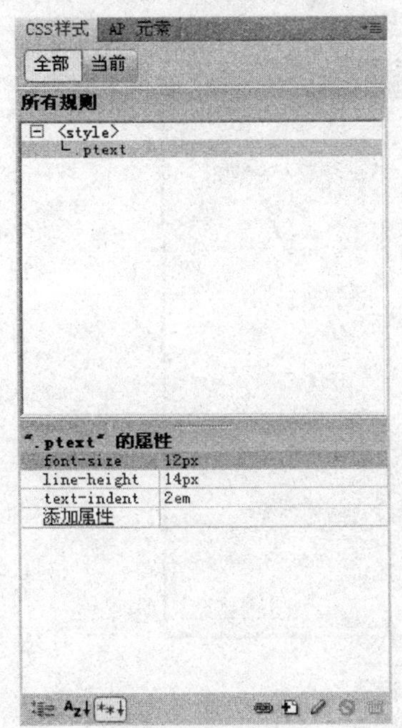

图 13-7　新建的样式名称“·p text”

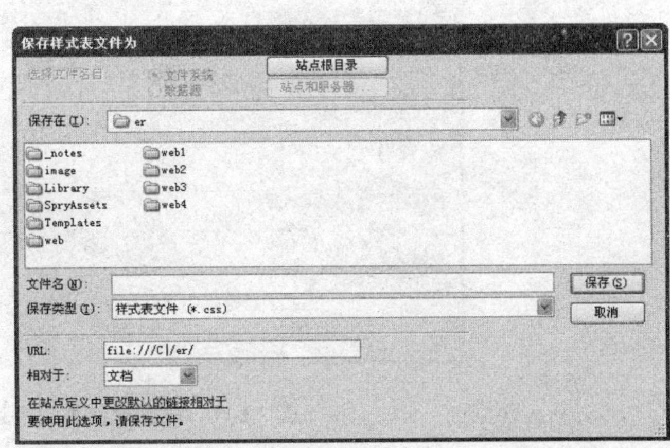

图 13-8　“保存样式表文件为”对话框

（6）在设计视图中选择目标元素，单击 CSS 样式面板中的“ptext”，单击面板右上角的菜单按钮，在打开的菜单中选择“套用”命令，将新建样式应用到目标对象。

新建的类样式，在属性面板的类或目标规则栏的菜单中也会显示出来，可以通过属性面板选择目标样式，将样式应用到目标元素，如图 13-9 所示。

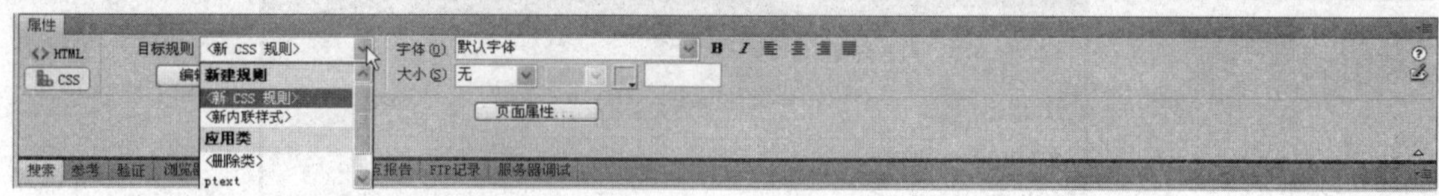

图 13-9　将新建样式应用到目标对象

二、使用 ID 定义样式

ID 是网页元素的唯一标识，使用 ID 定义样式时，需要先定义网页中目标元素的 ID。

（1）新建 HTML 文档，并保存。

（2）添加网页元素，在属性面板中设置该元素的 ID 为 a1，如图 13-10 所示。

图 13-10　在属性面板中设置该元素的 ID

（3）单击样式面板中的新建 CSS 规则按钮，打开新建 CSS 规则窗口。

（4）如图 13-11 所示，在选择器类型中选择标签，在选择器名称中输入#a1，规则定义窗口中选择仅限该文档。

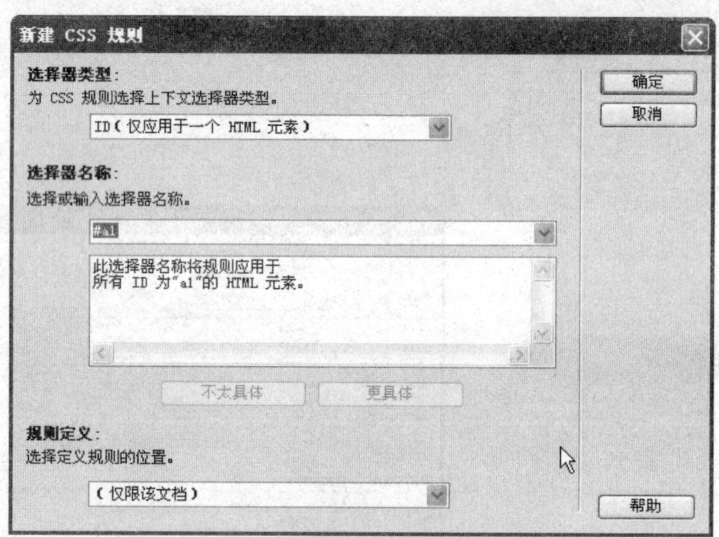

图 13-11　在选择器类型中选择标签

（5）点击“确定”，进入到 CSS 规则定义窗口开始定义 ID 的样式。

三、使用标签定义标签样式

使用“标签”可以重新定义 HTML 的标签样式。HTML 的标签样式有<body>、<p>、<h1>、<h2>等，它们都是系统保留的关键字。以下举例说明标签的使用方法：

（1）新建 HTML 文档并保存。

（2）输入一段文字，使用属性面板设置这段文字的格式，结果如图 13-12 所示。

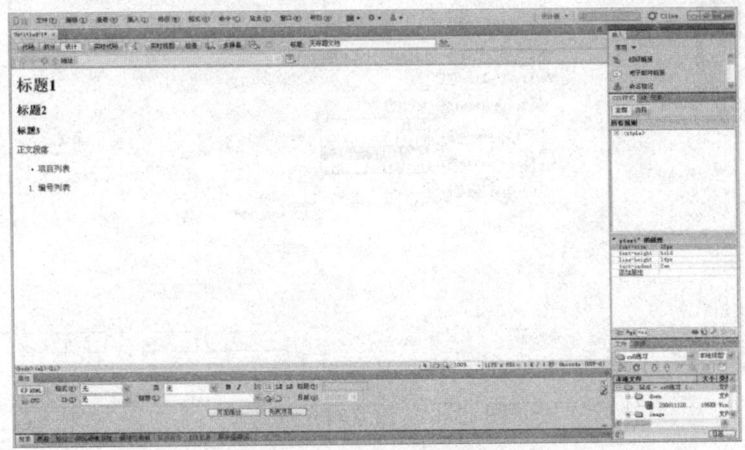

图 13-12　设置文字的格式

（3）单击 CSS 样式面板中的“新建 CSS 规则”按钮，打开“新建 CSS 规则”面板。

（4）如图 13-13 所示，在“选择器类型”中选择“标签”，在“选择器名称”中选择 h1，在“定义在”中选择“仅对该文档”。

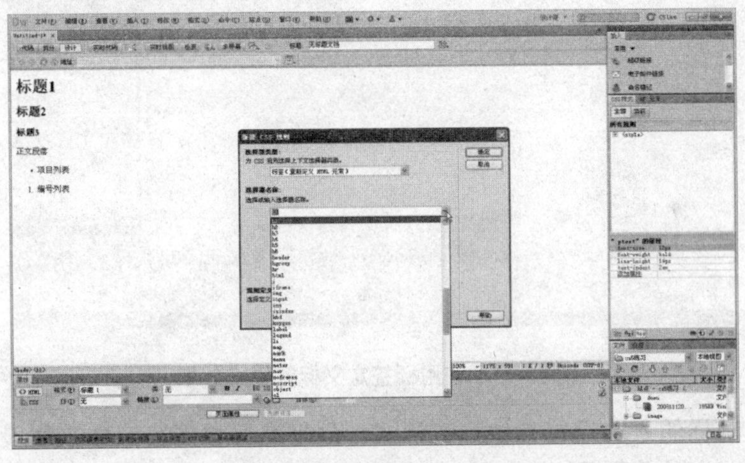

图 13-13　设置 CSS 规则

其中：h1 是 HTML 文档中内定的表示标题 1 的标签，最初网页设计中使用的是编程方式，人们为此制定了一些规范，即使用 p 表示正文、h 表示标题等，这些标签可以理解为 HTML 设计编程中的关键字和保留字。随着技术的发展，已经可以使用所见即所得的方式，不必再使用编程方式定义这些文本内容，可以通过一些设计软件编辑这些内容，如正文、标题等，但这些关键字依然被保留并使用。

（5）单击分类栏中的“区块”，然后单击“文本对齐”右侧的下拉按钮，在弹出的菜单中选择“居中”对齐方式，如图 13-14 所示。

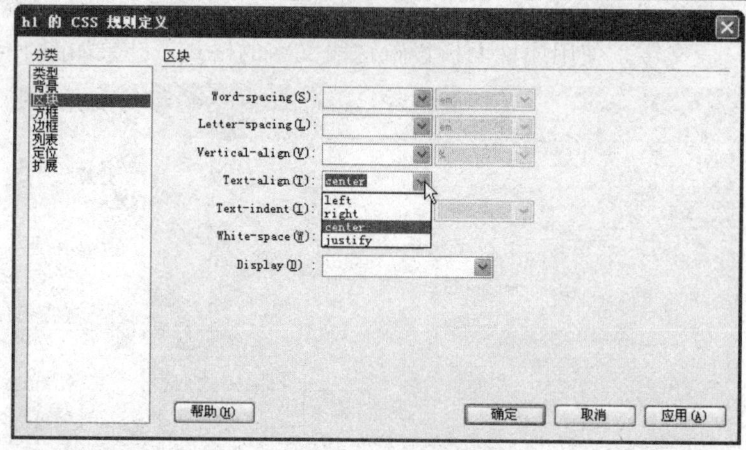

图 13-14　设置对齐方式

（6）单击“确定”按钮完成设置。此时，设计视图中采用标题 1 格式的文本自动采用 CSS 样式中设置的样式，即居中显示，结果如图 13-15 所示。

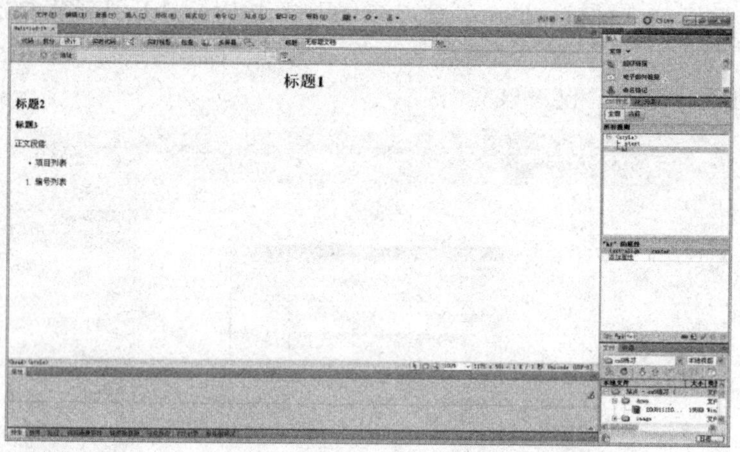

图 13-15　使用标签定义标签样式效果

（7）使用同样的方法设置其他标签样式。先把光标移到窗口中采用段落格式的文本中，然后单击 CSS 样式面板的“新建 CSS 规则”按钮，弹出图 13-16 所示的“新建 CSS 规则”对话框。

在图中会发现标签自动显示为当前选中文本的样式标签 P。对于不熟悉网页中标签使用的初学者，可以先打开“新建 CSS 规则”窗口，在该窗口中设置选择器类型为“标签”，然后单击“取消”按钮关闭该窗口，再在编辑界面中选择目标文本，再打开“新建 CSS 规则”窗口，此时在标签栏中就会自动显示选中文本的标签。

（8）使用同样的方法在 CSS 规则定义窗口中设置段落的样式。

（9）使用同样的方法设置其他标签。

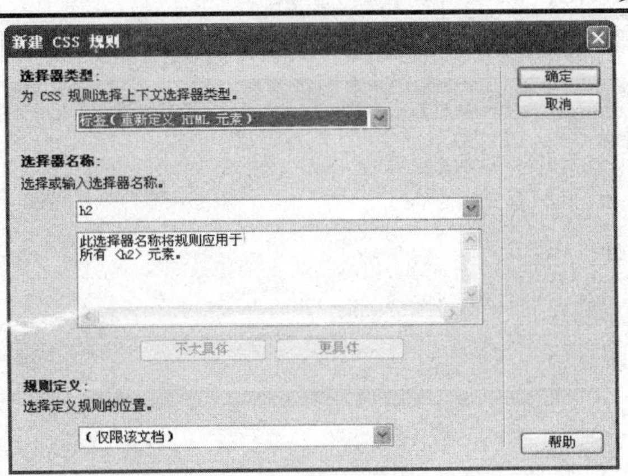

图 13-16　“新建 CSS 规则”对话框

四、使用“复合内容”定义链接效果

“复合内容”选项可以使网页内容的元素样式更加多样化。例如，分区（即 DIV）d1 和 d2 都含有标题 1（h1）。为了让 h1 在两个分区中拥有不同的样式，可以使用复合内容的方式分别定义。复合内容的表述形式是#d1 h1 和 d2 h1。

链接是一种特殊类型的复合内容样式，用来编辑链接文本的效果，有 4 种形式：初始状态、鼠标经过、点击和点击后的状态。下面以设置链接的初始状态 a:link 样式为例。

（1）新建一个 HTML 文件并保存。

（2）输入一段文字。

（3）框选这段文字，然后拖动属性面板中的“指向文件”图标到链接页上，建立一个链接。

（4）单击 CSS 样式面板中的“新建 CSS 规则”按钮，打开“新建 CSS 样式”对话框，在“选择器类型”中选择“复合内容”，如图 13-17 所示。

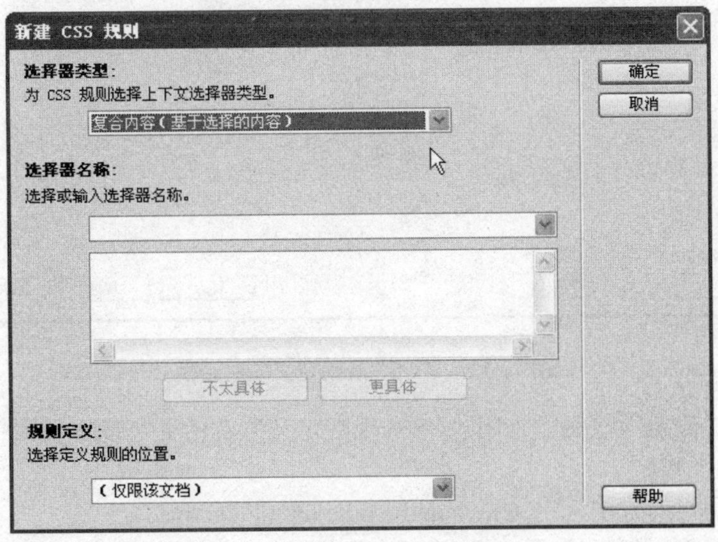

图 13-17　“新建 CSS 样式”对话框

（5）单击“选择器”右侧的下拉按钮，弹出如图 13-18 所示的菜单，选择 a:link。

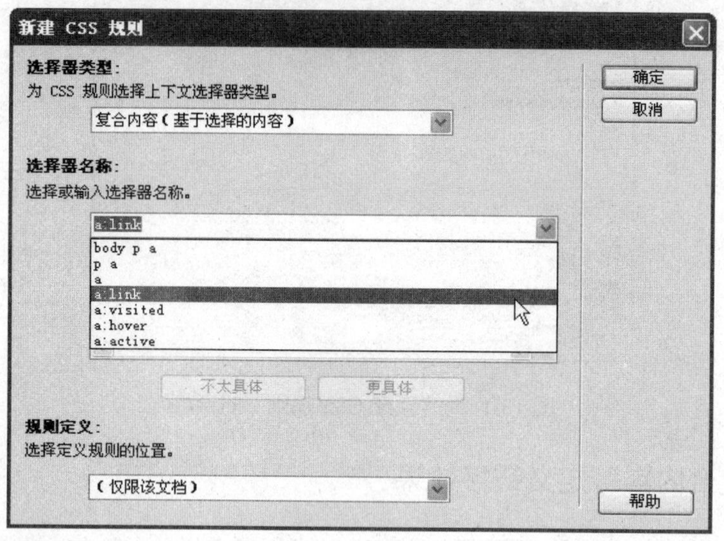

图 13-18　选择 a:link

CSS 样式选择器列出了常用的 4 种链接样式，即 a:link、a:hover、a:visited、a:active。可以选择目标样式进行定义，也可以直接在选择器中输入所需的名称，如输入“a:link”。

（6）单击“确定”按钮，打开图 13-19 所示的“CSS 规则定义”对话框。分别定义文本字符的大小：14 像素；颜色：#000066；修饰：无。

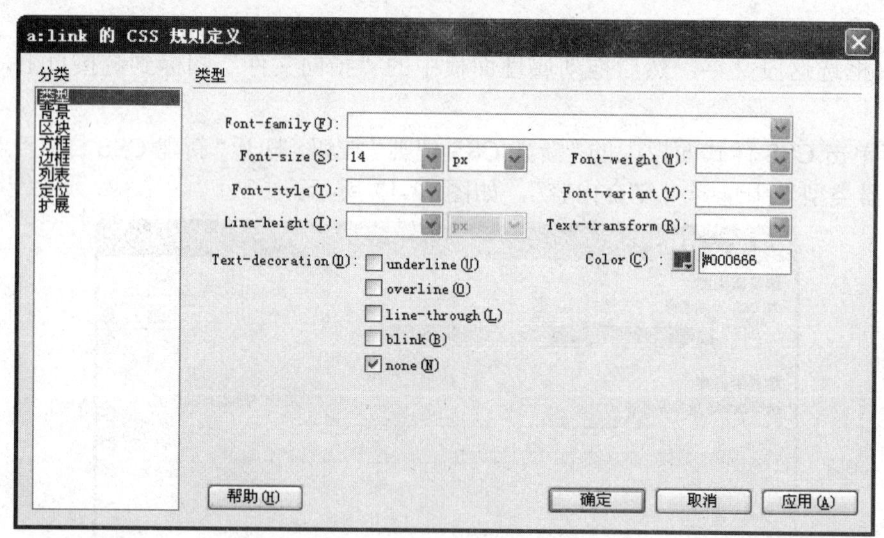

图 13-19　“CSS 规则定义”对话框

（7）单击“确定”按钮，关闭“CSS 规则定义”对话框。设计视图中的链接文字自动变为所定义的样式。

（8）使用同样的方法，定义 a:visited、a:hover 和 a:active。

（9）保存网页。然后按【F12】键开始预览网页，将鼠标指针移向链接，单击链接，观察链接的变化。可以使用类似的方法定义特定 DIV 区域中的标签属性。

例如，建立一个网页布局。页眉的 DIV 区域的 ID 为 head。那么当要定义该区域中段落格式 p 的属性时，可以在选择器栏中输入“#head p”。其中#head 表示这个格式是针对 ID 为 head 的 DIV 区域的格式，这个格式是段落标签 p。然后再按前面所述逐步设置各项属性。

13.3　创建与链接外部 CSS 样式

本节学习创建 CSS 外部样式的方法，以及建立其他文档与外部样式链接的方法。

一、创建外部 CSS 样式

创建外部 CSS 样式的方法如下：

（1）新建一个 HTML 文件。

（2）单击 CSS 样式面板中的“新建 CSS 规则”按钮，打开“新建 CSS 规则”对话框，按图 13-20 所示设置。

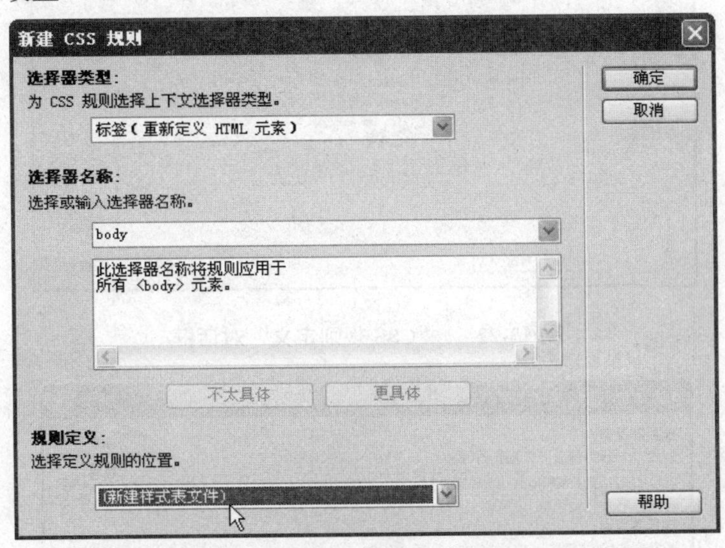

图 13-20　设置“新建 CSS 规则”

（3）单击“确定”按钮，打开“将样式表文件另存为”对话框，如图 13-21 所示。在该对话框的文件名栏中输入“fc”，选择保存该文件的路径，单击“保存”按钮。

（4）打开“CSS 规则定义”对话框，如图 13-22 所示。在对话框中重新定义标签 body，单击“确定”按钮，完成定义。标签 body 是代表页面属性，通过定义此项来定义页面的相关属性。

（5）单击 CSS 样式面板中的“新建 CSS 规则”按钮，打开图 13-23 所示的“新建 CSS 规则”对话框。“规则定义”栏中显示了文件 fc.css 样式表文件，即本例第（3）步中保存的样式表文件。表示新定义的标签也是保存在这个文件中。

将样式表文件另存为
选择文件名自
文件系统
数据源
站点根目录
站点和服务器
保存在(I): css
文件名(N): fc
保存(S)
保存类型(T): 样式表文件 (*.css)
取消
URL: file:///C|/dwcs5/css.css
相对于: 文档
在站点定义中更改默认的链接相对于
要使用此选项，请保存文件。

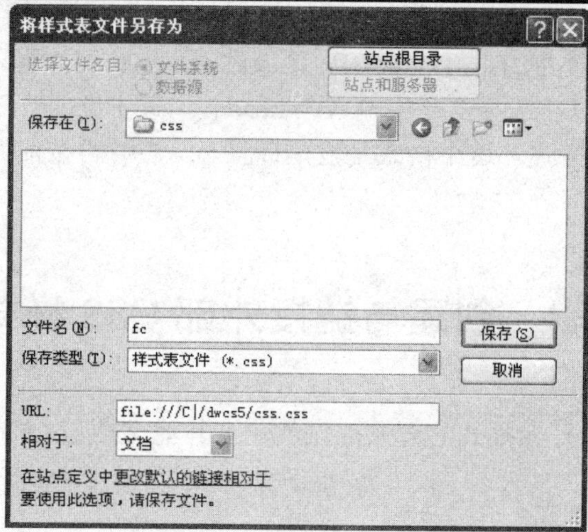

图 13-21　“将样式表文件另存为”对话框

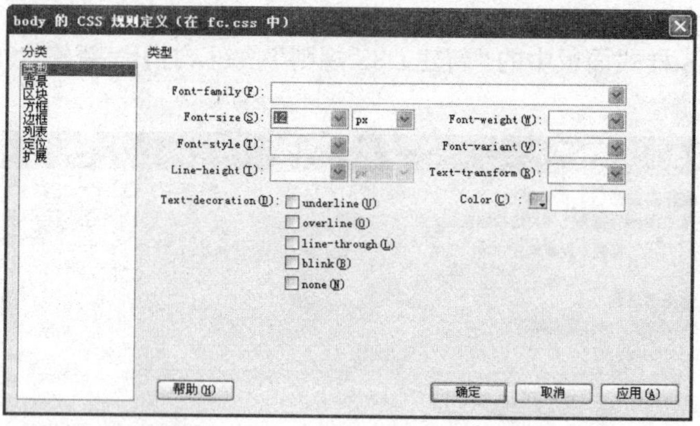

body 的 CSS 规则定义（在 fc.css 中）
分类
类型
背景
区块
方框
边框
列表
定位
扩展
Font-family(F):
Font-size(S):
px
Font-weight(W):
Font-style(T):
Font-variant(V):
Line-height(I):
Text-transform(R):
Text-decoration(D):
underline(U)
overline(O)
line-through(L)
blink(B)
none(N)
Color(C):
帮助(H)
确定
取消
应用(A)

图 13-22　“CSS 规则定义”对话框

新建 CSS 规则
选择器类型:
为 CSS 规则选择上下文选择器类型。
标签（重新定义 HTML 元素）
确定
取消
选择器名称:
选择或输入选择器名称。
p
此选择器名称将规则应用于
所有 <p> 元素。
不太具体
更具体
规则定义:
选择定义规则的位置。
fc.css
帮助

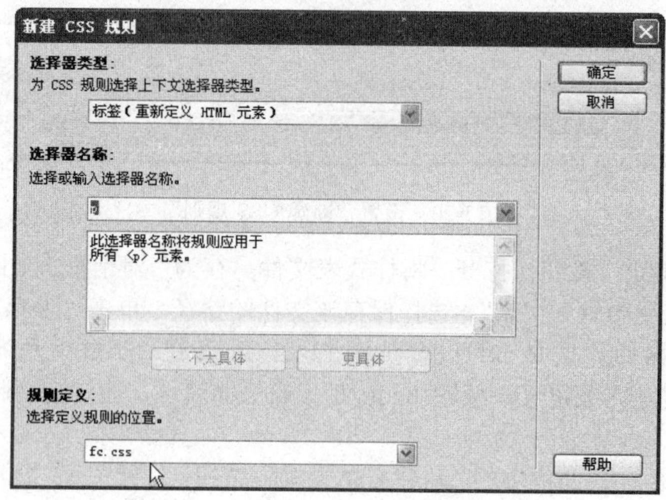

图 13-23　“新建 CSS 规则”对话框

（6）在新建 CSS 规则对话框中选择标签 P，单击“确定”按钮，进入到“CSS 规则定义”对话框，如图 13-24 所示。

（7）在 CSS 规则定义对话框中定义该标签。

（8）用同样的方法定义其他类、标签等 CSS 样式。全部定义完成后，在 CSS 样式面板中显示了所有定义的样式，如图 13-25 所示。

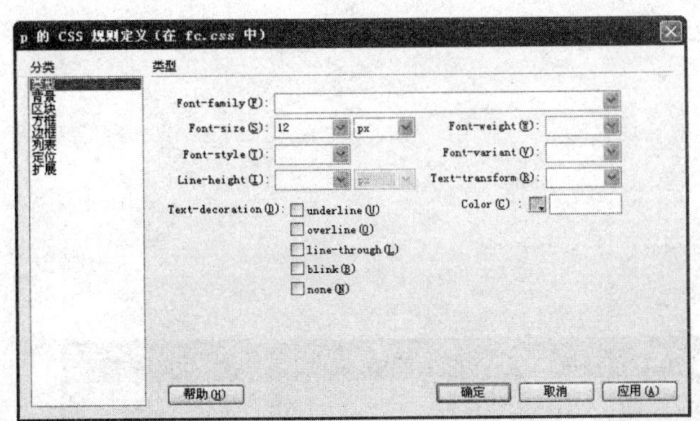

图 13-24　“CSS 规则定义”对话框

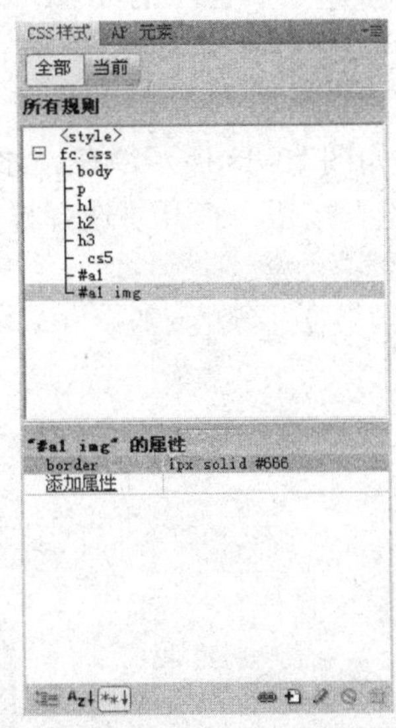

图 13-25　面板中显示了所有定义的样式

（9）创建外部 CSS 样式后，在编辑界面中会出现新建的样式文件，单击文件标题可切换至如图 13-26 所示的 CSS 样式文件编辑界面。执行“文件/保存”命令，保存新建 CSS 样式，完成外部 CSS 样式的建立。

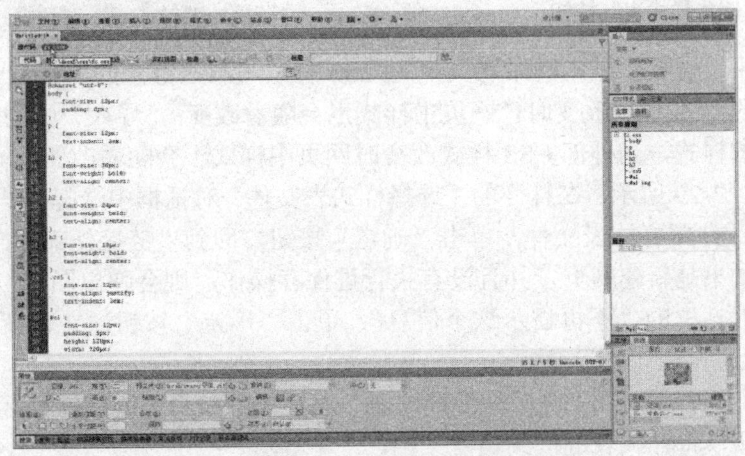

图 13-26　CSS 样式文件编辑界面

此处一定要执行保存命令保存新建的外部 CSS 样式，才能将新添加的如标题 1（h1）等样式保存到文件中。在（4）步中建立的 CSS 文件名称只是一个文件载体，表示之后新建的样式会放入这个文件，如果没有执行保存，那么这些新建的 CSS 样式，将会随着 Dreamweaver CS5 的关闭而丢失。

二、链接外部 CSS 样式

继续上一节的操作，再打开一个文档，链接前面所创建的外部 CSS 样式，具体操作方法如下：

（1）新建一个 HTML 文档，输入相关文字内容。

（2）如图 13-27 所示，单击 CSS 样式面板中的“附加样式表”按钮，打开“链接外部样式表”对话框。

（3）如图 13-28 所示，在“添加为”选项中选择“链接”，然后单击“文件/URL”右侧的“浏览”按钮，打开“选择样式表文件”对话框。

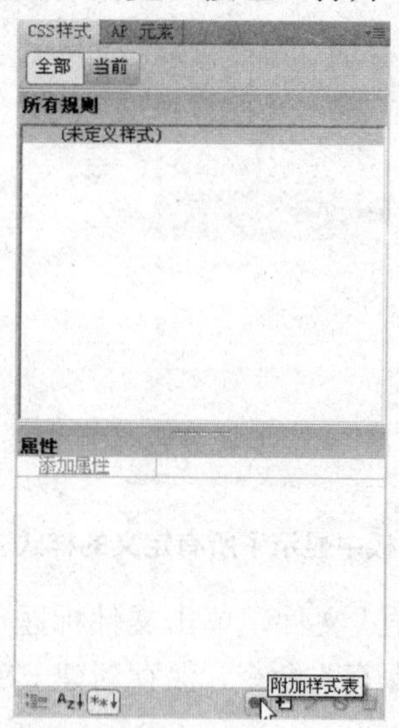

图 13-27　单击“附加样式表”按钮

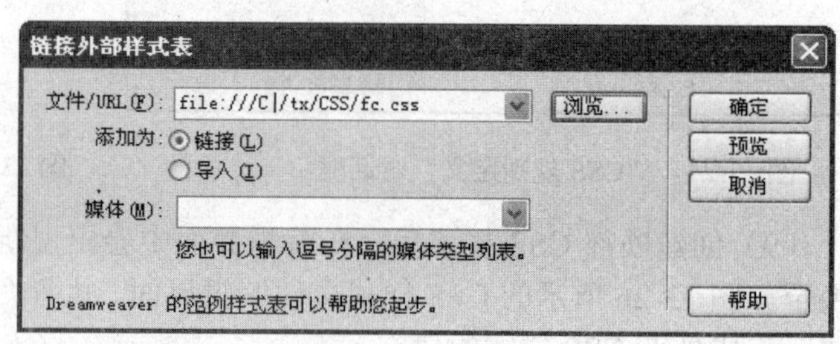

图 13-28　“链接外部样式表”对话框

图 13-28 中“链接”是指网站网页中的 CSS 样式与准备链接的外部 CSS 样式是链接关系，当外部的 CSS 样式改变时，网页中样式也会随着改变；“导入”则是将 CSS 样式替换当前网页中的样式，当外部 CSS 样式改变时网页中样式不会随着改变。

（4）如图 13-29 所示，在打开的“选择样式表文件”对话框中选择样式表文件。本例选择上节中建立的 fc 样式表文件，单击“确定”按钮，回到“链接外部样式表”对话框。

当前网页如果是新建网页，并且没有执行过保存操作，则会弹出图 13-30 所示的提示框。可勾选该对话框的“不再显示这个信息”，单击“确定”按钮。之后就不会再弹出这个提示框。

（5）如图 13-31 所示，“链接外部样式表”对话框中显示了链接的目标样式文件，单击“确定”按钮，将样式表链接到当前文档。

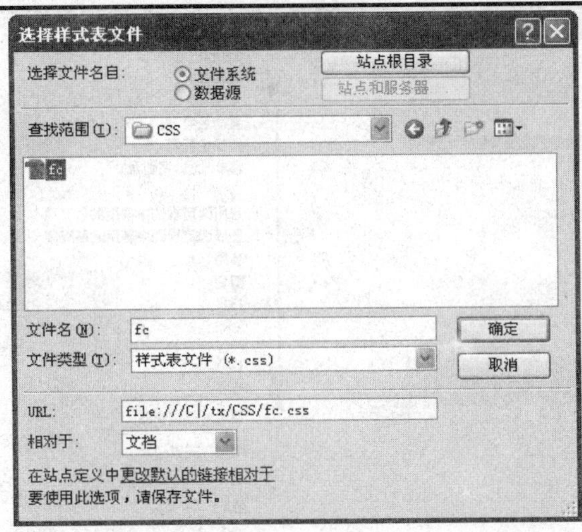

图 13-29　“选择样式表文件”对话框

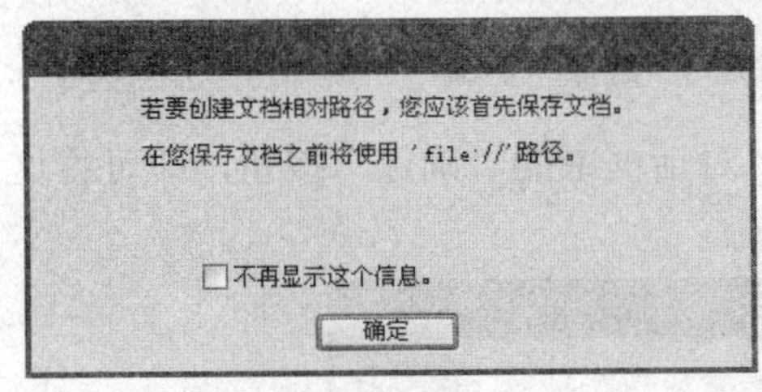

图 13-30　提示框

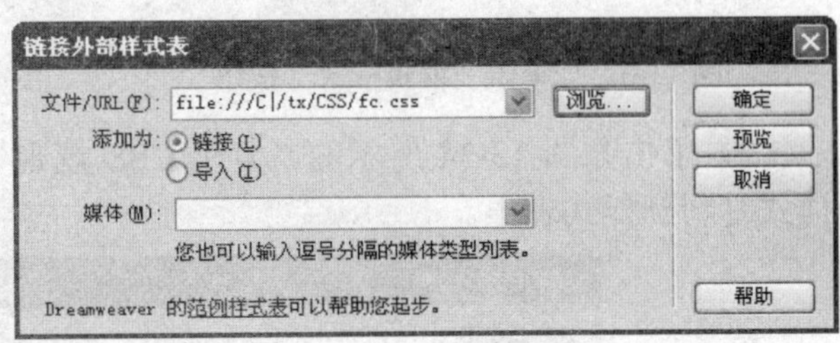

图 13-31　“链接外部样式表”对话框

13.4　编辑 CSS 样式

建立或链接 CSS 样式后，可以对目标样式进行修改和删除等操作。

一、修改已创建的 CSS 样式

要修改已经创建的 CSS 样式，可以执行以下操作：

（1）如图 13-32 所示，单击 CSS 样式面板中需要修改的样式，单击“编辑样式”按钮，打开“CSS 规则定义”对话框。

（2）在“CSS 规则定义”对话框中编辑该标签或类的样式，单击“确定”按钮，完成编辑修改。如果要在原有样式的基础上建立一个新样式，可以使用复制 CSS 样式功能。

二、复制 CSS 样式的方法

复制 CSS 样式的方法如下：

（1）将鼠标指针移到目标样式上，单击鼠标右键，在弹出的图 13-33 所示的菜单中选择“复制”，打开“复制 CSS 规则”对话框。

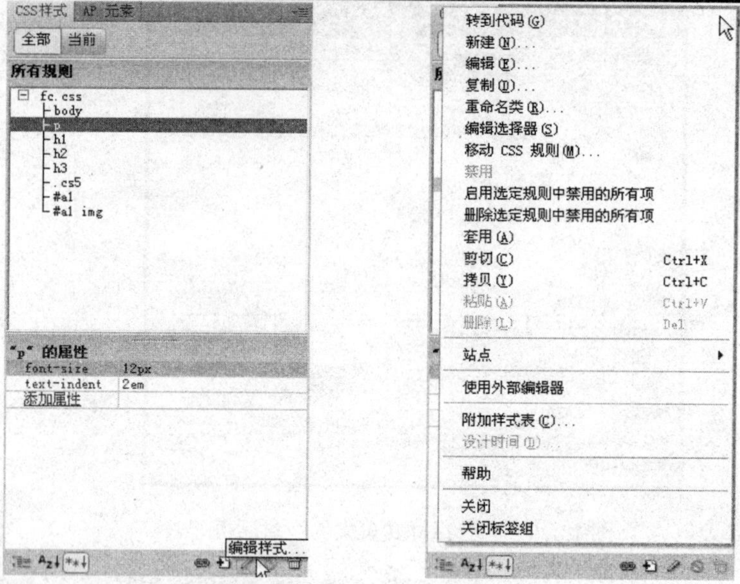

图 13-32　单击“编辑样式”按钮　　　　图 13-33　选择“复制”

（2）单击如图 13-34 所示的“复制 CSS 规则”对话框中的“确定”按钮，即可将这个样式复制到样式表中。

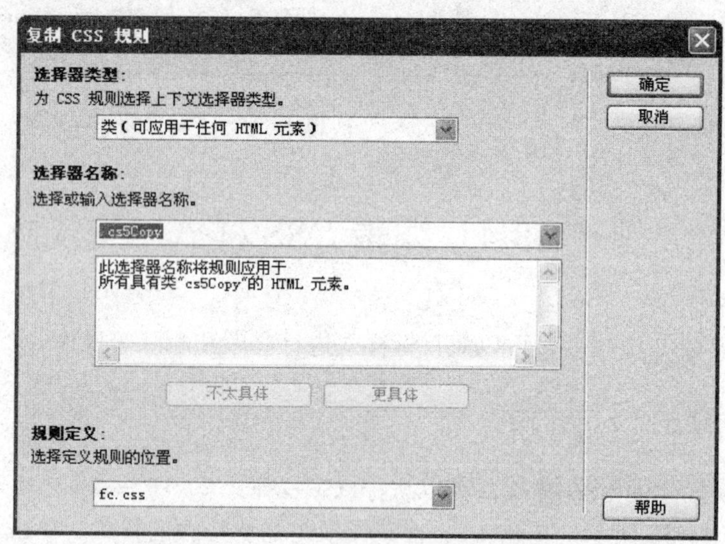

图 13-34　“复制 CSS 规则”对话框

（3）使用本章讲解的编辑 CSS 样式的方法，对复制的样式进行编辑。

三、直接在 CSS 样式面板中编辑当前样式规则的方法

新建 CSS 样式后，可以直接在 CSS 样式面板中对当前样式进行编辑调整。直接在 CSS 样式面板中编辑当前样式规则的方法如下：

（1）如图 13-35 所示，选择 CSS 样式面板中的目标样式，CSS 样式面板的属性栏中

显示了当前样式已设置的属性。

（2）如图 13-36 所示，单击目标已设属性右侧的属性值，该属性变为可设状态。输入新的属性值即可修改已设属性值。

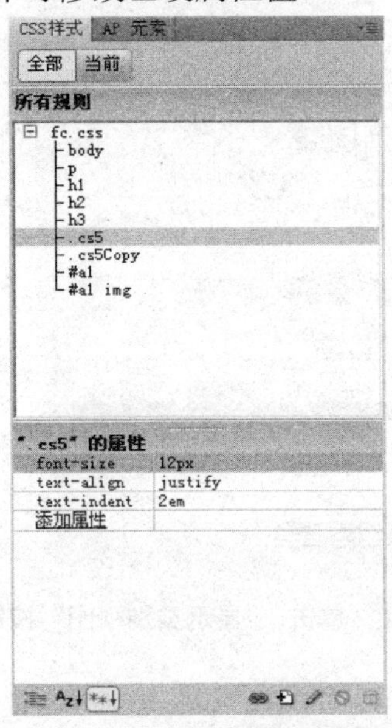

图 13-35　CSS 样式面板中的目标样式

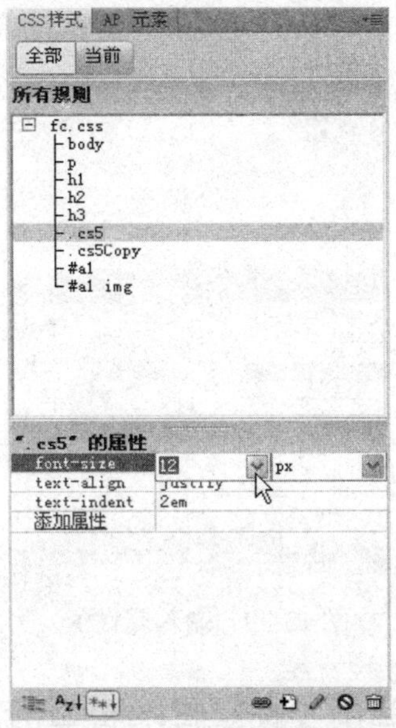

图 13-36　修改已设属性值

（3）单击“添加属性”，便出现如图 13-37 所示的添加属性栏。

（4）如图 13-38 所示，单击添加属性栏右侧的下拉按钮，在弹出菜单中选择目标属性。

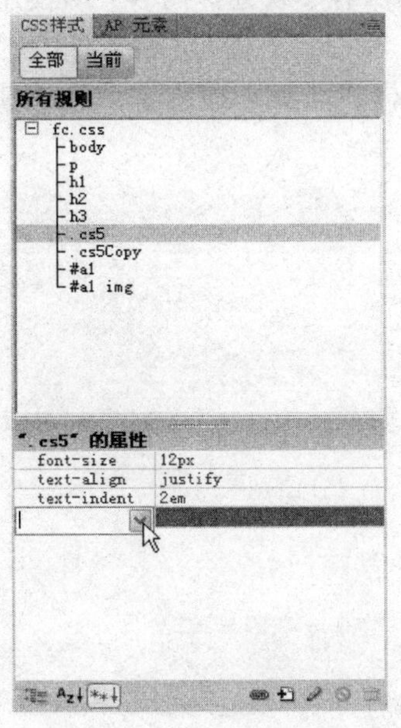

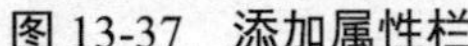

图 13-37　添加属性栏

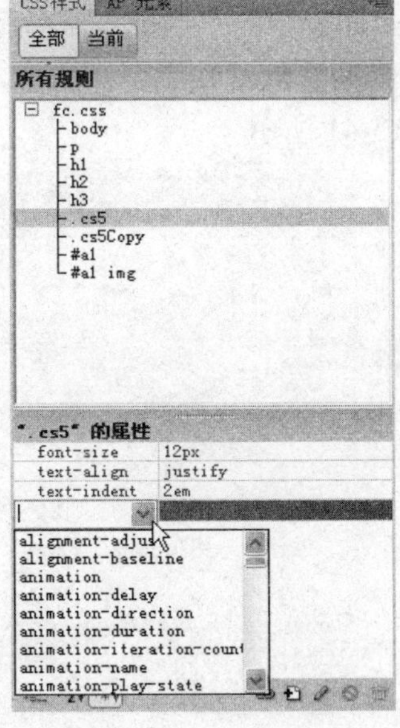

图 13-38　选择目标属性

（5）如图 13-39 所示，选择属性后，在新添加属性的右侧输入属性值。

如果对相关属性不熟悉，可以单击 CSS 样式面板的“显示类别视图”按钮，如图 13-40 所示。在属性栏中会分类显示当前样式的所有可设属性。然后单击目标属性设置即可。

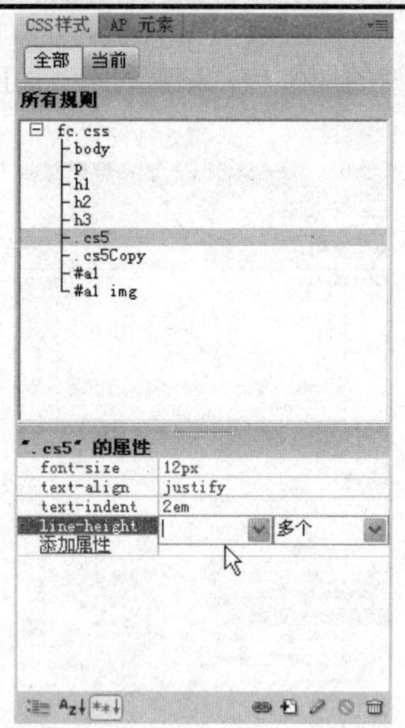

图 13-39　输入属性值

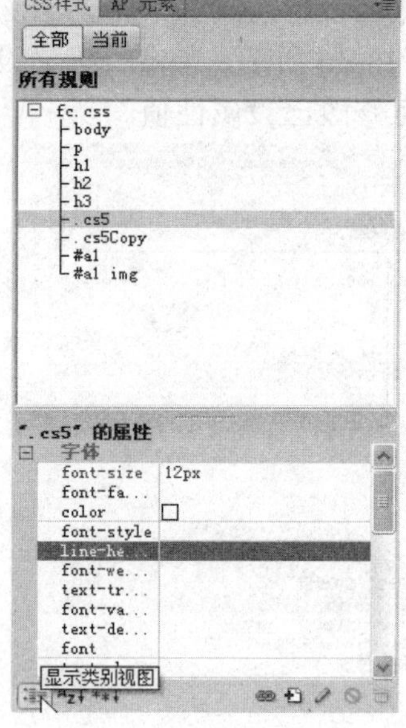

图 13-40　单击“显示类别视图”按钮

四、使用“当前”标签栏编辑当前文档样式

使用 CSS 样式面板中的“当前”标签栏编辑当前文档样式的方法如下：

（1）单击 CSS 样式面板中的“当前”按钮，切换到当前选择模式。

在该模式下，视图中的光标所处位置的文档内容（或选择内容）所使用的 CSS 样式显示在 CSS 样式面板中的“当前”标签下。

（2）单击编辑窗口中的目标文档，在 CSS 样式面板中显示了该文档使用的 CSS 样式规则，如图 13-41 所示。

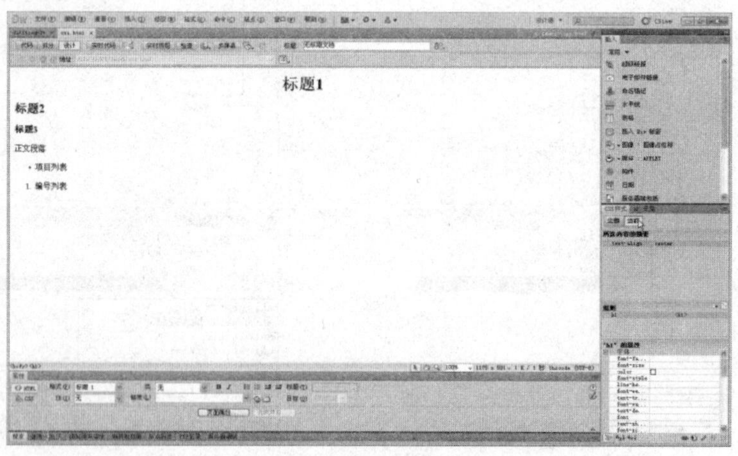

图 13-41　显示了使用的 CSS 样式规则

（3）在 CSS 样式面板的属性栏中直接修改当前文档所应用的 CSS 样式规则。

使用这种方法可以随时根据需要调整当前文档内容的样式，可以更直观地调整网页中目标元素的样式。

五、删除不需要的样式的方法

如果想删除不需要的样式，可以执行以下操作：

（1）单击 CSS 样式面板中的目标样式。

（2）单击 CSS 样式面板中的“删除 CSS 规则”按钮。

六、重命名类的方法

重命名类的操作如下：

（1）将鼠标指针移动到需要重命名的类样式上，单击鼠标右键，弹出的菜单如图 13-42 所示。

（2）在弹出的菜单中选择“重命名类”命令，打开如图 13-43 所示的“重命名类”对话框。

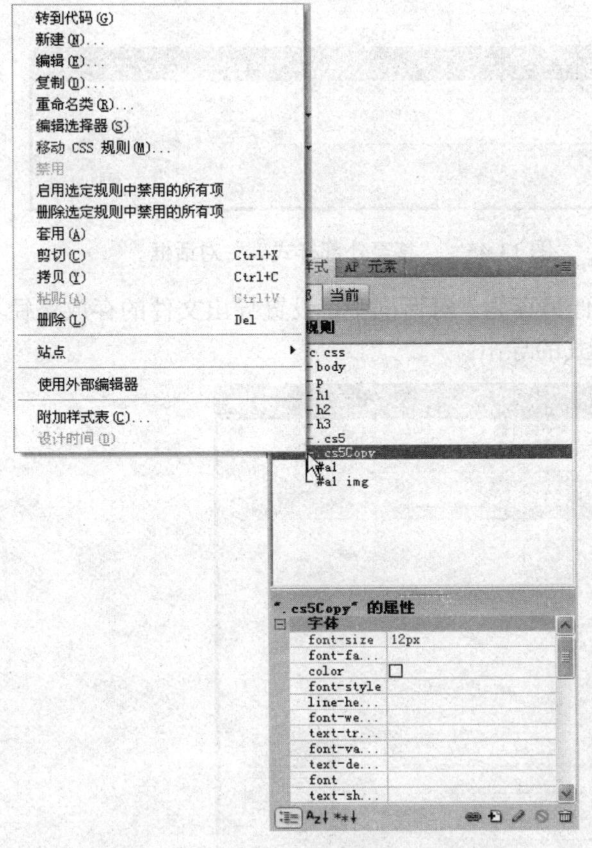

图 13-42 单击鼠标右键弹出的菜单

图 13-43 “重命名类”对话框

（3）在“重命名类”对话框中输入新名称，单击“确定”按钮完成重命名。

只能对 CSS 样式中的新建类进行重命名，而不能对重定义的标签或 HTML 自带的标签进行重命名。当在 HTML 文档中内建了一个 CSS 样式后，为了可以反复使用这个 CSS

样式，可以执行导出 CSS 样式的操作，方法如下：

（1）单击 CSS 样式面板的菜单按钮，打开图 13-44 所示的菜单。在该菜单中选择“移动 CSS 规则”，打开“移至外部样式表”对话框。

（2）在图 13-45 所示的“移至外部样式表”对话框中，选择“新样式表”，单击“确定”按钮，打开“将样式表文件另存为”对话框。

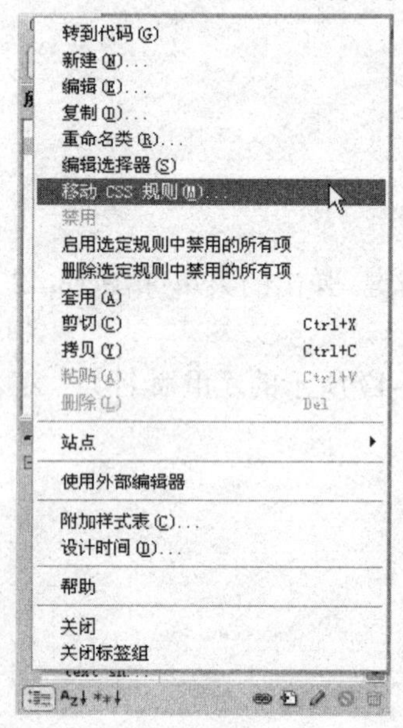

图 13-44　选择“移动 CSS 规则”

图 13-45　“移至外部样式表”对话框

（3）在图 13-46 所示的“将样式表文件另存为”对话框中，设置导出文件的存放路径和名称，单击“保存”按钮，完成 CSS 样式的导出。

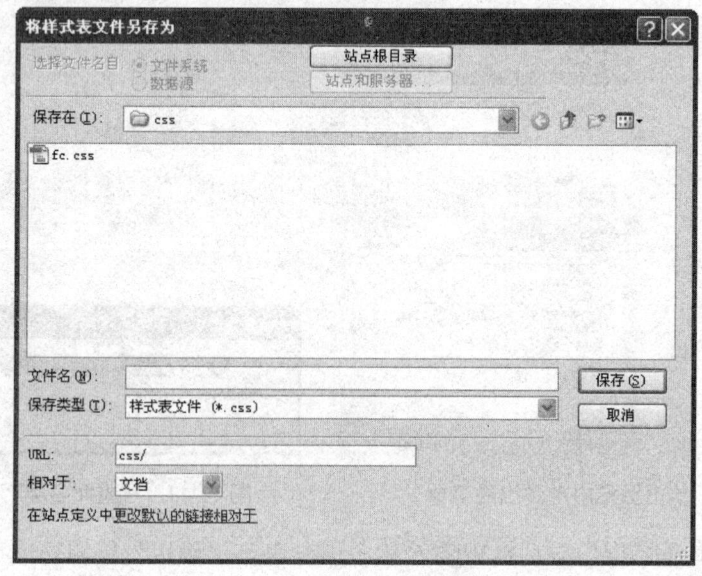

图 13-46　“将样式表文件另存为”对话框

如果在（2）步中选择“样式表”，然后单击“浏览”按钮，可以将当前网页中的样式添加到所选样式表中。

13.5　应用 CSS 样式

建立或链接 CSS 样式后，就可在网页中使用 CSS 样式了，使用 CSS 样式的方法如下：

对于在 CSS 样式表中重新定义的标签，如 body（页面属性）、段落（p）和标题 1（h1）等标签，只需直接套用标签就可以了。例如，一个外部 CSS 样式表中定义了页面属性（body），那么当链接这个外部样式表后，当前网页便自动应用这个页面属性设置。对网页中的其他元素定义格式，如段落、标题 1 等，只需要选择目标，然后在属性面板的格式栏中选择目标格式，元素便会自动采用 CSS 样式表中对该格式的定义。

定义的类，会自动出现在属性面板的样式栏或类栏中，且会根据元素的不同而有所区别。如果当前元素为文字，那么 CSS 样式表中定义的类出现在属性面板的样式栏中，单击“样式”右侧的下拉按钮，在弹出的菜单中显示了样式类，如图 13-47 所示。

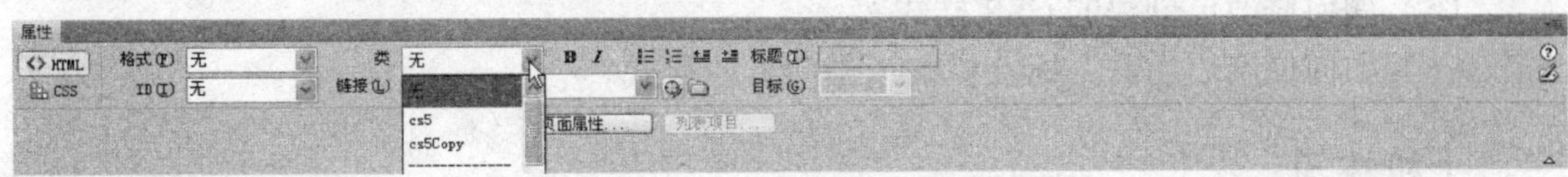

图 13-47　显示样式类

如果当前元素是图像或表格等元素，那么 CSS 样式表中定义的类会出现在属性面板的类栏中，单击“类”右侧的下拉按钮，在弹出的菜单中显示了定义类，如图 13-48 所示。

图 13-47　显示定义类

使用相关类样式时，先选择目标，然后在属性面板中选择样式即可。

如果无法记住上面这些操作，可以先选择网页中的元素，再选择 CSS 样式面板的目标样式，然后单击 CSS 样式面板的菜单按钮，在弹出的菜单中选择“套用”命令，也可以应用目标样式。

本章小结

本章主要讲解了 CSS 样式的建立和使用。通过本章的学习，读者应当重点掌握建立、修改和应用 CSS 样式表的方法。

本章练习

一、填空题

（1）网页中通过________建立统一的排式，Dreamweaver CS5 提供了________面板来帮助完成 CSS 样式的建立。

（2）CSS 的中文意思为______________，也称为风格样式单。

二、简答题

（1）Dreamweaver CS5 提供的 CSS 样式功能，为用户提供了哪些方便？

（2）简要说明 CSS 样式面板的组成。

（3）如何使用 ID 定义样式？

（4）创建外部 CSS 样式。

（5）如何修改已创建的 CSS 样式？

（6）如何使用“当前”标签栏编辑当前文档样式？

三、上机练习

创建一个外部 CSS 样式，并链接到某一个网页。

第 14 章　行　为

行为是 Dreamweaver CS5 预置的 JavaScript 程序集。每个行为包括一个动作和一个事件，任何动作都需要一个事件激活。动作是一段已编辑好的 JavaScript 代码，事件是用来激活动作的条件，如单击某个链接或按钮。

【本章学习目标】

- 了解有关行为的几个基本概念
- 掌握如何添加行为

14.1　行为和行为面板

一、认识行为面板

在 Dreamweaver CS5 中，可使用行为面板添加和编辑行为。执行“窗口/行为”命令，打开图 14-1 所示的行为面板。

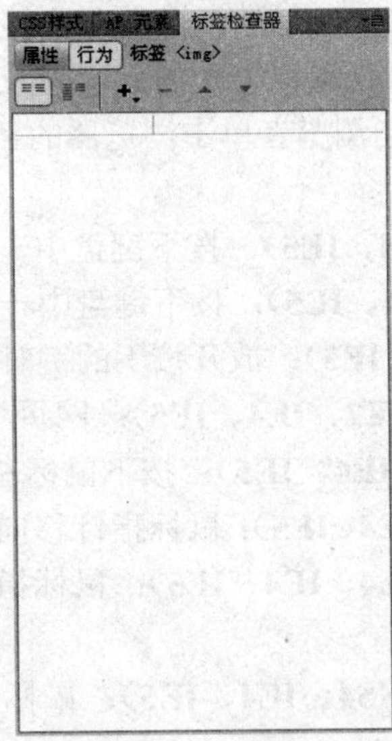

图 14-1　行为面板

有关行为的几个基本概念如下：

- **行为**：事件和动作的组合。在 Dreamweaver CS5 中，行为被规定附属于用户页面上某个特定元素，如一个文本链接、一个图像或者一个按钮。

- **对象**：产生行为的主体，很多网页元素可成为对象，如图片、文字、多媒体文件等。
- **事件**：触发程序运行的原因，这可附加到各种网页中的元素和标记上。事件总是针对网页中的对象，如图片、文字等。
- **动作**：事件触发后要实现的效果，如弹出某段信息、交换图片等。

二、认识行为的事件类型

行为通常为一段 JavaScript 代码。在 Dreamweaver CS5 中，内置了大量的行为，因此不必书写 JavaScript 代码，也能制作出含有行为效果的网页。还可以在互联网中下载第三方厂商提供的行为库。另外，Dreamweaver CS5 提供了丰富的编程接口（API），一些高级用户还可以自己动手构建行为库。

可以为任何网页元素添加行为，如整个文档、图像、链接等。但每一个元素能够附加什么样的行为要由浏览器的版本和类型决定。

由于不同版本的浏览器所支持的事件类型不同，常见的事件类型主要有：

- **OnAfterUpdate（IE4、IE5）**：一个网页数据元素更新完毕时触发的事件。
- **OnBeforeUpdate（IE4、IE5）**：一个网页数据元素被改变并将失去焦点时触发的事件。
- **OnFocus（NS2、NS4、IE2、IE4、IE5）**：指定网页元素获得焦点时触发的事件。
- **OnBlur（NS2、NS4、IE2、IE4、IE5）**：与 OnFocus 相反，它是指定的网页元素失去焦点时触发的事件。
- **OnClick（NS2、NS4、IE2、IE4、IE5）**：浏览者单击特定网页元素时触发的事件。
- **OnDblClick（NS4、IE4、IE5）**：浏览者双击特定的网页元素时触发的事件。
- **OnFinish（IE4、IE5）**：当选取框中的元素完成一个循环时触发的事件。
- **OnHelp（IE4、IE5）**：当浏览者单击浏览器的帮助按钮，或从帮助菜单中选择帮助命令时触发的事件。
- **OnKeydown（NS4、IE4、IE5）**：按下键盘中一个键，不放开时触发的事件。
- **OnKeyPress（NS4、IE4、IE5）**：按下键盘中一个键，放开时触发的事件。
- **OnKeyUp（NS4、IE4、IE5）**：放开按下的键时触发的事件。
- **OnLoad（NS2、NS4、IE2、IE4、IE5）**：网页下载完毕时触发的事件。
- **OnMouseDown（NS4、IE4、IE5）**：按下鼠标左键，未放开时触发的事件。
- **OnMouseMove（NS4、IE4、IE5）**：鼠标指针移向指定的页面元素时触发的事件。
- **OnMouseOut（NS2、NS4、IE4、IE5）**：鼠标指针移出指定的页面元素时触发的事件。
- **OnMouseOver（NS2、NS4、IE4、IE5）**：鼠标指针移入指定的页面元素时触发的事件。
- **OnMouseUp（NS4、IE4、IE5）**：按下鼠标左键并释放鼠标左键时触发的事件。
- **OnResize（NS4、IE4、IE5）**：重设浏览窗口或框架大小时触发的事件。
- **OnScroll（IE4、IE5）**：网页上下滚动时触发的事件。
- **OnStart（IE4、IE5）**：选取框中的元素开始循环时触发的事件。

- **OnUnload（NS2、NS4、IE2、IE4、IE5）**：浏览者离开网页时触发的事件。
- **OnBounce（IE4、IE5）**：选取框中的内容延伸到选取框边界之外时触发的事件。
- **OnChange（NS2、NS4、IE2、IE4、IE5）**：浏览者改变了页面元素的值时触发的事件。
- OnError（NS2、NS4、IE4、IE5）：浏览器载入网页发生错误时触发的事件。
- OnFinish（IE4、IE5）：选取框中的元素完成一个循环时触发的事件。
- OnReadyStateChange（IE4、IE5）：指定元素状态（包括初始化、载入、完成）改变时触发的事件。
- OnReset（NS2、NS4、IE2、IE4、IE5）：表单中数据恢复为默认值时触发的事件。
- OnRowEnter（IE4、IE5）：网页数据元素的记录指针改变时触发的事件。
- OnRowExit（IE4、IE5）：网页数据元素的记录指针将要改变时触发的事件。
- OnSelect（NS2、NS4、IE2、IE4、IE5）：从一个文本框中选中文本时触发的事件。
- OnSubmit（NS2、NS4、IE2、IE4、IE5）：浏览者递交一份表单时触发的事件。

括号中内容代表 Netscape Navigator（缩写为 NS）与 Internet Explorer（缩写为 IE）两个品牌的浏览器的不同版本。

14.2　添加行为

Dreamweaver CS5 内置的行为，可以通过行为面板进行添加和删除操作。本节讲解使用行为面板向网页添加如改变网页元素属性、弹出消息框等行为的方法。如图 14-2 所示为行为面板中自带的一些常用行为。

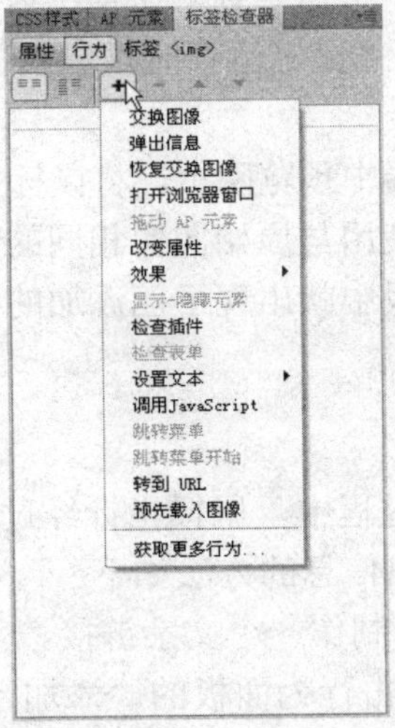

图 14-2　一些常用行为

一、交换图像

本节讲解使用行为制作图像的交换效果，即当鼠标指针指向网页中的目标图像时，图像变为另一个图像。在工作前将准备好的图像放置到站点文件夹中。交换图像的具体方法如下：

（1）新建 HTML 文档，置入一幅图像。

（2）选中该图像，单击行为面板的“添加行为”按钮，从弹出的菜单中选择“交换图像”命令，打开如图 14-3 所示的“交换图像”对话框。

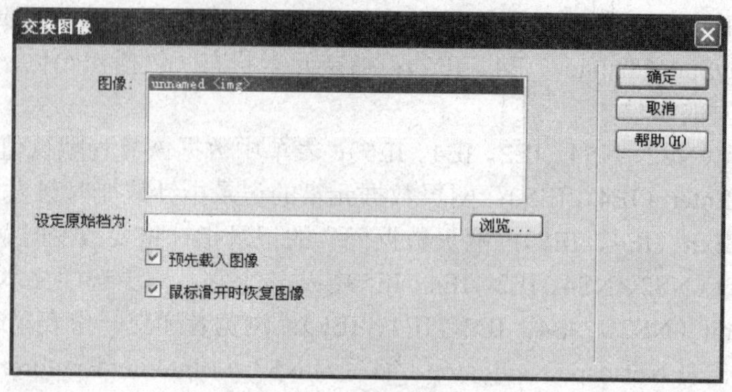

图 14-3　“交换图像”对话框

“交换图像”对话框中各项的含义如下：

- **图像**：显示已经链接到网页中的图像，通过该对话框可以选择要交换的原始图像。
- **设定原始档为**：设置用来交换的图像。
- **预先载入图像**：勾选此项，将预先下载可替换图像。
- **鼠标滑开时恢复图像**：勾选此项，鼠标指针离开对象时恢复为原始图像。

（3）单击“浏览”按钮，在打开的“选择图像源文件”对话框中，选择站点文件夹下的目标交换图像，单击“确定”按钮回到“交换图像”对话框。

（4）勾选“预先载入图像”、“鼠标滑开时恢复图像”两个复选框。单击“确定”按钮，关闭对话框并保存文件。

（5）按【F12】键，在浏览器中预览网页。将鼠标指针指向网页中的目标图像，查看效果。通常，用来交换的图像会使用与原始图像相同的尺寸。

在添加行为完成后，行为面板中就出现了已添加的行为，如图 14-4 所示。

二、弹出信息

弹出信息，是指在浏览网页过程中，鼠标指针经过或单击某个文字、图片或按钮后，会弹出一个信息提示框。制作弹出信息的方法如下：

（1）新建一个 HTML 文件，制作一个文字链接。

（2）选择这段文字链接。单击行为面板的“添加行为”按钮，从弹出的菜单中选择“弹出信息”，如图 14-5 所示，打开“弹出信息”对话框。

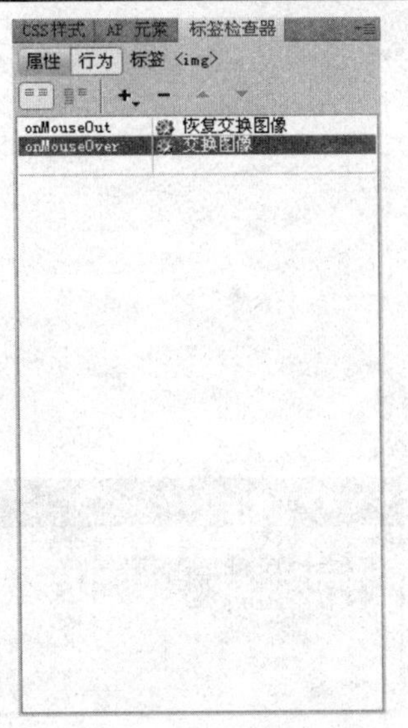

图 14-4　已添加的行为

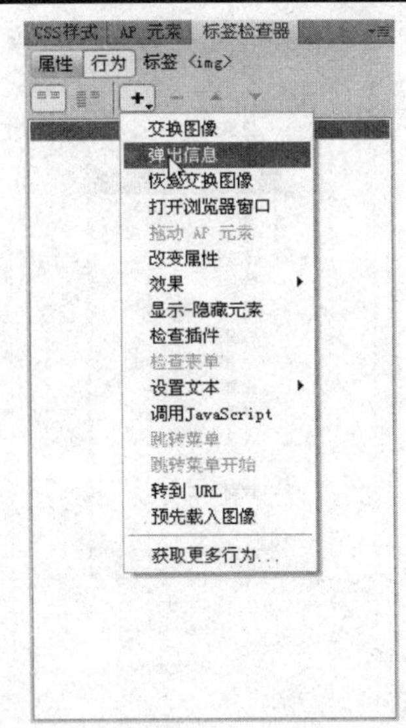

图 14-5　选择“添加行为”按钮

（3）如图 14-6 所示，在“弹出信息”对话框中输入提示信息。单击“确定”按钮，关闭对话框。

图 14-6　“弹出信息”对话框

在“弹出信息”对话框中可以输入 JavaScript 语句。需注意的是，输入的文字不会自动换行，为了弹出框的美观，可在输入文字的适当位置按【Enter】键，让文字换行。

（4）按【F12】键，在浏览器中预览网页，检测单击该段文本时是否会弹出信息框。

三、恢复交换图像

恢复交换图像行为仅在应用了交换图像行为之后使用。可以把交换后的图像恢复为源文件。使用恢复交换图像的方法如下：

（1）选择应用了交换图像行为的图像。

（2）如图 14-7 所示，单击行为面板的 “添加行为”按钮，在弹出的菜单中选择“恢复交换图像”，打开“恢复交换图像”对话框。

（3）如图 14-8 所示，单击“恢复交换图像”对话框的“确定”按钮，完成恢复图像的应用。

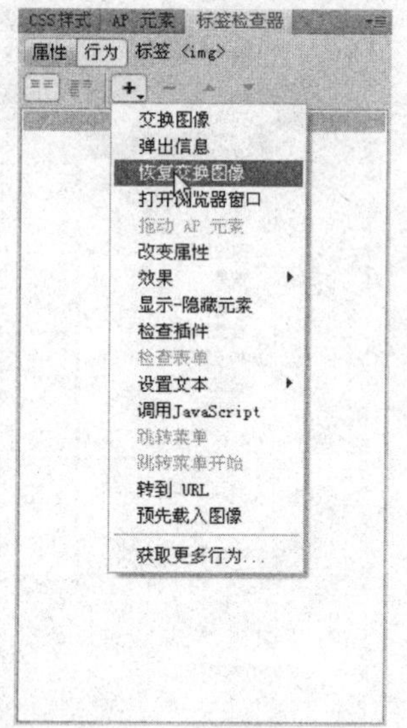

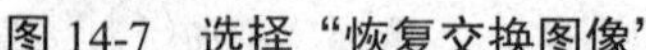

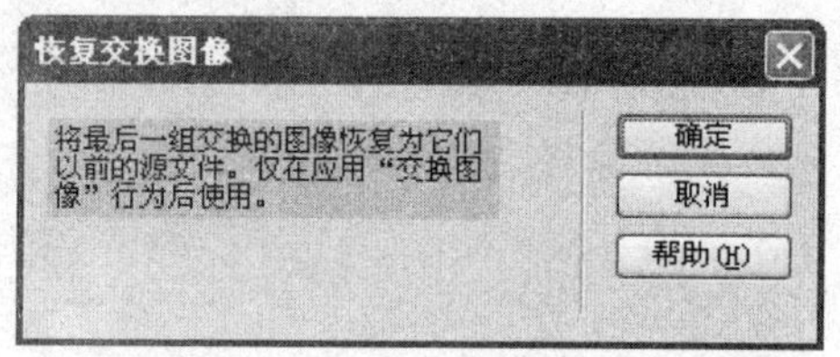

图 14-7 选择"恢复交换图像"　　图 14-8 "恢复交换图像"对话框

四、打开浏览器窗口

当进入一些网站的主页时，往往会同时打开多个窗口。下面以实例说明建立"打开浏览器"窗口的方法：

（1）新建一个 HTML 文档。单击行为面板中的"添加行为"按钮，从菜单中选择"打开浏览器窗口"命令，打开如图 14-9 所示的"打开浏览器窗口"对话框。

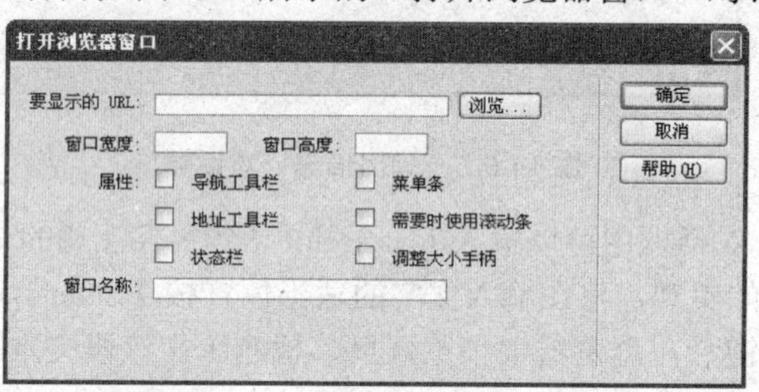

图 14-9 "打开浏览器窗口"对话框

- **要显示的 URL：** 选择或者输入要打开的网页文件的地址。
- **窗口宽度、高度：** 设置要打开窗口的大小。
- **属性：** 设置要打开窗口的各种参数，如是否包括导航工具栏、菜单条、地址栏、滚动条、状态栏以及窗口大小能否改变等。
- **窗口名称：** 设置要打开窗口的名称。

（2）在本例中设置打开文件为"commu1"，窗口宽度为 180、高度为 100，勾选"需要时使用滚动条"复选框。单击"确定"按钮，关闭对话框。按【F12】键在浏览器中查看弹出网页效果。

（3）下面来设置当浏览者单击某个按钮或链接时，执行打开窗口操作。重复（2）、（3）步骤的操作，设置打开文件为"commu2"，窗口宽度为 300、高度为 200，勾选"导航工具栏”。

（4）单击行为面板中“改变事件”按钮，选择事件。

（5）如图 14-10 所示，再次单击后从弹出的菜单中选择“onClick”命令。

（6）按【F12】键，在浏览器中预览网页。

五、拖动 AP 元素

AP 元素是具有固定位置的网页元素。这里的拖动 AP 元素，是指在网页中指定目标 AP 元素可通过鼠标拖动而改变位置。在建立这个行为之前，需要先在网页上建立目标 AP 元素。制作拖动 AP 元素的方法如下：

（1）新建一个网页。

（2）建立目标 AP 元素，设置 AP 元素的相关属性，如大小、位置等。

（3）单击行为面板的“添加行为”按钮，在弹出的菜单中选择“拖动 AP 元素”，打开图 14-11 所示的“拖动 AP 元素”对话框。

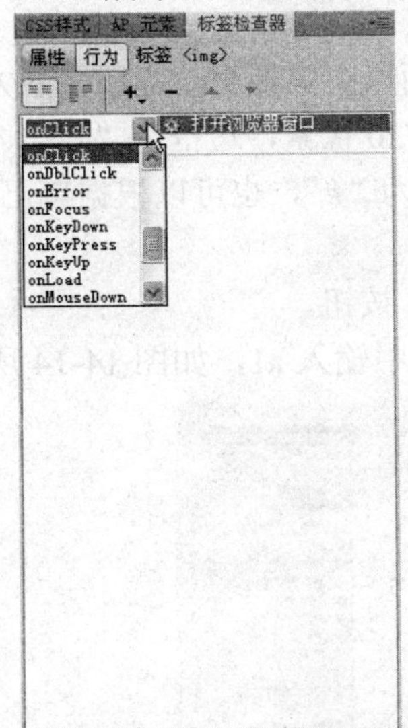

图 14-10 选择“onClick”命令

图 14-11 “拖动 AP 元素”对话框

（4）如图 14-12 所示，单击“AP 元素”右侧的下拉按钮，在下拉菜单中选择目标 AP 元素。网页中的 AP 元素都会显示在“AP 元素”的下拉菜单中。

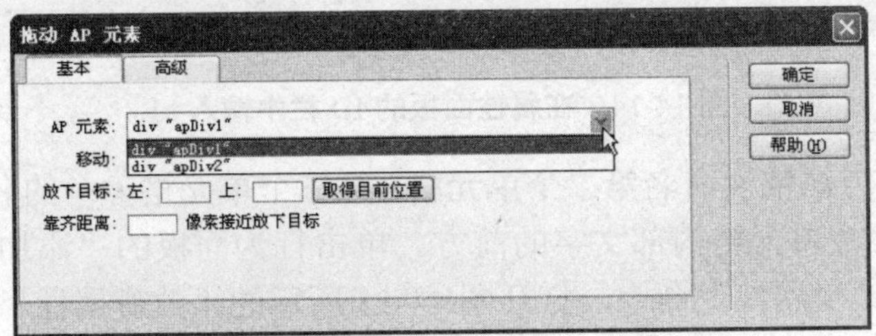

图 14-12 选择目标 AP 元素

（5）在其他项中设置移动的条件。

（6）如图 14-13 所示，单击“高级”，在高级项选项卡中设置移动后标签的位置，即 Z 轴的排序。

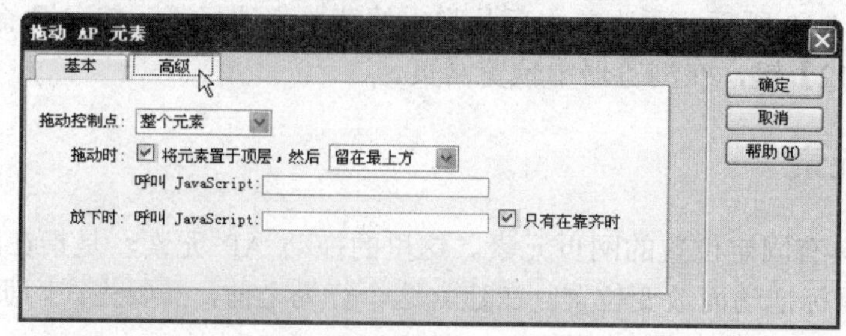

图 14-13　设置移动后标签的位置

（7）单击“确定”完成设置。

六、改变属性

使用行为改变属性，可动态改变某些对象的属性值。下面以实例说明改变属性的方法：

（1）新建一个文件，插入一个 1 行 5 列的表格，宽为 720 像素，边框为“1”。

（2）在 5 个单元格中输入作为链接的文字，链接均设为“#”，也可以根据自己的需要设置链接网页。

（3）选取全部单元格，单击属性面板上的“居中对齐”按钮。

（4）单击表格第一个单元格内部，再在属性面板 ID 栏中输入 a1，如图 14-14 所示。

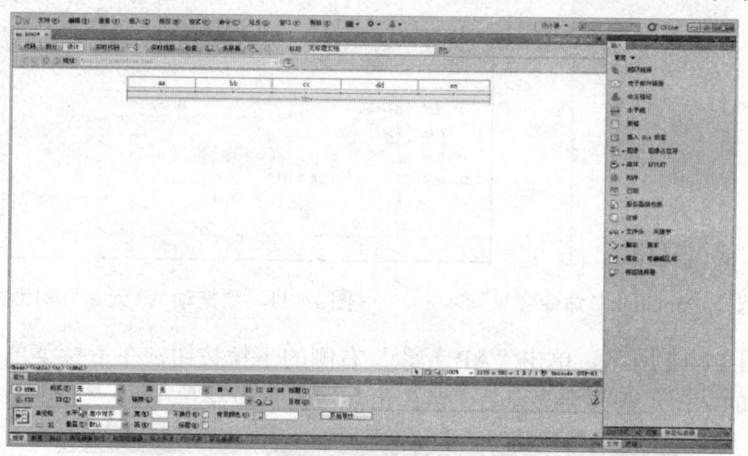

图 14-14　在属性面板的 ID 栏中输入 a1

（5）使用同样方法依次命名第二个单元格、第三个单元格……的名称为 b2、c3、……

（6）单击第一个单元格内部文字的前方。单击行为面板的“添加行为”按钮，在弹出的菜单中选择“改变属性”命令，打开图 14-15 所示的“改变属性”对话框。

图 14-15　“改变属性”对话框

（7）在“改变属性”对话框中，设置对话框对象类型为“td”，元素对象为 TD“a1”，属性选择为“backgroundColor”，在“新的值”栏中输入“#99CCFF”。单击“确定”按钮，关闭对话框。

- **元素类型：**选择要改变属性的对象类型。
- **元素 ID：**选择要改变属性的对象名称。
- **属性 选择：**选择此单选按钮，在其后面的框中选择要改变的属性名称，并可选择目标浏览器。
- **属性 输入：**选择此单选按钮，可直接输入要改变的属性名称。
- **新的值：**为前面指定的属性输入新值。

（8）分别对其余 4 个单元格重复步骤（5）和（6）的操作，只是在设置“改变属性”对话框中“新的值”栏里设置不同的色彩值。

（9）按【F12】键预览网页。鼠标单击单元格，会改变背景颜色。

七、效果

效果是利用 Div 标签的特性，建立具有独立 Div 属性的区域。如图 14-16 所示，在效果级联菜单中提供了增大/收缩、挤压、显示/渐隐、晃动、滑动、遮帘和高亮颜色。这些效果需要 Div 的配合才能发挥作用。

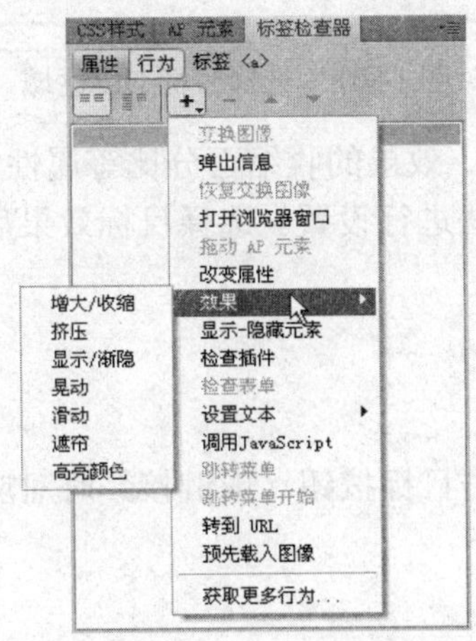

图 14-16　效果级联菜单

在前面的章节中，讲到过 Div，Div 是网页中具有独立属性的区域。这几种效果的使用方法基本一致，现在仅以其中的“增大/收缩”效果为例进行讲解。

（1）建立几个 Div 区域，并输入相应内容。

（2）单击“添加行为”按钮，在弹出的菜单中选择“效果/增大/收缩”，打开如图 14-17 所示的“增大/收缩”对话框。

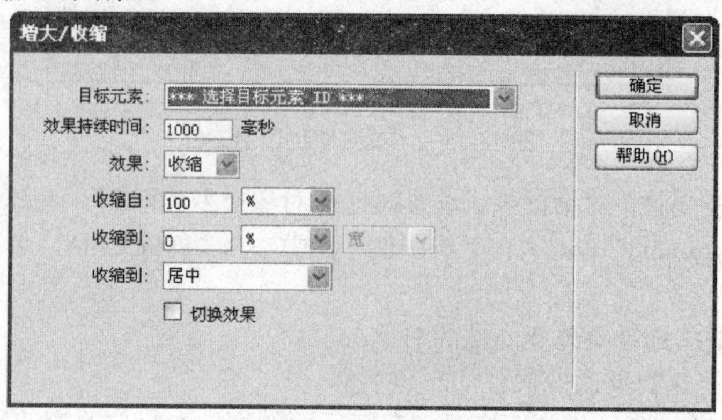

图 14-17 “增大/收缩”对话框

（3）如图 14-18 所示，单击“目标元素”右侧的下拉按钮，在下拉菜单中选择目标 Div 区域。

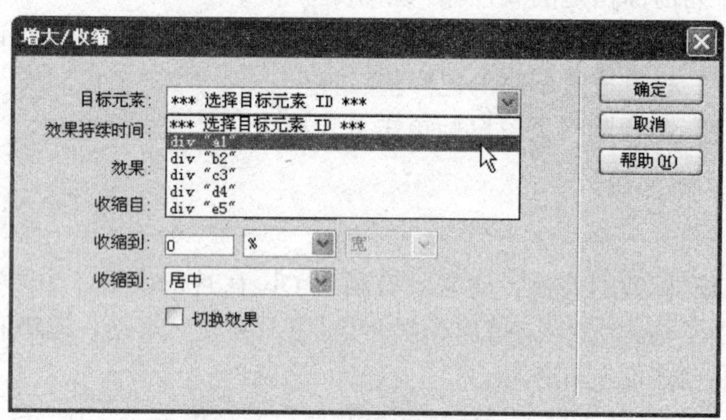

图 14-18 选择目标 Div 区域

（4）设置效果的持续时间、效果的收缩百分比等属性，单击“确定”按钮完成设置。

其他效果也采用类似的方法进行设置。选择目标效果后，在打开的对话框中选择目标元素即可。

八、显示和隐藏元素

可以设置初始状态或当单击目标按钮（或链接）时对应的 Div 区域是显示还是隐藏。设置显示和隐藏元素的方法如下：

（1）建立并设置 Div 区域。

（2）选择目标按钮，单击行为面板的“添加行为”按钮，在弹出的菜单中选择“显示-隐藏元素”，打开图 14-19 所示的“显示-隐藏元素”对话框。

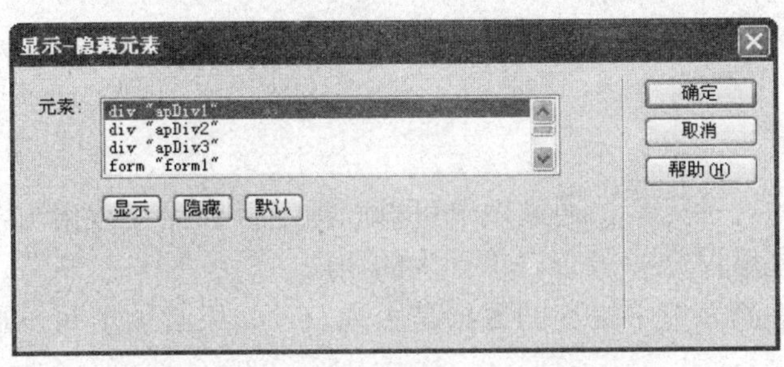

图 14-19 “显示-隐藏元素”对话框

（3）在对话框中选择目标 Div 区域，然后选择显示或隐藏项，单击“确定”按钮完成设置。

九、检查插件

当网页中存在Flash、QuickTime或Shockwave等需要特殊播放程序才能观看的对象时，可设定检查插件行为，用以检测用户电脑中是否安装了指定的插件，然后根据检查结果显示不同的网页内容。下面以实例说明检查插件行为的使用方法：

（1）新建一个 HTML 文档。

（2）插入一个 SWF 的 Flash 影片。

（3）单击行为面板的“添加行为”按钮，在弹出的菜单中选择“检查插件”，打开图 14-20 所示的“检查插件”对话框。

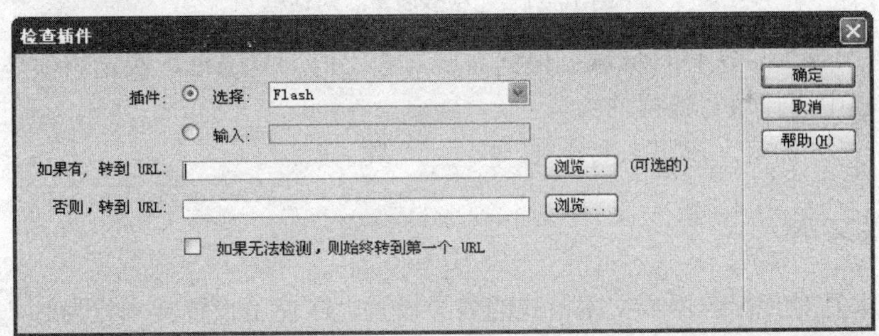

图 14-20 “检查插件”对话框

- **插件 选择：**选择插件类型。单击该栏右侧的下拉按钮，会弹出一个菜单，菜单中列有网页中最常用的几种媒体格式。
- **插件 输入：**输入插件类型。
- **如果有，转到 URL：**检测到安装了所需的插件时跳转的地址。否则，转到 URL，检测到未安装所需的插件时跳转的地址。
- **如果无法检测，则始终转到第一个 URL：**勾选此复选框时，当用户端浏览器不支持对插件的安装与检测时，会跳转到第一个链接地址。

（4）填写相关 URL，单击“确定”按钮完成设置。

（5）按【F12】键，预览网页。

通过官方的相应插件下载地址可以下载目标插件。

十、检查表单

表单是网页中的一种元素，通过表单可以向指定目标提交数据。表单的内容在后面的章节中将会讲解。这里仅介绍检查表单行为的用法。

检查表单就是检测表单中提交的数据是否为空，如果必须填写，则设定限制填写数据的类型。

（1）向网页中添加表单程序。

（2）单击行为面板的“添加行为”按钮，在弹出的菜单中选择“检查表单”，打开图 14-21 所示的“检查表单”对话框。

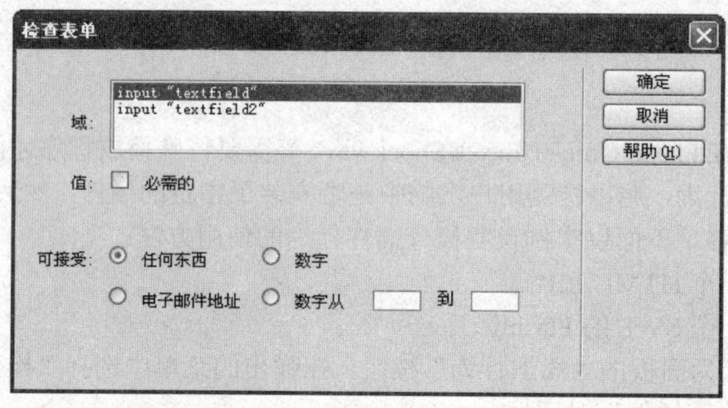

图 14-21　“检查表单”对话框

（3）在“域”中选择目标域，根据需要勾选“值”复选框，决定该项是否必填。在“可接受”栏中选择填写数据的类型。

（4）单击“确定”按钮完成设置。

十一、设置文本

设置文本是对目标容器或文本格式的效果设置，在使用设置文本行为时，网页中必须包含相应的文本元素。例如文本域文字，需要网页中含有文本域，框架文本需要网页中含有框架。

如图 14-22 所示，设置文本行为中包括设置容器文本、设置文本域文字、设置框架文本和设置状态栏文本。 状态栏文本是指在使用浏览器查看网页时，浏览器的状态栏中显示的文字。当鼠标指针移到设置状态栏文本的目标上时，浏览器的状态栏中会显示对应设置的状态栏文本。

本节以“设置状态栏文本”为例，介绍设置文本的方法。

（1）新建 HTML 文档，输入目标文字。

（2）选择目标文字、链接或图像。

（3）单击行为面板中的“添加行为”按钮，从弹出的菜单中选择“设置文本/设置状态栏文本”命令。打开如图 14-23 所示的“设置状态栏文本”对话框。

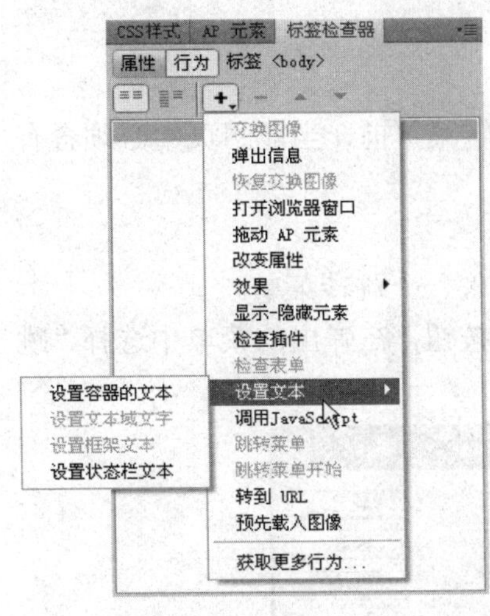

图 14-22　设置文本行为

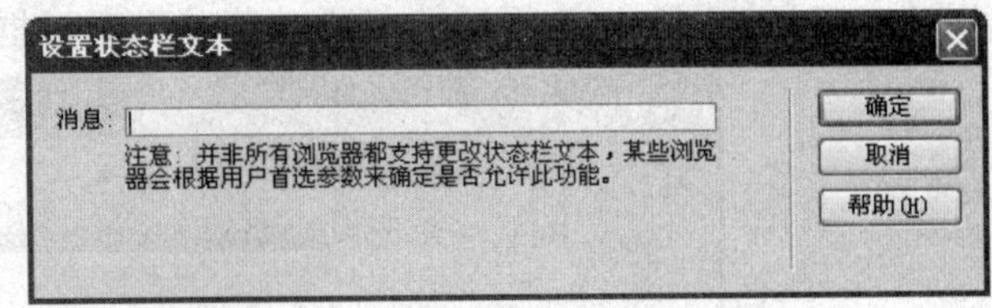

图 14-23　“设置状态栏文本”对话框

（4）在“设置状态栏文本”对话框中输入相关文本内容。单击“确定”按钮，完成设置。

（5）按【F12】键，预览网页。我们可以使用类似的方法向框架、层和文本编辑区中设置文字行为。

十二、调用 JavaScript

JavaScript 是一种面向对象的描述语言，通常被嵌入 HTML 文档，它能做到响应浏览者的需求事件而不用通过网络回传资料。调用 JavaScript 脚本行为是 Dreamweaver CS5 中较高层次的应用，它可以调用 JavaScript 代码，以实现相应的动作。具体操作方法如下：

（1）新建一个文件，并建立一个文字链接。

（2）单击行为面板的“添加行为”按钮，在打开的菜单中选择“调用 JavaScript”，打开“调用 JavaScript”对话框。

（3）如图 14-24 所示，在文本框内输入 JavaScript 语句，也可以是要调用的函数。本例输入 window.close（）。单击“确定”按钮，关闭该对话框。

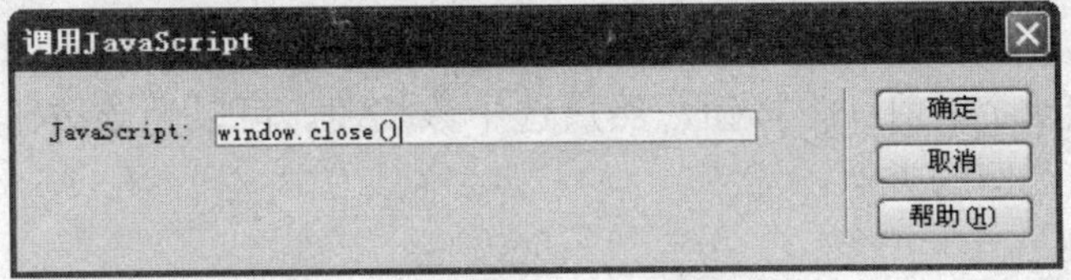

图 14-24　“调用 JavaScript”对话框

（4）行为面板中添加了 JavaScript 事件，如果事件不是“onClick”，单击“修改事件”按钮，从弹出菜单中选择“onClick”。

（5）按【F12】键预览网页，单击该链接文字会关闭窗口。

十三、跳转菜单

跳转菜单行为是对表单中的跳转菜单设置。在使用跳转菜单前，当前网页中必须含有表单的跳转菜单。下面以实例说明跳转菜单的设置方法。

（1）新建一个网页。

（2）执行“插入/表单/跳转菜单”命令，向网页中插入一个跳转菜单。

（3）选择该跳转菜单。单击行为面板的“添加行为”按钮，在弹出的菜单中选择“跳转菜单”，打开如图 14-25 所示的“跳转菜单”对话框。

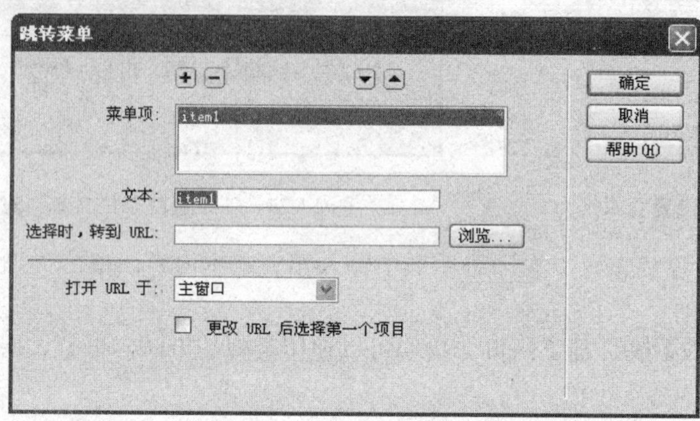

图 14-25 “跳转菜单”对话框

跳转菜单包含以下三个基本部分：

- **可选**：菜单选择提示，如菜单项的类别说明，或一些提示信息等。
- **必需**：所链接菜单项的列表，用户选择某个选项，则其链接文档或文件被打开。
- **可选**：目标链接的网页。

（4）在该对话框中设置各项信息，单击“确定”按钮完成设置。

十四、跳转菜单开始

当使用“插入/表单/跳转菜单”命令创建一个跳转菜单时，Dreamweaver CS5 会自动创建一个菜单对象并自动添加跳转菜单或跳转菜单开始行为。在使用表单添加跳转菜单时，再为跳转菜单添加一个“前往”按钮，然后选中该按钮。可以为该按钮添加跳转菜单开始行为。具体方法与上例的类似。

十五、转到 URL

转到 URL 行为，可以设定在当前窗口或指定的框架窗口中打开某一网页，如果网站改址，就可以用这个跳转网页功能将输入老地址的用户直接带到新地址，下面以实例说明跳转网页的制作方法：

（1）新建 HTML 文档。

（2）单击行为面板中的“添加行为”按钮，在弹出的菜单中选择“转到 URL”命令，打开如图 14-26 所示的“转到 URL”对话框。

图 14-26 “转到 URL”对话框

➢ **打开在：**选择要打开网页的窗口。

➢ **URL：**设置打开网页的地址。

（3）选择打开在“主窗口”，在 URL 栏中输入新网址，单击“确定”按钮完成设置。

十六、预先载入图像

传输图像文件往往需要一定的时间，如果将欲显示的图像预先下载到浏览者的缓存中，则在浏览网页时打开当前网站的网页会更顺畅。下面以一个实例说明该行为的使用方法：

（1）新建 HTML 文档，将当前文档作为首页。

（2）单击该文档的首行起始位置。

（3）单击行为面板的“添加行为”按钮， 在弹出的菜单中选择“预先载入图像”命令，打开如图 14-27 所示的“预先载入图像”对话框。

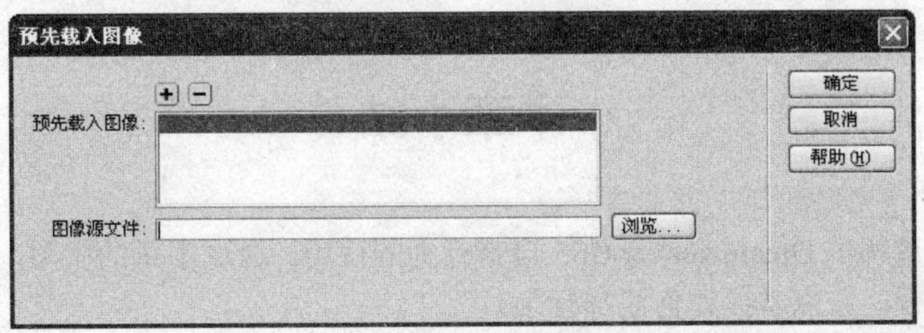

图 14-27 “预先载入图像”对 话框

（4）单击“浏览”按钮，在打开的“选择图像源文件”对话框中选择目标图像。要添加更多的图像，可以单击“预先载入图像”对话框中的加号按钮，然后单击“浏览”按钮，添加其他目标图像。图像添加完成后，单击“确定”按钮，关闭对话框。

使用此项设置时需注意加载的图像不要过多，所加载到缓存中的图像均为网站内网页中共用或最常调用的图像，如网站中的形象标识等。注意加载到缓存内网页中的图像文件的总体积，当文件总体积过大时，会影响打开网站首页的速度，并且会影响到浏览者计算机运行的速度。

14.3　删除行为

删除应用到目标对象上的行为，方法如下：

（1）选择目标对象。

（2）如图 14-28 所示，在行为面板中显示了当前对象所拥有的行为。

（3）如图 14-29 所示，在行为面板中选择目标行为，然后单击“删除事件”按钮。完成删除行为。

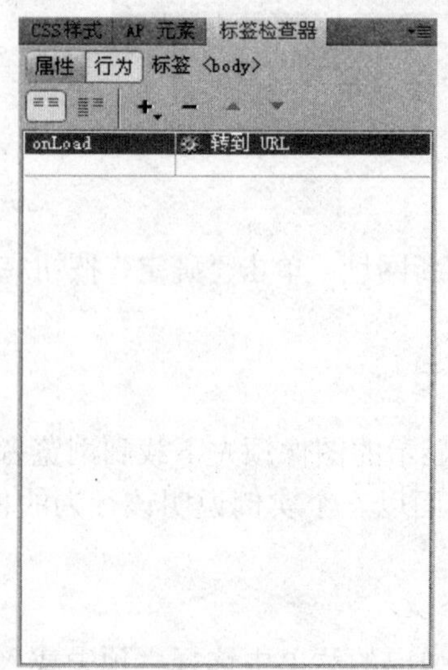

图 14-28　显示了当前对象所拥有的行为

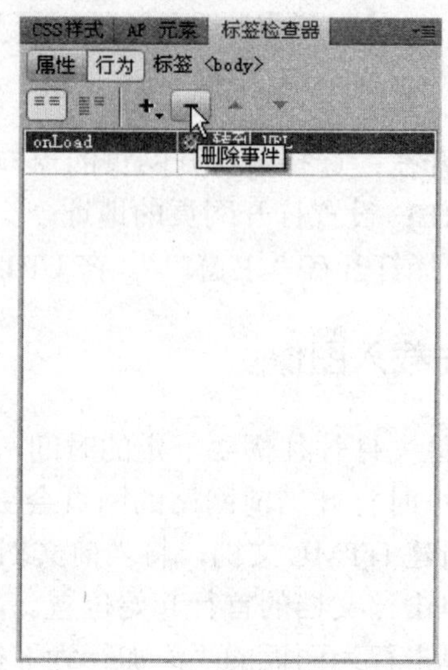

图 14-29　选择“删除事件”按钮

本章小结

本章主要讲解了 Dreamweaver CS5 自带行为的使用。通过本章的学习，读者应当熟悉行为和行为面板，重点掌握如何添加行为。

本章练习

一、概念题

行为　　对象　　事件　　动作

二、简答题

（1）“交换图像”对话框中图像、设定原始档为、预先载入图像、鼠标滑开时恢复图像的含义各是什么？

（2）列出一些常见的事件，如鼠标事件。

（3）如何改变行为属性？

（4）插件行为如何检查？

（5）如何设置跳转菜单？

三、上机练习

（1）制作一个交换图像效果，当鼠标指针指向目标图像时，图像会改变。

（2）插入一个 SWF 的 Flash 影片，当网页打开时会检查当前计算机是否含有播放该影片的插件。

第 15 章　表　单

表单可以实现客户端与网页服务器间的互动，通过表单可以向服务器提交信息。表单的应用比较广泛，如网站的注册程序中的个人信息注册、登录等，都有表单参与完成。

表单中包含多种元素，如文字输入框、单选按钮、复选框、发送按钮等。要完成一个完整的收集信息流程，不仅需要表单的支持，还需要服务器端的应用程序支持，如数据库、PHP 或其他动态网页技术。本章仅讲解建立表单的方法。

【本章学习目标】

- ➢ 了解表单的用途
- ➢ 掌握制作表单的方法

15.1　认识表单

在 Dreamweaver CS5 中建立表单，可以使用插入面板的表单选项卡来完成。如图 15-1 所示，单击插入面板的“表单”标签，在表单选项卡中列出了表单的各项元素。

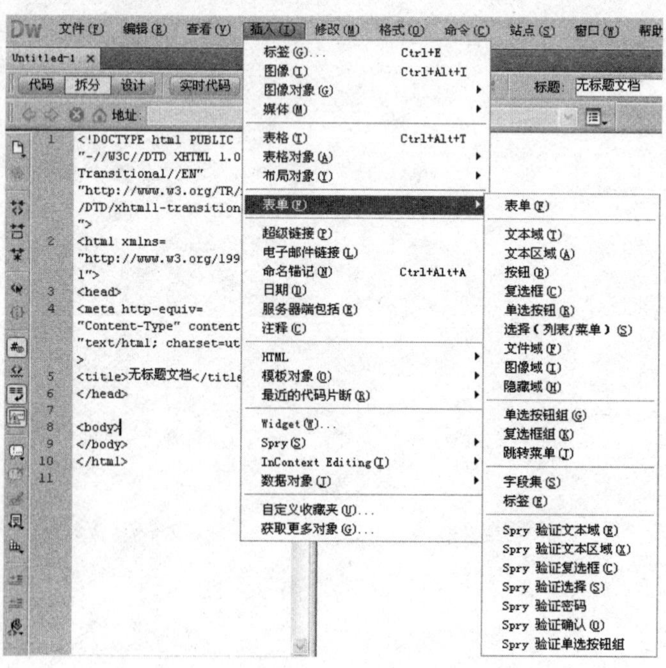

图 15-1　表单的各项元素

在图 15-1 中，Spry 验证文本域、Spry 验证文本区域、Spry 验证复选框和 Spry 验证选择等 4 项不是独立的表单元素，它们是表单中的文本域，配合一些动态网页技术，如 JAVA 语言，仅是限制了这些表单元素的输入条件。

15.2　表单元素的使用

表单基本元素的使用，如插入文本域、按钮等，以及这些表单元素的属性设置。

一、插入表单

创建文本域等对象，应先创建一个表单，它们都应在表单中创建。

（1）新建一个 HTML 文档，确定要插入表单域的位置，切换插入面板到表单选项卡，单击“表单”按钮，插入点位置出现红色虚线框，即为表单，如图 15-2 所示。

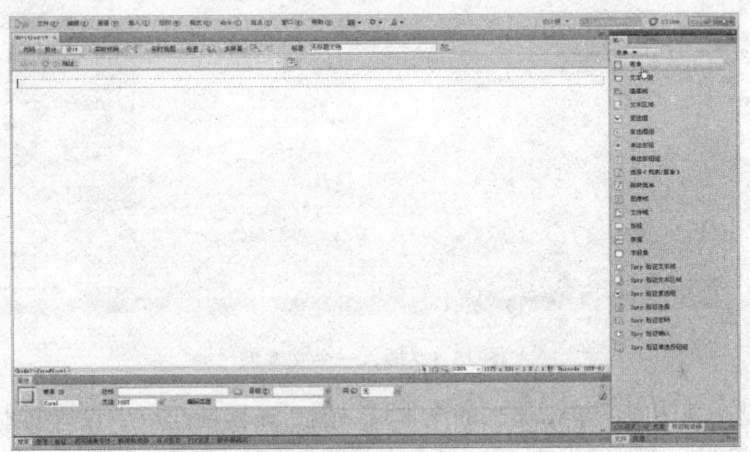

图 15-2　表单

（2）单击编辑界面中的表单，可在如图 15-2 所示的属性面板中进行相关设置（属性多为服务器端脚本使用，目前只需知道就可以了）。

- **表单 ID**：设置表单域名称，可供脚本中使用。
- **动作**：设置表单的处理程序或者地址。例如可以输入一个 HTTP 类型的 URL 地址，将表单数据发送给服务器的某个程序，也可以输入一个 MAILTO 类型的 E-mail 地址，将表单数据发送给 E-mail 程序。
- **目标**：指定接收表单的窗口，该窗口显示被调用程序的返回数据。
- **方法**：设置表单的递交方法，有 3 个选项。
- **GET**：可以生成 GET 请求，它可以将用户在表单中填写的数据附在 URL 地址后一同发送到服务器的处理程序上，一般可用作搜索引擎中查找关键字等操作。
- **POST**：可以生成 POST 请求，它可将用户在表单中填写的数据当作表单的主体发送到服务器的处理程序上。GET 方式与 POST 方式的区别是：GET 方式禁止使用非 ASCII 码的字符，有最大字符数的限制。POST 方式允许输入非 ASCII 码的字符，并且没有最大字符数的限制。

- **默认**：默认的发送方法，大多数浏览器采用 GET 方法。
- **编码类型**：用于设置向服务器提交表单时内容的类型。

二、插入文本域

文本域有 3 种类型：单行文本域、密码文本域、多行文本域。

（1）新建一个 HTML 文档，切换插入面板到表单标签下。单击“表单”按钮，插入一个表单。

（2）在表单域内单击鼠标，输入文字“用户名:”。单击“文本字段”按钮，插入一个文本域，如图 15-3 所示。如果在插入文本域之前，未插入表单，则会提示是否添加表单。

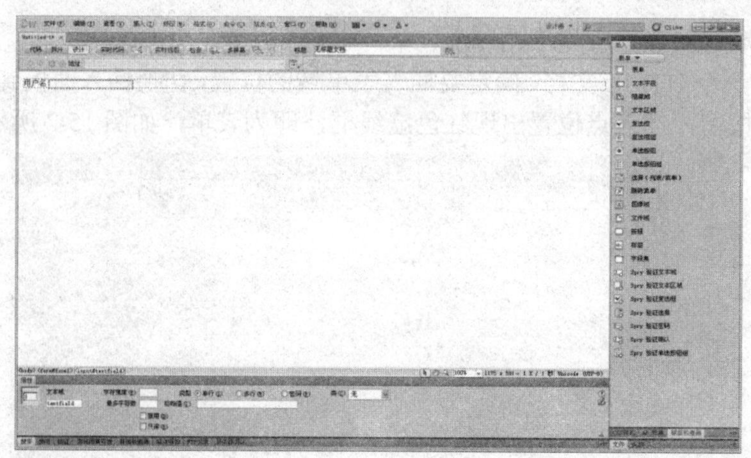

图 15-3　插入一个文本域

（3）在设计视图中，单击添加的文本域，然后在属性面板中设置文本域的属性。本例选择类型为单行，字符宽度为 12，最多字符数为 15，初始值为空。

属性面板中显示的文本域的各项属性含义如下：

- **文本域**：设置文本域的名称。
- **字符宽度**：文本域的宽度（单位：字符）。
- **最多字符数**：文本域中可容纳的最大字符数。
- **初始值**：默认状态下显示的文本。
- **类型**：有 3 个选项。单行，单行文本框，在该框中只能输入一行文字；密码，文本框中不显示输入的具体内容，而是用“*”代替；多行，可显示和输入多行文字的文本框。
- **类**：可以将 CSS 规则应用于对象。
- **禁用**：禁用文本区域
- **只读**：设置文本区域为只读。

（4）将鼠标光标移到文本域的右侧，单击鼠标，然后按【Enter】键。

（5）输入文字“密码:”，再单击“文本字段”按钮，插入一个文本域。在属性面板的类型栏中选择“密码”，字符宽度为 12，最多字符数为 10，初始值为 000000。

（6）将鼠标光标移至第二个文本域的右侧，单击鼠标，然后按【Enter】键。

（7）单击“文本字段”按钮，插入一个文本域。如图 15-4 所示，在属性面板中设置类型为“多行”，字符宽度为 30，行数为 5，初始值为“请多提宝贵意见，我们期待您的来信!”。文本框最大显示的行数，超出部分将自动出现垂直滚动条行数。

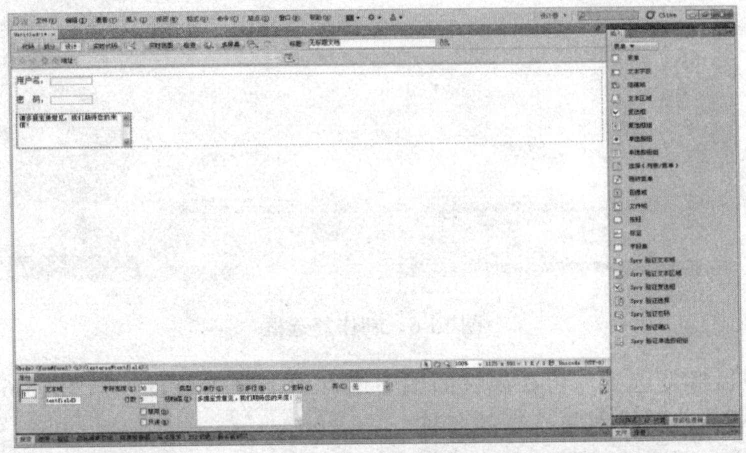

图 15-4　设置文本字段

（8）保存网页。按【F12】键，预览网页，结果如图 15-5 所示。

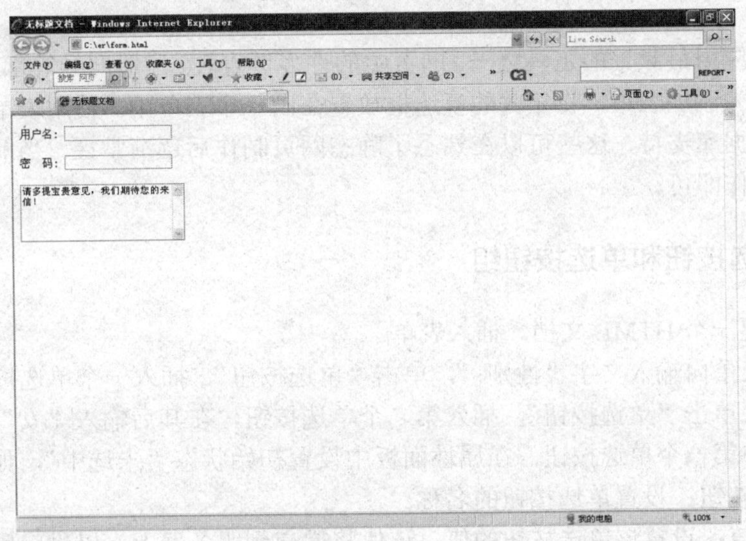

图 15-5　保存网页

三、插入复选框

复选框与单选按钮有些共同之处，它们都可以标记一个选项是否被选中。但在一组选项中，复选框可以从中选取一个或多个选项，而单选按钮则只能从中选取 1 个选项。

（1）新建一个 HTML 文档，先插入表单。

（2）在表单内输入文字“你的兴趣：”。单击“复选框”按钮，插入一个复选框。在这个复选框后面输入“旅游”。照此方法制作多个复选框，如图 15-6 所示。

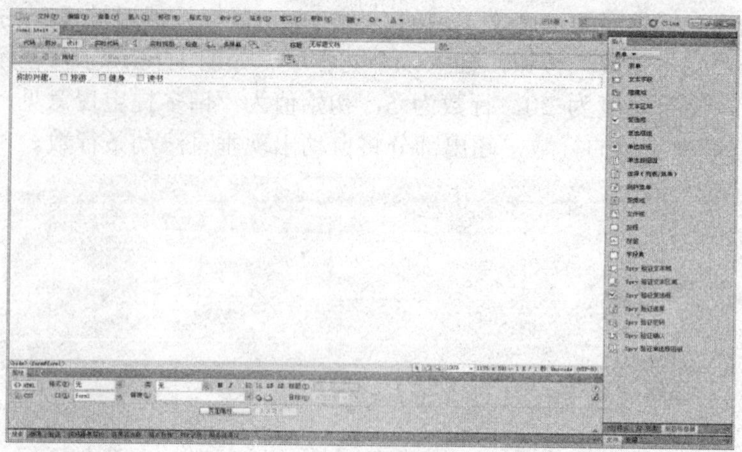

图 15-6 制作复选框

（3）选中目标复选框，可在属性面板中进行以下相关设置，如图 15-6 所示。

- **复选框名称**：设置复选框的名称。
- **选定值**：设置选中该复选框后控件的值，该值可以被递交到服务器上，被应用程序处理。
- **初始状态**：设置初始状态下该项的选择状态，有两个选项："已勾选"和"未选中"。

复选框是应用最频繁的工具之一。网页中的许多调查表、注册向导等都会使用复选框。制作时一定要先添加表单，将相关的复选框放置在同一个表单中。使用表单需要一些较复杂的编程和数据库支持，这些可以在熟悉了静态网页制作后逐渐掌握。当前只需了解表单的一些基本操作即可。

四、插入单选按钮和单选按钮组

（1）新建一个 HTML 文档。插入表单。

（2）在表单内输入文字"性别："，单击"单选按钮"，插入一个单选按钮，在其后输入"男"。再次单击"单选按钮"，插入第二个单选按钮，在其后输入"女"。

（3）选中第一个单选按钮，在属性面板中设置初始状态"未选中"，如图 15-7 所示。

- **单选按钮**：设置单选按钮的名称。
- **选定值**：设置该单选按钮的值，该值将递交到服务器上，以供应用程序处理。
- **初始状态**：有两个选项："已勾选"和"未选中"，用于设置初始状态。

（4）还可以使用更方便的方法加入一组单选按钮。在表单域内单击鼠标，输入"你最想学习哪方面的知识?"，按【Enter】键。再单击"单选按钮组"按钮，打开图 15-8 所示的"单选按钮组"对话框，在对话框中输入目标选项名称。

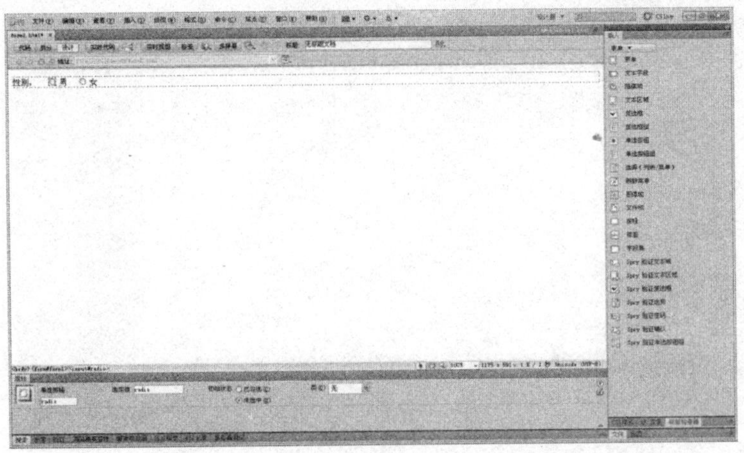

图 15-7　设置初始状态"未选中"

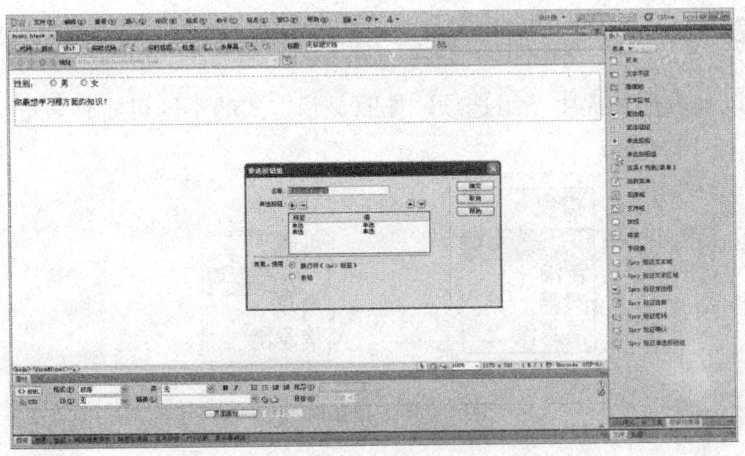

图 15-8　"单选按钮组"对话框

（5）默认单选按钮框中已经有了两个单选按钮，单击单选按钮栏的"加号"按钮，添加第 3 个单选按钮。单击"标签"下面的目标行，输入单选按钮对应的文字，如"Dreamweaver"、"Flash"、"Fireworks"。选中"换行符"选项。根据需要设置各个单选按钮的值。单击"确定"按钮，关闭对话框，设置结果如图 15-9 所示。

使用"单选按钮组"时，可以选择用换行符或表格来布局。选中"换行符"，表示单选按钮之间均用换行标记
隔开；而选中"表格"，则表示将单选按钮置于不同的单元格内。另外 Value 栏是选中该单选按钮后控件的值，也是供脚本使用的。

单选按钮和单选按钮组使用频率很高，许多网页调查表的提问方式都会使用单选按钮功能制作。制作单选按钮时，一定要将相关表单放置在同一个表单标签内。在制作这类调查表时同样需要一些较复杂的编程和数据库支持，可以在以后的工作和学习中逐渐掌握。当前只需了解一些基本操作即可。

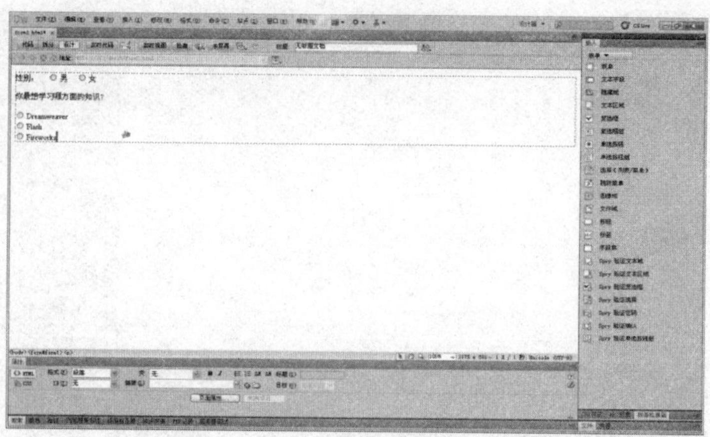

图 15-9 设置结果

五、插入列表

列表框即以列表形式提供一组选项，按照显示方式的不同可将列表框分为两类：菜单和列表，如图 15-10 所示。

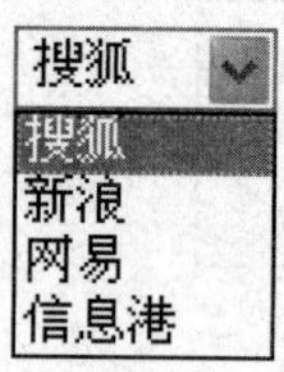

图 15-10 菜单和列表

（1）新建一个 HTML 文档。

（2）插入表单。在表单内输入文字“所在城市：”。

（3）单击“列表/菜单”按钮，插入一个列表框。

（4）在属性面板中保持类型为“菜单”，如图 15-11 所示。

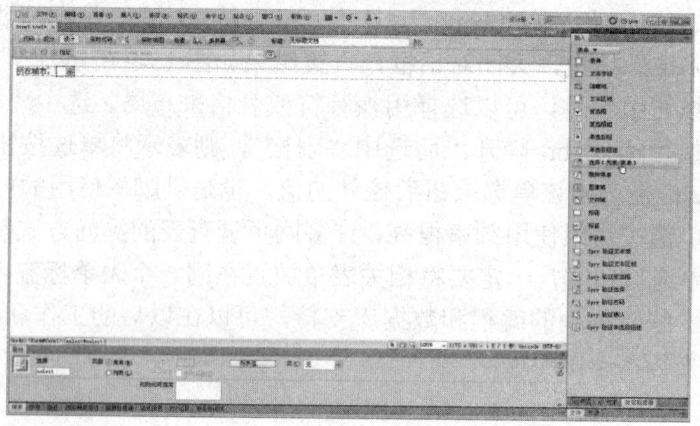

图 15-11 保持类型为“菜单”

- **列表/菜单**：设置列表/菜单的名称。
- **类型**：设置是插入普通的列表还是下拉式菜单。
- **高度**：当在类型栏内选择列表时，此框被激活。列表的高度以字符为单位。
- **选定范围**：当在类型栏内选择列表时，此项被激活。勾选“允许多选”复选框，允许从列表中一次选取多个选项。在浏览器窗口中，可以用鼠标与 Shift 键或 Ctrl 键配合，选取多个连续或不连续的选项。
- **列表值**：设置列表项和列表项的值。
- **初始化时选定**：用于设置页面载入时哪一个列表项为选中状态。

（5）单击属性面板中的“列表值”按钮，打开图 15-12 所示“列表值”对话框。在“项目标签”下的输入栏中输入第一个列表项“北京”。单击“加号”按钮，添加新的列表项。根据需要设置各个列表项的值。单击“确定”按钮，关闭对话框。

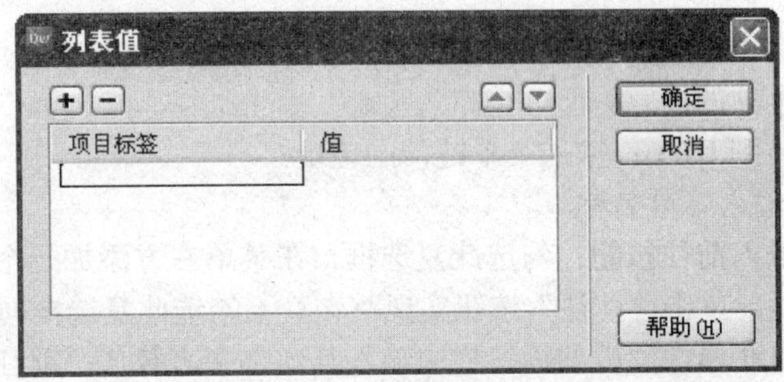

图 15-12 “列表值”对话框

（6）回到属性面板，在“初始化时选定”栏中选择“北京”，即设置“北京”为默认选项。

（7）保存文件，按【F12】键在 IE 浏览器中查看效果。

插入菜单与插入列表的操作基本相同，只是在单击“列表/菜单”按钮后，在属性面板中选择类型为“菜单”。

六、插入跳转菜单

跳转菜单就是带有相应链接的下拉菜单，插入跳转菜单的方法如下：

（1）新建一个 HTML 文档，先插入表单。

（2）在表单内输入文字“热点网站:”，单击“跳转菜单”按钮，打开“插入跳转菜单”对话框。

（3）如图 15-13 所示，在“文本”栏中输入文字“搜狐”，在“选择时，转到 URL”栏中输入“http://www.sohu.com”，在“打开 URL 于”栏中设置打开的目标窗口；然后单击“加号”按钮，添加新的菜单项，分别输入“网易”、“http://www.163.com”、“今日在线”、“http://www.todayonline.cn”。

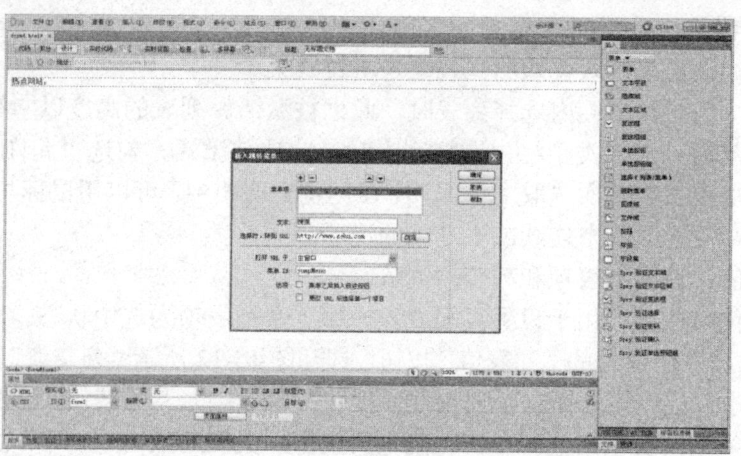

图 15-13 “插入跳转菜单”对话框

- **文本**：菜单项的内容。
- **选择时，转到 URL**：输入菜单链接的地址。
- **菜单 ID**：输入菜单名称。
- **菜单之后插入前往按钮**：勾选此复选框，在菜单右方添加一个“前往”按钮。单击菜单项后，单击“前往”按钮实现跳转。不勾选此复选框同样能够实现菜单的跳转。可以在属性面板的标签栏中输入其他文字来替代“前往”两字。
- **更改 URL 后选择第一个项目**：勾选此复选框，选择一个菜单项后，下拉菜单中显示第一项内容。

（4）单击“插入跳转菜单”对话框的“确定”按钮，插入跳转菜单。

（5）如图 15-14 所示，在属性面板的“初始化时选定”栏中选择目标项。

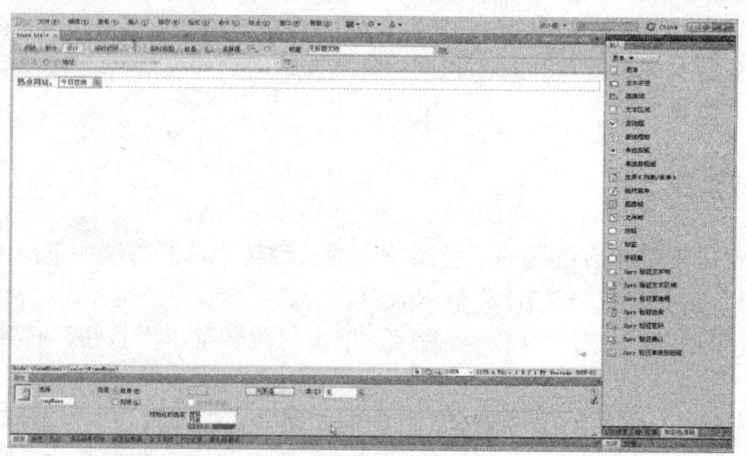

图 15-14 选择目标项

要修改菜单项文字及链接地址，可单击属性面板的“列表值”按钮；如果要修改其他特性，则需要通过行为面板来完成，具体方法如下：

（1）选中要编辑的跳转菜单。

（2）按【Shift+F4】组合键，打开行为面板。如图 15-15 所示，单击“添加行为”按钮，在弹出菜单中选择“跳转菜单”。

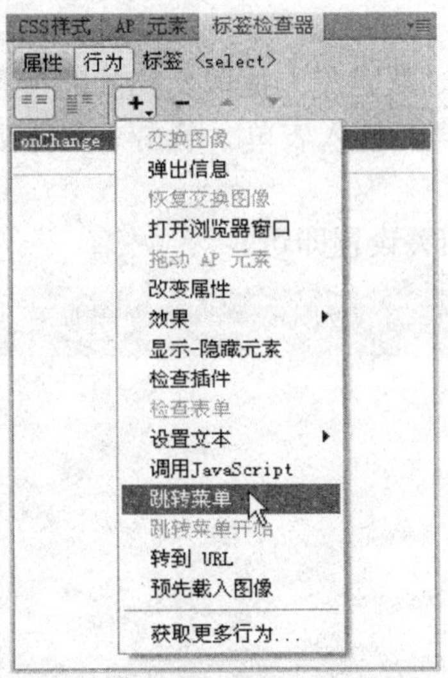

图 15-15 选择“跳转菜单”

（3）在打开的“跳转菜单”对话框中，编辑如文本值、转到 URL 等值。

（4）编辑完成后，单击“确定”按钮，关闭对话框。

七、插入图像域

要在表单上插入图像，可用下面的方法来实现：

（1）打开或新建一个 HTML 文档，先插入表单。单击“图像域”按钮，打开如图 15-16 所示的“选择图像源文件”对话框，选择所需的图像文件后，关闭对话框。

（2）选中插入的图像，在属性面板中进行相关设置。

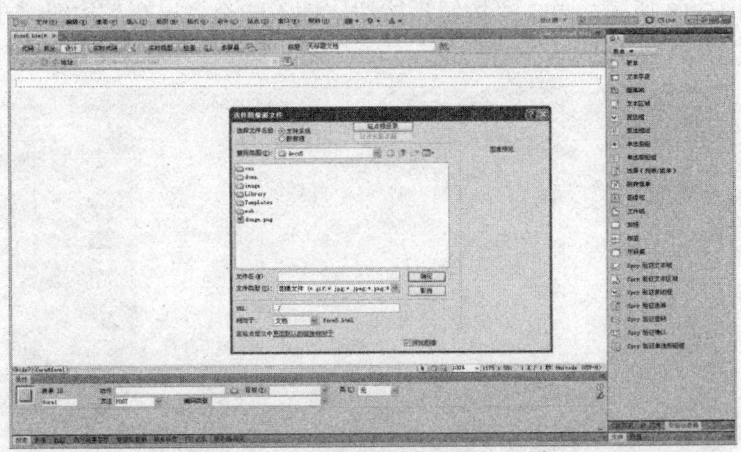

图 15-16 “选择图像源文件”对话框

八、插入文件域

文件域一般用于上传文档时从磁盘上提取文档的路径和文件名。

（1）新建一个 HTML 文档，插入表单。单击“文件域”按钮，插入一个文件域，如图 15-17 所示。

（2）在属性面板中进行相关设置即可。

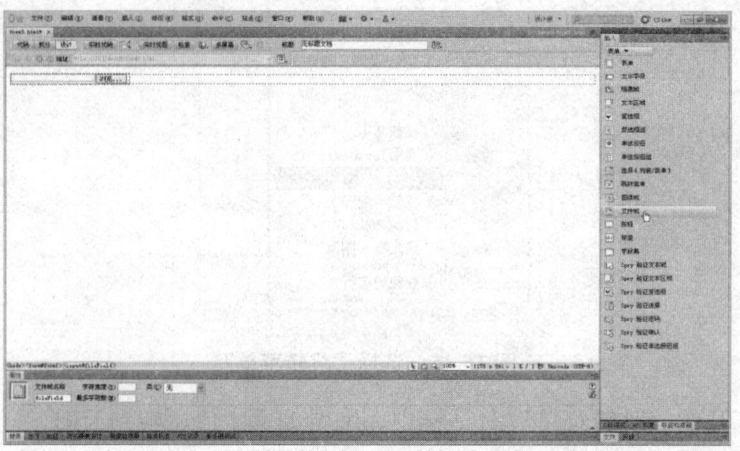

图 15-17　插入一个文件域

九、插入按钮

按钮可以分为两种类型：提交按钮和重设按钮。

（1）新建一个 HTML 文档，先插入表单。

（2）制作相关表单元素，如单选、多选等。

（3）如图 15-18 所示，单击“按钮”按钮，插入一个“提交”按钮，在属性面板中设置动作为“提交表单”。

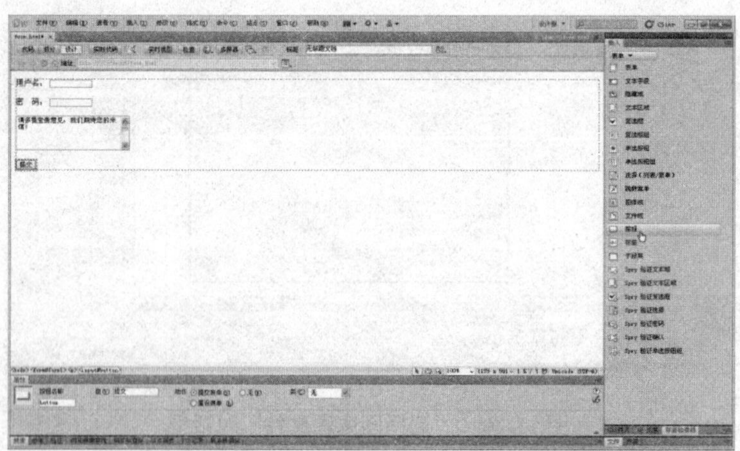

图 15-18　设置动作为“提交表单”

- **按钮名称**：设置按钮名称以供脚本使用。
- **值**：设置按钮上的说明文字。
- **动作**：用于设置单击按钮后执行的动作。有以下 3 个选项：
- **提交表单**：将插入按钮设置为一个提交类型的按钮，单击此按钮，可以将表单内容发送到服务器。
- **重设表单**：将插入按钮设置为一个复位类型的按钮，单击此按钮，可以将表单内容恢复为初始值。
- **无**：设置一个常规按钮，将插入按钮与一个脚本或者应用程序链接，单击此按钮，可执行该链接。

表单中的按钮应与表单的其他功能合用，用于提交表单内容到服务器。例如可根据本节前面的讲解建立一个调查表，在调查表的最后需要使用按钮将获得的信息提交到服务器。

15.3　Spry 表单

Spry 是应用了某些行为的表单元素，它们的添加方法与前面讲解的标准表单元素的添加方法一致。只是这些表单自动添加了行为。

下面以添加 Spry 验证文本域为例，说明 Spry 表单的用法。

（1）新建一个 HTML 文档，插入表单。

（2）如图 15-19 所示，单击“Spry 验证文本域”按钮，插入 Spry 验证文本。

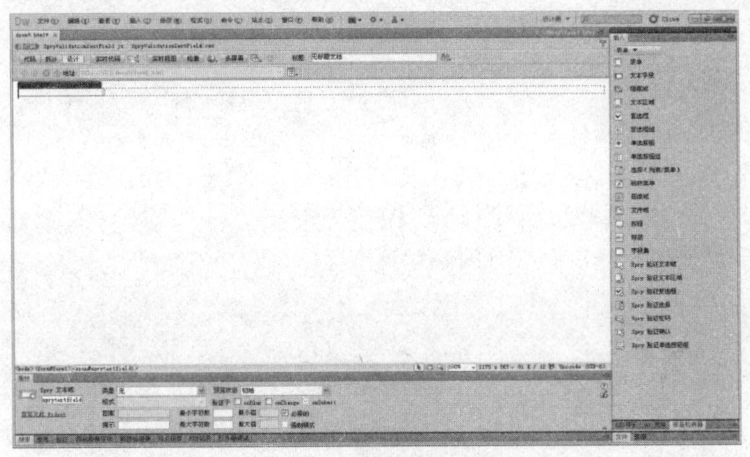

图 15-19　插入 Spry 验证文本

（3）在属性面板上显示了 Spry 的限制条件，如最小字符数、最大字符数等。例如，一些密码要求最低不能少于几位等，可以通过这里进行设置。

其他 Spry 表单与此类似，使用时只要根据需要设置其相关限制条件即可。

本章小结

本章主要讲解了表单的制作方法。通过本章的学习，读者应当掌握表单的制作方法。表单中的相关操作需要编程方面的支持，相关内容会在后面的章节中讲到。本章的重点内容是表单的制作、表单的种类和表现形式。

本章练习

一、问答题

（1）什么是表单？它有哪些作用？

（2）简述表单的种类。

二、上机练习

（1）制作一个留言簿，要求有“用户名”、“电子邮件地址”、“留言栏”等表单项。

（2）制作一个带有“前往”按钮的跳转菜单。

（3）使用列表菜单和跳转菜单制作一个连续的提交表单。

第 16 章　网页的测试与发布

网站或网页制作完成后，需要进行测试工作，以减少可能存在的错误。本地测试包括不同浏览器的测试、不同分辨率的测试、不同操作系统的测试和链接测试等。Dreamweaver CS5 提供了相关功能面板，可以帮助完成大多数的测试工作。

网页制作完成后，就需要如申请相关域名、联通服务器将网页上传到服务器等操作，以及网站发布后的一些后续维护等。

【本章学习目标】

- 掌握如何测试网站
- 知道如何发布网站

16.1　网页的测试

一、浏览器的测试

浏览器的测试，是指测试网页在不同种类的浏览器和同种浏览器的不同版本浏览器中的显示状况。因为使用互联网的用户众多，个人的使用习惯也千差万别，在浏览器的选择上也各有偏爱，因此保证网页在多数浏览器中都能够正确显示，是此项测试的重点。测试的方法如下：

（1）打开目标网页，单击“窗口/结果/浏览器兼容性”，打开图 16-1 所示的面板。

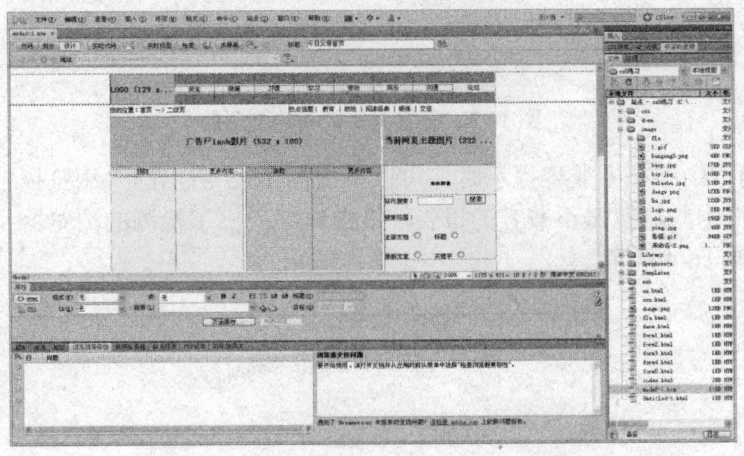

图 16-1　“窗口/结果/浏览器兼容性”面板

（2）如图 16-2 所示，单击“检查浏览器兼容性”按钮，在弹出的菜单中选择“设置”，打开“目标浏览器”对话框。

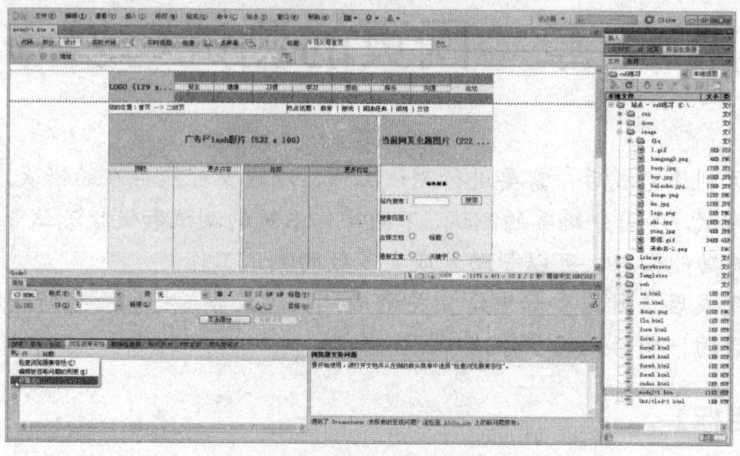

图 16-2　打开“目标浏览器”对话框

（3）如图 16-3 所示，在打开的“目标浏览器”对话框中设置需要检测的浏览器，单击“确定”按钮，完成检测浏览器的设置并开始检测。检测的结果会显示在面板中。当再次使用同样设置检测时，可选择图 16-2 所示菜单中的检查浏览器兼容性命令。

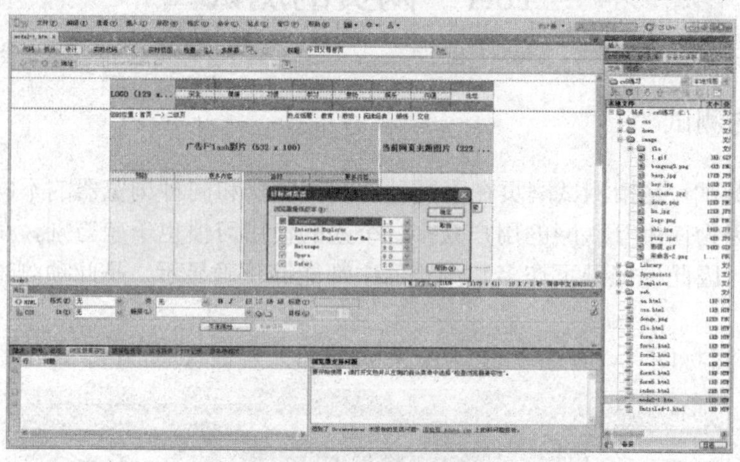

图 16-3　设置需要检测的浏览器

（4）当网页中存在不兼容提示时，可以单击图 16-3 所示的“浏览报告”按钮，会弹出一个关于网页中与浏览器不兼容的报告，报告详细列出了检测的浏览器及不兼容网页信息的位置，如图 16-4 所示。

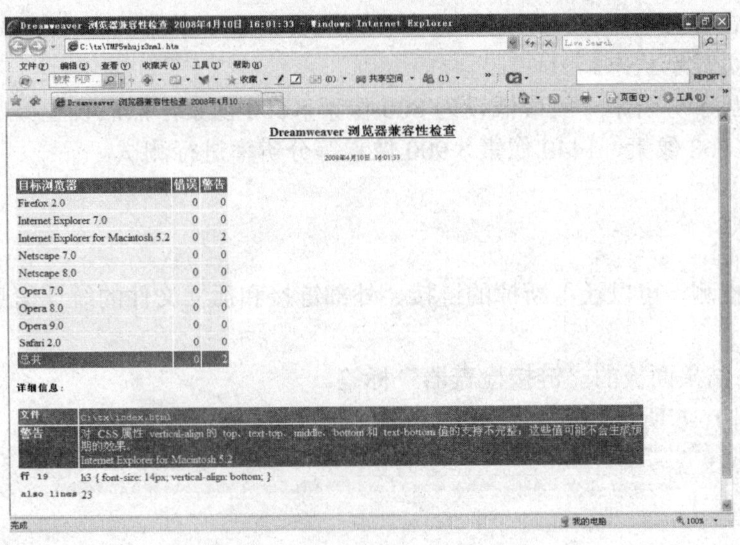

图 16-4　与浏览器不兼容的报告

二、不同分辨率的测试

不同分辨率的测试，就是在浏览器中查看网页，看看网页在不同分辨率下的显示是否能保持一致。

设置计算机为不同显示分辨率，然后在不同分辨率下使用浏览器查看网页，检查网页能否正确显示。设置计算机分辨率的操作如下：

（1）在系统桌面上单击鼠标右键，在弹出的菜单中选择“属性”，打开“显示 属性”窗口。如果系统正在运行其他程序，可以关闭该程序，或者最小化该运行程序的窗口。

（2）如图 16-5 所示，单击“显示 属性”窗口中的“设置”标签，拖动“屏幕分辨率”栏中的滑杆即可设置显示器的分辨率。

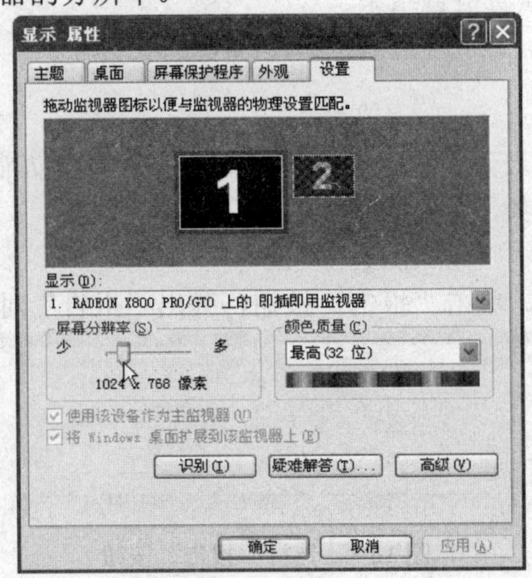

图 16-5　设置显示器的分辨率

（3）单击“确定”按钮，完成分辨率设置。

然后可以在该分辨率下使用浏览器查看该网页。重复步骤（1）至（3），设置不同的分辨率查看网页显示状态。

测试时，显示分辨率一般最低设为 800 像素×600 像素，然后设置一些常用分辨率，如 1024 像素×768 像素、1440 像素×900 像素等分辨率进行测试。

三、链接检测

使用链接检测，可以获得断掉的链接、外部链接和孤立文件的统计信息，检测链接的方法如下：

（1）单击结果面板的“链接检查器”标签。

（2）如图 16-6 所示，在“显示”栏的下拉列表里选择检测内容。

图 16-6　选择检测内容

（3）如图 16-7 所示，单击“检查链接”按钮，在弹出的菜单中选择“检查当前文档中的链接”。

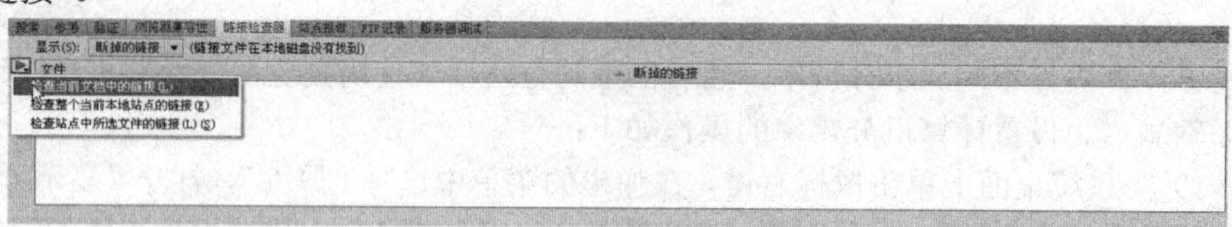

图 16-7　选择“检查当前文档中的链接”

（4）在结果面板中查看检查结果。

四、站点报告

通过站点报告可以改进工作流程、测试站点及检查辅助功能。

运行站点报告的操作如下：

（1）单击结果面板的“站点报告”标签。

（2）如图 16-8 所示，单击“报告”按钮，弹出“报告”对话框。

图 16-8　选择“报告”按钮

（3）在“报告在”选项栏的下拉菜单中选择运行报告的对象，如图 16-9 所示。

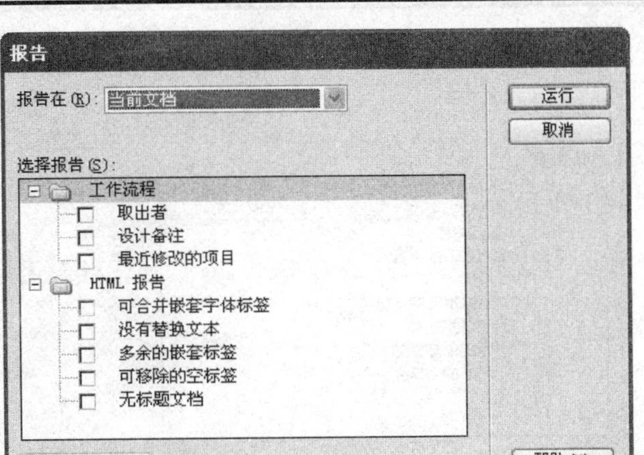

图 16-9　“报告”对话框

（4）在“选择报告”栏中选择需要列出的报告项。

（5）单击“运行”按钮，运行报告。报告结果会在结果面板中列出。

根据运行报告的类型，可能会提示保存文件、定义站点或选择文件夹。

在报告栏中有 4 个选项，分别是当前文档、整个当前本地站点、站点中的已选文件和文件夹。只有在文件面板中已经有选定文件的情况下，才能运行“站点中的已选文件”报告。报告面板上的选择报告栏中各选项的含义如下：

- **取出者**：创建一个报告，列出某特定小组成员取出的所有文档。
- **设计备注**：创建一个报告，列出选定文档或站点的所有设计备注。
- **最近修改的项目**：创建一个报告，列出在指定时间段内发生更改的文件。
- **可合并嵌套字体标签**：创建一个报告，列出所有可以为清理代码而合并的嵌套字体标签。
- **没有替换文本**：创建一个报告，列出所有没有替换文本的 img 标签。替换文本在纯文本浏览器或设为手动下载图像的浏览器中，用来在应显示图像的位置替代图像。屏幕阅读器读取替换文本，而且有些浏览器可以在用户鼠标指针滑过图像时显示替换文本。
- **多余的嵌套标签**：创建一个报告，详细列出应该清理的嵌套标签。
- **可移除的空标签**：创建一个报告，详细列出所有可以为清理 HTML 代码而移除的空标签。例如，可能在“代码”视图中已删除了某项或图像，却留下了应用于该项的标签。
- **无标题文档**：创建一个报告，列出在选定参数中找到的所有无标题的文档。Dreamweaver CS5 报告所有具有默认标题、重复标题或缺少标题标签的文档。

如果选择不止一个工作流程报告，则对每个报告，都需要单击“报告设置”按钮进行设置。选择报告，单击“报告设置”，输入设置；然后对每个工作流程报告重复该过程。例如选择“取出者”，此时报告设置按钮处于激活状态，如图 16-10 所示。

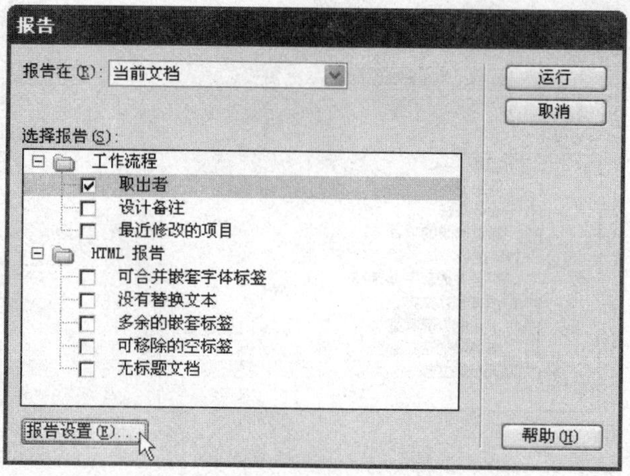

图 16-10　设置“报告设置”

单击“报告设置”按钮，弹出如图 16-11 所示的“取出者”对话框。在“取出者”栏中，输入小组成员的名称，然后单击“确定”按钮，返回到“报告”对话框。使用同样的方法设置其他项。

图 16-11　“取出者”对话框

五、其他相关测试信息

在 Dreamweaver CS5 的结果面板中还有 FTP 记录和服务器调试两个选项。

其中 FTP 是记录远程连接服务器时文件传输情况的记录，Dreamweaver CS5 会自动记录所有 FTP 文件传输活动。如果使用 FTP 传输文件时出错，则可以借助站点 FTP 日志来确定问题并解决问题。

服务器调试选项在建立动态网页时使用。一般建立动态网页是在本机上建立虚拟服务器并运行相关数据库设置的选项。我们会在建立动态站点的相关章节中介绍有关知识。

16.2　网页的发布

一、申请域名

域名可以登录到申请机构的相关网站进行申请。这些申请网站都有详细的说明帮助使用者迅速申请域名。可以使用 www.baidu.com 搜索，在关键词对话框中键入“域名申请”

即可查找到域名注册服务商的网站列表。图 16-12 所示为一个域名申请网站。

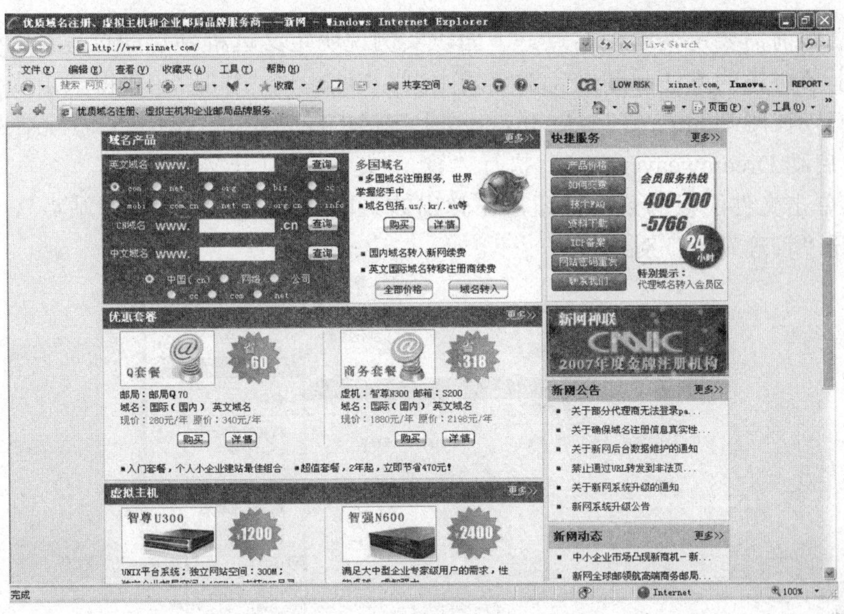

图 16-12 域名申请网站

先在网站上注册成为用户，然后通过这个用户申请一个域名。如果已经获得了你的网站所在服务器的 IP 地址，那么可以通过这个用户，按照提示将网站域名绑定在这个 IP 上。

二、发布

发布网站时需要拥有服务器的地址和账号，然后通过 Dreamweaver 或其他软件将网站的内容上传到该服务器中。

1. 获得 Web 服务器

个人用户可以先申请免费个人主页空间，如登录到 http://www.kudns.com 主页上，按照该网页的提示，可以申请 1000MB 免费空间。网上还有许多公司提供类似的服务，个人用户可以酌情选择。

企业用户可以租用一个服务器或自建服务器，租用服务器时服务器提供商会交给你一个用户名和服务器地址，然后申请一个域名，申请域名时将你的服务器地址一并交上，这样就会将域名和服务器地址绑定在一起。

自建服务器与租用服务器类似，租用一条专线获得一个地址，这个地址的意义有点类似电话号码，这个号码对应唯一的线路。然后在计算机上安装服务器软件，设置账号和密码即可。任何计算机都可以作为服务器，只要它可以安装并运行服务器软件。

在这一步中我们主要是为了获得一个存放网站的空间，并获得可以登录、修改这一空间的权限，即账号、密码及登录地址。获得账号、密码和登录地址后，就可以向服务器上传文件了。

2. 定义远程站点

上传文件前需要定义远程站点。下面以实例说明定义远程站点的过程：

使用上节讲述的方法，登录免费空间主页，申请一个空间后，获得一个账号、密码及网址，我们以在网站 http://www.kudns.com 上申请的免费空间为例定义远程站点。

（1）启动 Dreamweaver CS5，执行“窗口/文件”，打开文件面板。

（2）单击文件面板的菜单按钮，在弹出的菜单中选择“站点/管理站点”，如图 16-13 所示，打开“管理站点”对话框。

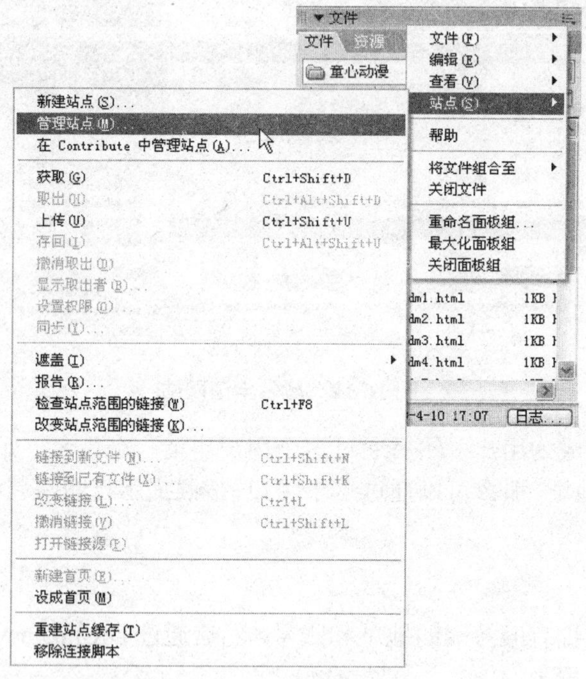

图 16-13　选择“管理站点”

（3）在如图 16-14 所示的“管理站点”对话框中选择需要发布的站点，单击“编辑”按钮，打开“站点设置对象”对话框。

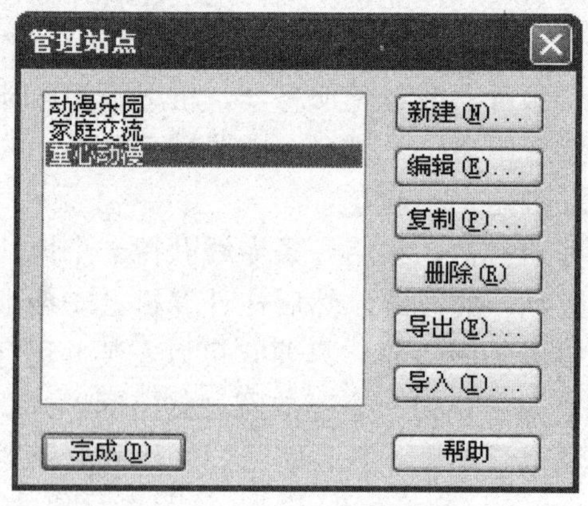

图 16-14　“管理站点”对话框

（4）进入“站点设置对象”对话框后，单击“服务器”标签，如图 16-15 所示。

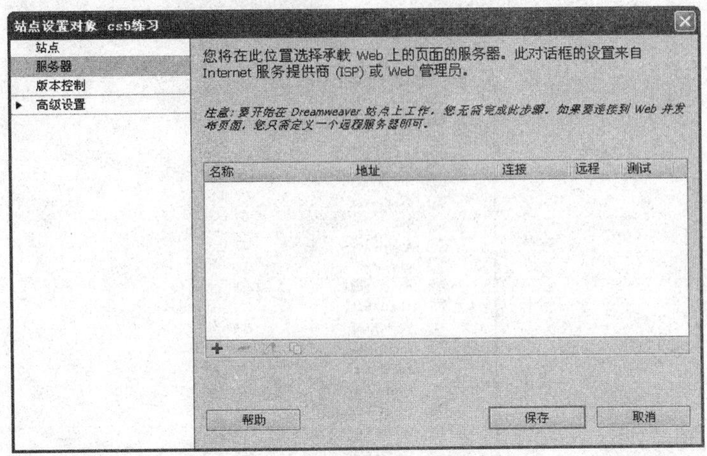

图 16-15　选择“服务器”标签

（5）如图 16-16 所示，单击添加新服务器按钮，在弹出的菜单中设置服务器信息。设置连接方法为 FTP。FTP 地址，一般直接输入你的域名就可以，例如 www.kudns.com。如果没有申请域名可以直接输入服务器的地址，如 192.168.1.1。登录名是你的账号，密码是前面申请账号时所设的密码，这些信息可以从服务器空间商处获得。

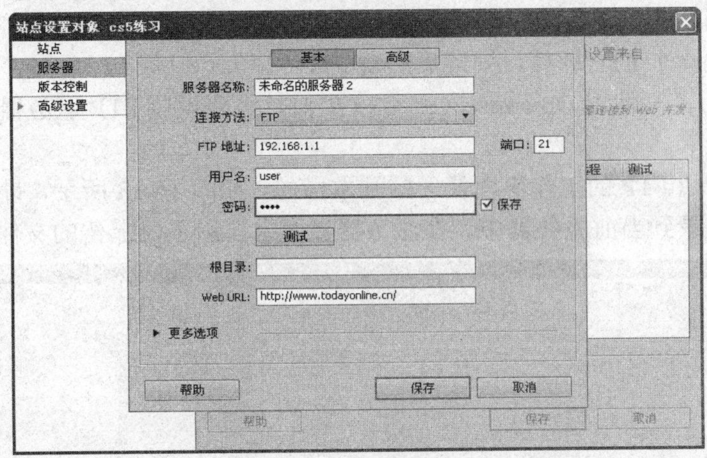

图 16-16　设置服务器信息

一般来说，主机目录一般不用设置，程序会根据账号自动找到当前主机目录。

（6）单击“保存”按钮完成远程站点定义，回到“管理站点”对话框。

（7）单击“管理站点”对话框的“完成”按钮，关闭“管理站点”对话框。

三、上传站点

设置完服务器信息后，如图 16-17 所示，单击文件面板的“连接到远端主机”按钮，连接到远程服务器，连接后单击“上传文件”按钮，开始上传文件。

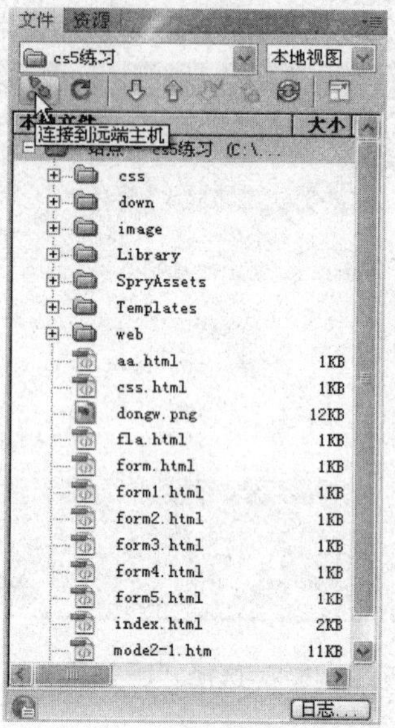

图 16-17　上传文件

上传文件完成后就可以使用浏览器，登录到你的网站查看了。

另一个经常用到的上传和管理站点的软件是 FTP 软件，通过它可以上传文件和管理服务器，如进行网站的日常备份、在服务器上新建文件夹等操作。

从网上下载一个 FTP 软件，安装后启动 FTP 软件。

启动 FTP 后，与使用 Dreamweaver CS5 类似，需要设置 FTP 服务器的信息，如用户名、服务器地址等。

本节简单介绍 FTP 的工作界面及一些基本操作。如图 16-18 所示，设置完成服务器信息后，会自动登录到当前服务器中。在服务器界面中显示了已上传的文件。

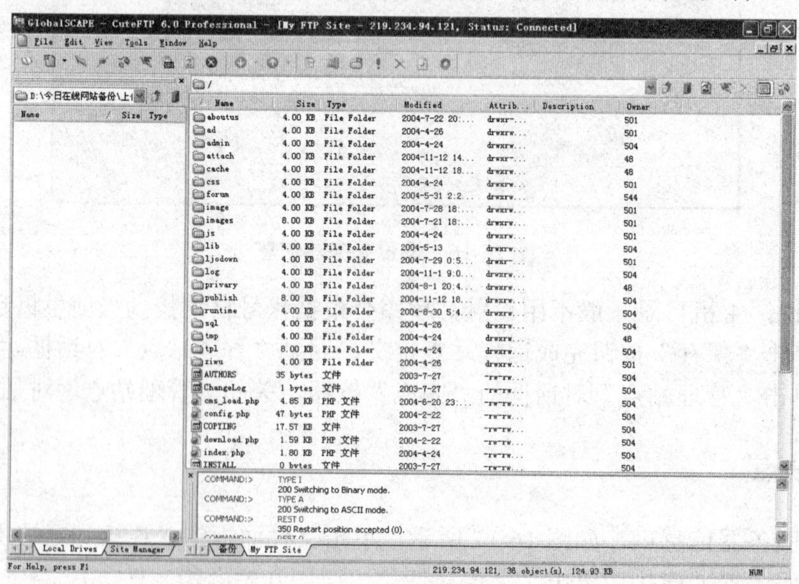

图 16-18　自动登录到当前服务器中

使用 FTP 登录到服务器中，可以像操作本机上的文件一样对服务器中的文件进行添加、删除等操作。在 FTP 软件左侧的本机资源界面中，可以选择放置目标站点的路径，如图 16-19 所示。可以直接拖动左侧本机上的文件到右侧的服务器界面以上传文件。FTP 软件的版本众多，但基本操作和界面没有明显差异。使用时查看软件的相关帮助即可。

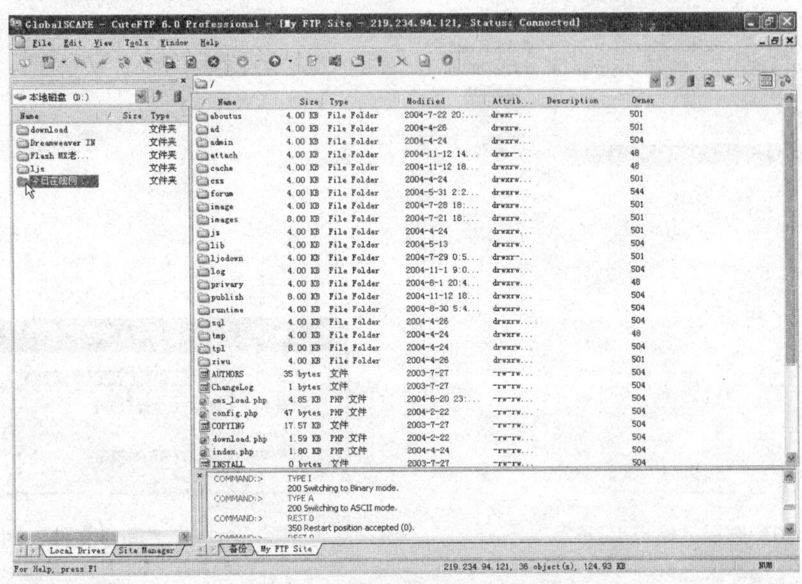

图 16-19　选择放置目标站点的路径

16.3　网站管理与维护

新建网站后，需要不断更新网站，这时可以使用 Dreamweaver CS5 的站点同步功能。更新站点的操作如下：

（1）单击“窗口/文件”，打开文件面板。

（2）如图 16-20 所示，单击文件面板的菜单按钮，在打开菜单中选择“站点/同步”，打开“同步文件”对话框。

（3）在“同步文件”对话框中选择需要同步设置的文件，如图 16-21 所示。

（4）单击“预览”按钮会显示“更新文件预览”对话框，在预览框中选择需要更新的文件，单击“确定”按钮完成更新。

（5）关闭预览更新框，完成文件更新。

网站维护的其他操作，与在本地计算机上的操作类似，将文件面板对话框最大化，对话框左侧会列出远程服务器站点中的文件等选项，选择目标项按【Delete】键可删除；单击鼠标右键，会弹出快捷菜单，提供如复制、添加等常用命令，与在本地计算机上的操作一样。

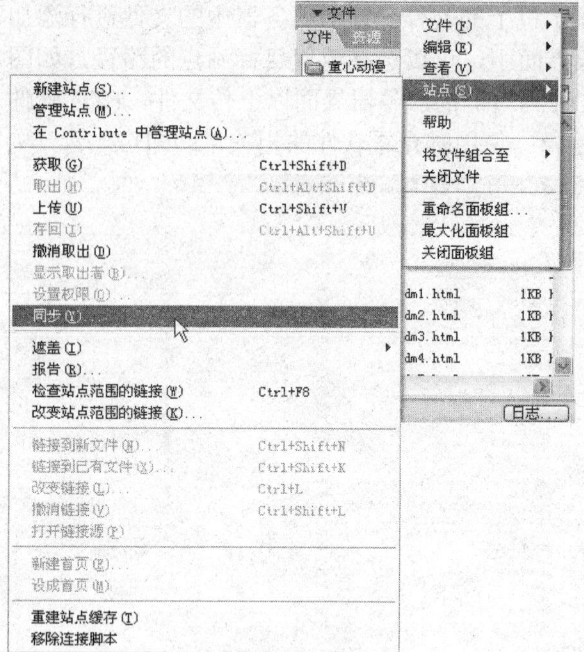

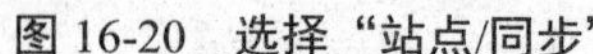
图 16-20 选择“站点/同步”

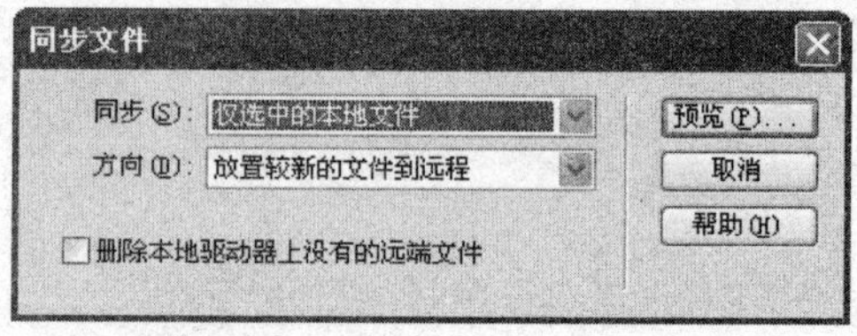

图 16-21 “同步文件”对话框

本章小结

本章主要讲解了使用 Dreamweaver CS5 测试站点、上传和管理网站的方法。通过本章的学习，读者应当掌握使用 Dreamweaver CS5 测试、查找站点错误，并对错误进行修改；掌握使用 Dreamweaver CS5 上传和管理网站。

本章练习

一、填空题

（1）Dreamweaver CS5 提供的检测工具是______________。

（2）发布网站时需要拥有服务器的______________和______________，然后通过 Dreamweaver CS5 或其他软件将网站的内容上传到该服务器中。

二、问答题

（1）站点完成后，为什么要进行测试？

（2）一般情况下，需要测试站点的哪些方面？

（3）简述如何获得站点报告。

（4）如何获得 Web 服务器？

三、上机练习

（1）测试前面制作完成的站点。

（2）制作一个网页，然后检测这个网页的兼容性。

（3）登录网易，申请一个免费网页空间。

（4）制作一个网站，上传至申请的免费空间。

（5）使用 Dreamweaver CS5 在本地计算机上试着在远程站点中进行添加文件夹和删除文件夹等操作。

（6）使用 Dreamweaver CS5 的站点同步功能更新站点。

第 17 章　代码设计基础知识

使用 Dreamweaver CS5 提供的设计视图界面可以完成大部分的网页设计工作，但在设计复杂网页的时候，我们还应该了解并掌握一些代码设计方面的知识。在 Dreamweaver CS5 中，我们可以根据需要将视图切换为设计或代码视图，以进行不同侧重点的工作。

【本章学习目标】

- 了解 Dreamweaver CS5 的代码设计
- 了解 HTML 的基础知识
- 学会在设计视图中编辑代码

17.1　Dreamweaver CS5 提供的代码工具

Dreamweaver CS5 提供了相关的功能面板和帮助系统来辅助用户正确使用代码设计网页，如参考面板、标签面板、代码提示功能等。

一、参考面板

参考面板为用户提供了标记语言、编程语言和 CSS 样式的快速参考工具。它提供了相关代码视图中正在使用的标签、对象或样式的信息。

执行“窗口/结果/参考”命令，打开如图 17-1 所示的参考面板。

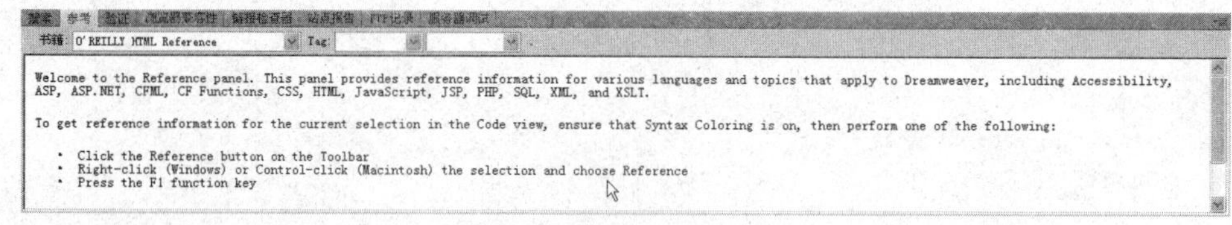

图 17-1　参考面板

- **书籍**：单击参考面板的“书籍”栏右侧的下拉按钮，在下拉菜单中选择参考标准，如本例中创建的是 HTML 文档，需要使用相关 HTML 代码知识，所以选择如图 17-2 所示的书籍。
- **标签**：通过“标签”栏可以查找目标代码的使用方法，还可以显示当前代码的使用方法。单击“标签”栏右侧的下拉按钮，在下拉菜单中选择目标代码，在参考栏中会显示所选代码的相关使用方法和作用。

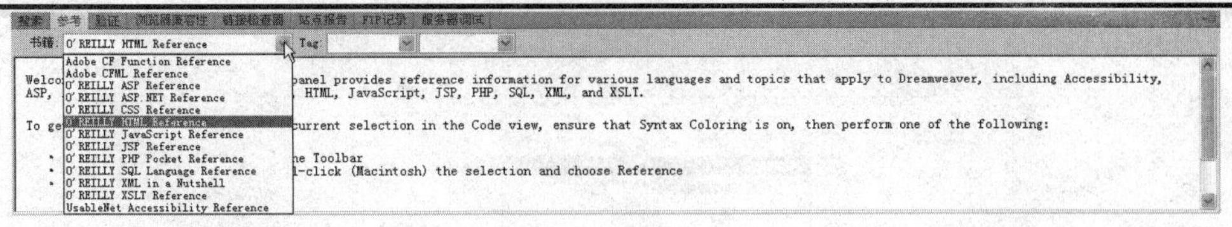

图 17-2　书籍

显示当前代码的方法如下：

（1）如图 17-3 所示，单击“代码”按钮，将编辑界面转换至显示代码视图。

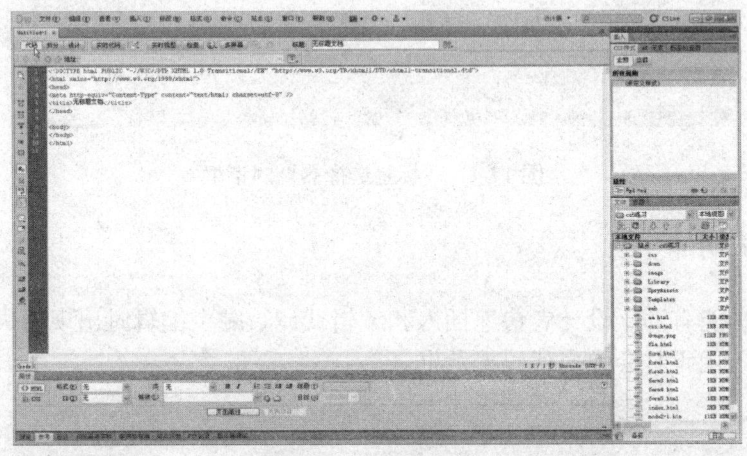

图 17-3　显示代码视图

（2）将鼠标指针指向目标代码双击，选择该代码。

（3）单击鼠标右键，在弹出的菜单中选择“参考”或按【Shift+F1】键，在参考面板中显示当前代码的使用方法和作用。

可以通过编码工具栏进行一些快捷操作，如快速选取代码段、折叠标签和展开标签等。

二、标签选择器

使用标签选择器可以帮助不熟悉代码编辑的用户使用代码编辑的方式编辑网页。使用标签选择器的方法如下：

（1）在代码编辑界面中单击需要插入标签的目标位置。

（2）单击插入面板的“常用”标签下的“标签选择器”按钮，弹出如图 17-4 所示的“标签选择器”对话框。

（3）在“标签选择器”对话框中选择目标标签，在标签信息中显示了所选标签的作用和使用方法。

（4）单击“插入”按钮，插入标签。

使用标签选择器，可以避免语法上的错误。初学者可以使用标签选择器学习用代码编辑网页的入门知识，随着对代码的不断熟悉，再逐渐独立完成代码编辑工作。

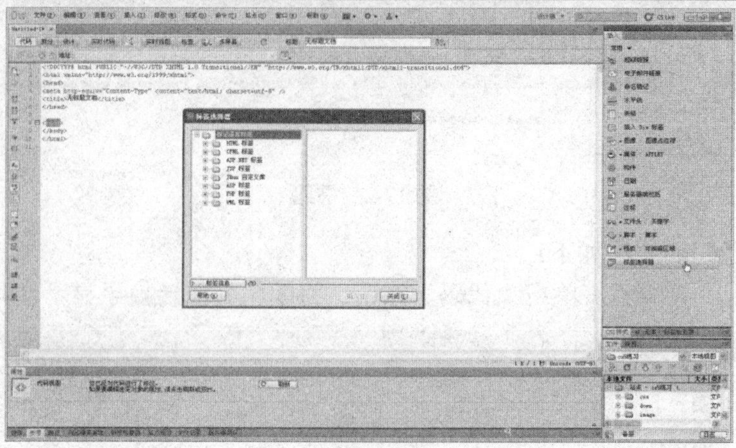

图 17-4　“标签选择器”对话框

三、代码提示功能

代码提示功能有助于设计者快速插入和编辑代码，减少编辑时出现的失误。如图 17-5 所示，直接输入代码时会弹出代码提示框。

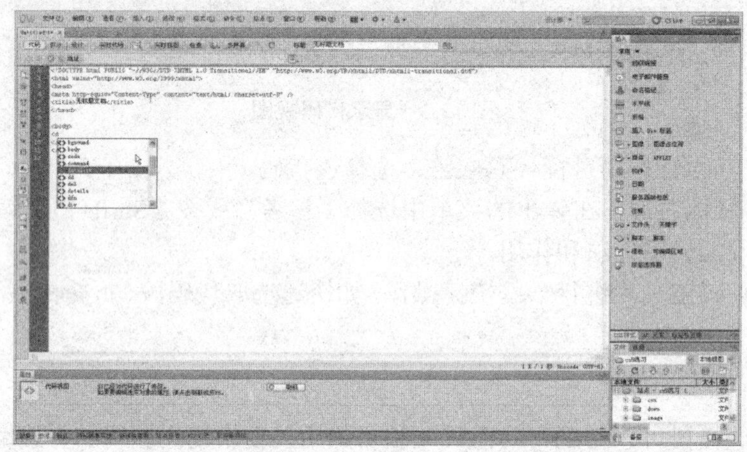

图 17-5　代码提示框

四、标签库

标签库提供了用于代码提示、目标浏览器检查、标签选择器和其他代码功能的标签信息。使用标签库编辑器可以添加和删除标签库、标签和标签属性。打开标签库编辑器的方法如下：

单击“编辑/标签库”，打开图 17-6 所示的“标签库编辑器”对话框。在“标签库编辑器”对话框中，可以执行添加和删除标签库等操作。

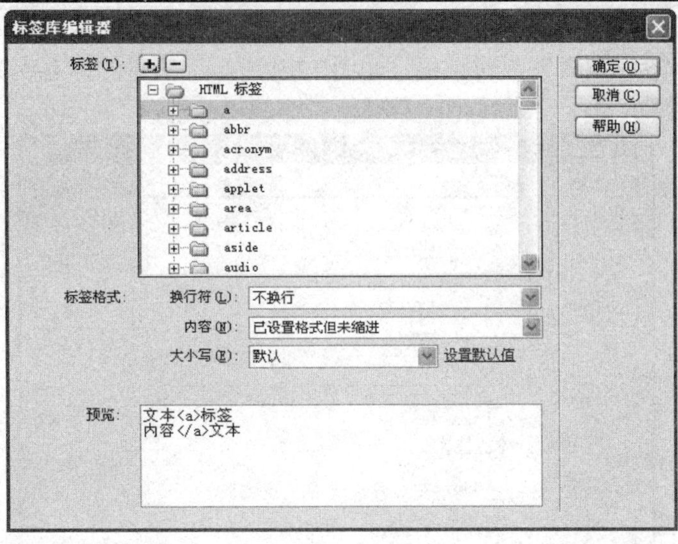

图 17-6　“标签库编辑器”对话框

添加标签库的操作如下：

（1）在标签库编辑器中，单击添加 + 按钮，打开如图 17-7 所示的菜单。

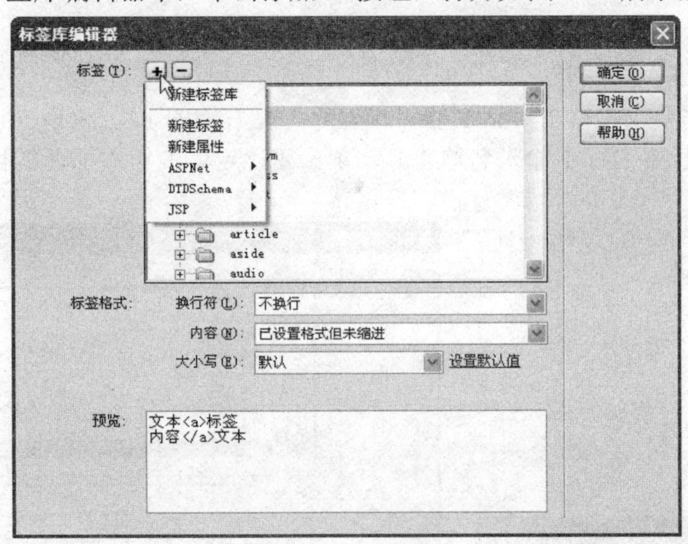

图 17-7　单击添加按钮

（2）单击菜单中“新建标签库”命令，弹出如图 17-8 所示的“新建标签库”对话框。

图 17-8　“新建标签库”对话框

（3）在“新建标签库”对话框的库名称栏中输入库的名称，本例输入“pp”，单击“确定”按钮回到“标签库编辑器”对话框，如图 17-9 所示。新建的标签库显示在标签栏的最下方。

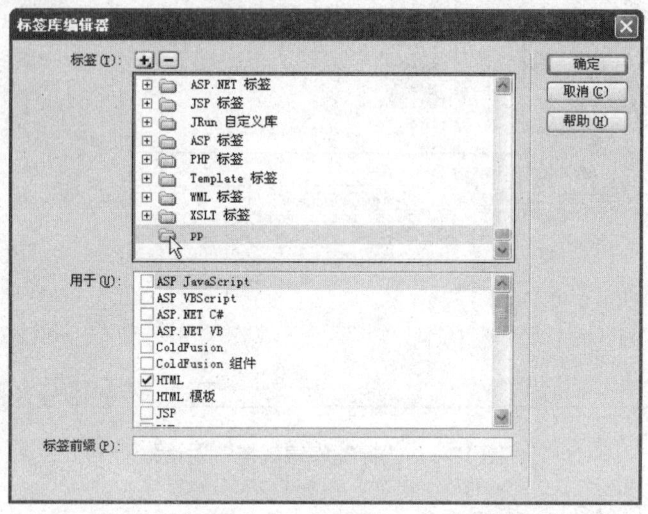

图 17-9　新建的标签库显示在标签栏的最下方

（4）单击“添加”按钮，在弹出的菜单中选择“新建标签”命令，弹出如图 17-10 所示的“新建标签”对话框。

（5）如果需要，可单击对话框的“标签库”栏右侧的下拉按钮，在下拉菜单中选择其他标签库。在标签名称中输入名称“a”，单击“确定”按钮添加新的标签，如图 17-11 所示。

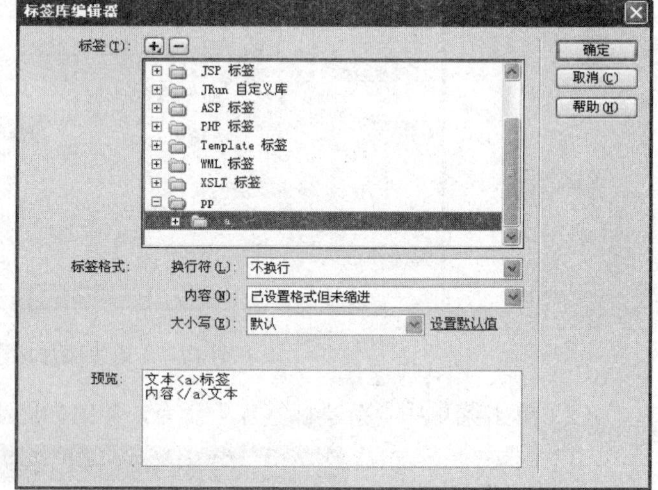

图 17-10　“新建标签”对话框　　　　图 17-11　添加新的标签

（6）单击添加按钮，在弹出的菜单中选择“新建属性”，打开“新建属性”对话框，如图 17-12 所示。

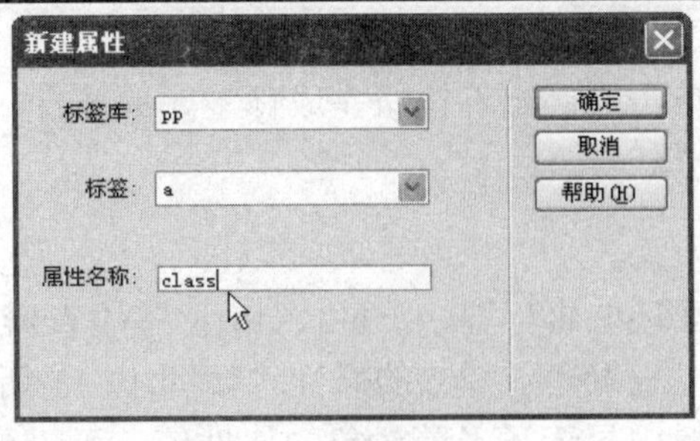

图 17-12　“新建属性”对话框

（7）在“新建属性”对话框中，设置属性名称为“class”，单击“确定”按钮，添加属性“class”，结果如图 17-13 所示。

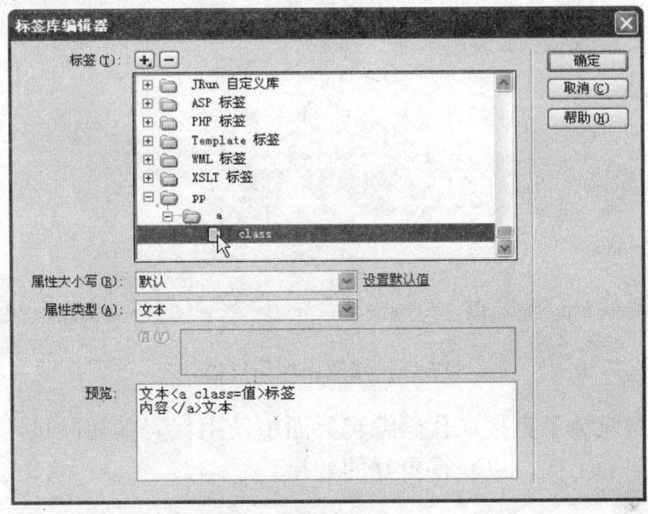

图 17-13　添加属性“class”

（8）如图 17-14 所示，设置新建属性的类型，完成设置。

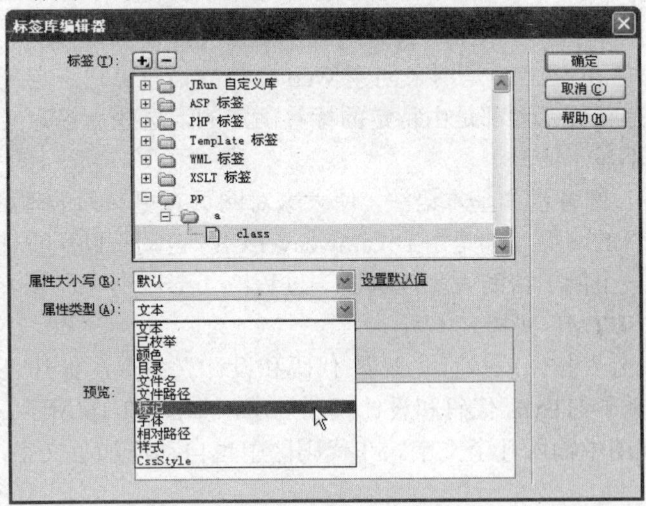

图 17-14　设置新建属性的类型

（9）使用同样的方法添加其他标签及属性类型。

（10）添加完成后，单击“确定”按钮完成标签库的建立。

五、标签检查器

可以通过标签检查器面板编辑标签。单击“窗口/标签检查器”，打开标签检查器面板，单击该面板的属性按钮可以查看当前标签的属性。如图 17-15 所示，在视图编辑界面中选择目标，在标签检查器面板中显示了当前对象的属性值，可以单击目标属性值进行修改。

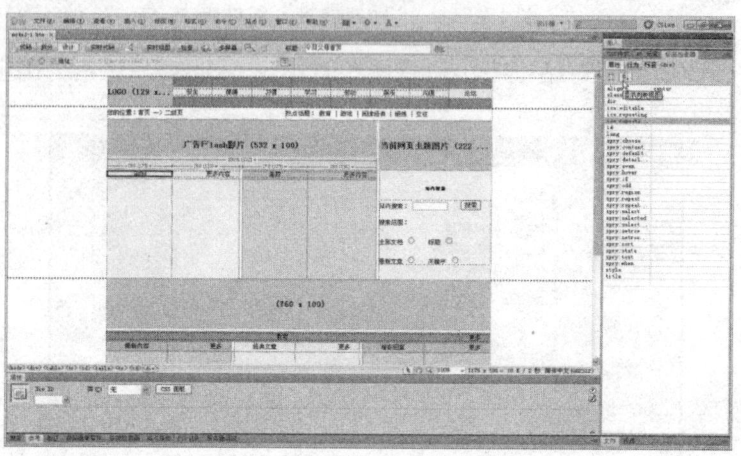

17-15　修改目标属性值

使用标签检查器避免了直接在代码编辑界面中使用代码编写网页，初学者可以利用标签检查器完成代码编写工作，以获得更好的效果。

17.2　HTML 概述

HTML（超文本标记语言）是用来创建 Web 文档的语言。它是定义组成网页文档结构的语法和方法。所有网页元素都是由特定的标签确定的，这些标签定义了浏览器如何显示内容（标签本身是不显示的）。

本节介绍 HTML 的背景和基本语法，使大家对网页有更深入的理解。事实上，在可视化的设计视图中编辑的网页，都是由 Dreamweaver CS5 自动帮助用户建立标签的。

下面我们通过一个例子帮助大家理解这一过程：

（1）新建一个 HTML 文档。

（2）单击“拆分”按钮或执行“查看/代码和设计”命令，打开“拆分”视图。在拆分视图中，分别显示了 HTML 代码和设计视图显示，如图 17-16 所示。

（3）在设计视图中输入几个文字。在代码区中也自动添加了文字，如图 17-17 所示。

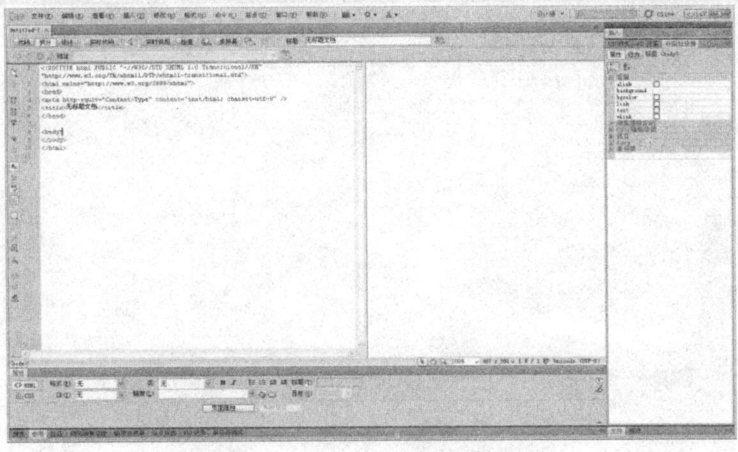

图 17-16　HTML 代码和设计视图显示

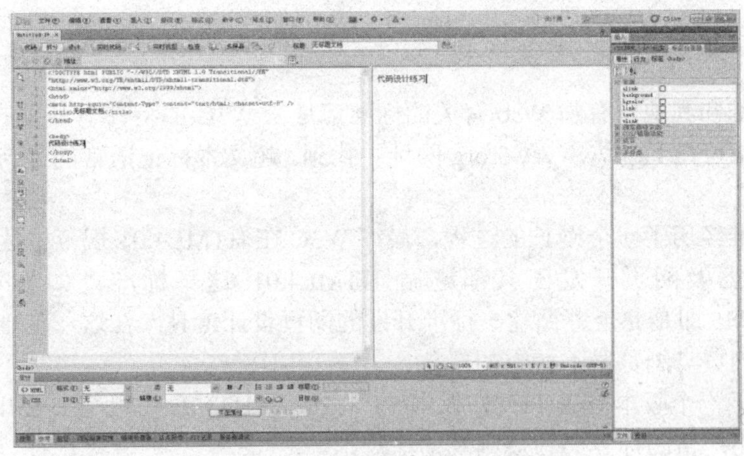

图 17-17　在代码区中自动添加了文字

网页可以是任何一种格式，如全 Flash 网站采用 Flash 影片格式。目前通用标准是超文本标记语言，即 HTML，用它可创建带有图像、声音、动画和超文本链接的网页。

使用 HTML 超文本标记语言，可以设计出内容丰富的静态文档，当静态文档不能满足网站的需要时，还可以使用 CGI、JavaScript 和 PHP 等工具制作动态文档。Web 服务器借助 CGI 可以调用外部程序，而不是简单地返回静态文档。JavaScript 和 PHP 这两种编程语言可以直接嵌入 HTML 文档。JavaScript 主要用于客户端脚本，PHP 主要用于数据库访问。

（4）单击设计视图中的文字部分。在属性面板中设置格式为段落，然后选择“格式/对齐/居中对齐”命令，在代码编辑界面中自动加入了相应的标签，如图 17-18 所示。

早期的网页设计直接使用 HTML 标签编写、定义网页中的各元素属性，如文字的大小、颜色，图像的位置及打开方式等。随着技术的发展，网页设计软件的开发和更新才使网页设计逐渐变为今天的可视化操作，但其本质依然是建立在 HTML 标准上的。

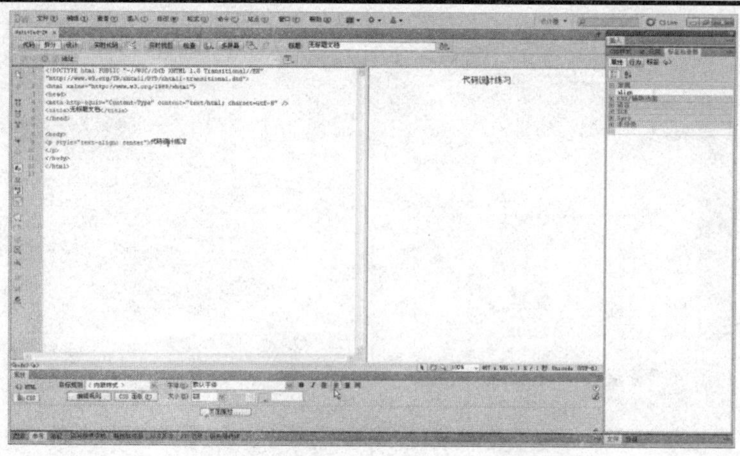

图 17-18　自动加入了相应的标签

一、HTML 标准

HTML 标准和其他所有与 Web 有关的标准都是在 W3C 的特许下开发的。标准、规范和新提议草案都可在 http://www.w3.org 网址中找到。超文本标记语言的最新标准是 HTML 4.01 规范。

HTML 标准经历了一个漫长的过程，最终 W3C 在 HTML4.01 规范中达到了一致。

现在浏览器及网页开发工具都遵循 HTML4.01 这一标准，如本书中所讲解的 Dreamweaver CS5 即是完全遵循这一标准开发的网页设计工具。在这一基础上，我们彻底避免了设计的网页与浏览器不兼容的现象。

HTML 的下一个版本是 XHTML 版本 1.0 标准。XHTML 使用与 HTML 相同的标签，只是它制定了更严格的标签书写规则及语法规则。

二、HTML 标签

网页中的元素是由标签定义的。一个标签是由元素名称和跟在后面的可选属性列表构成的，所有属性都应该在角括号“< >”之间。角括号内的字符不会显示在浏览器中。

在当前规范中，标签内的名称和属性是不区分大小写的，但特殊属性如 URL 和文件名称是区分大小写的。

三、一些基本的语法规则

1. 容器

大部分 HTML 元素或组件都是容器，它们拥有一个开始和结束标签。标签中的对象遵循标签指令。例如，<em>标签表示文字为斜体，如图 17-19 所示，在代码设计框中输入<em>春暖花开</em>，然后点击设计视图窗口，在设计视图中显示的字体就是斜体字。

结束标签包含和开始标签相同的名称，只是它的前面有一个斜杠（/），作为标签结束的标志。一些标签的结束标签是可选的，如<p>段落标签，大部分浏览器遇到一个新的开始标签时会自动结束一个段落，但为了阅读和书写的方便，最好都使用结束标签定义结尾。

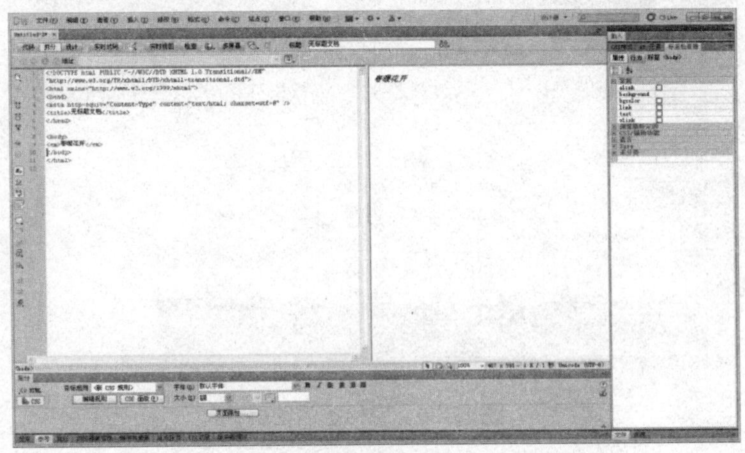

图 17-19　设置字体为斜体字

例，网页的基本框架就是一个大的容器，它所包含的标签都是成对出现的，如下所示：

<html>（开始标签）
<head>（开始标签）
<title>无标题文档</title>
</head>（结束标签）
<body>（开始标签）
</body>（结束标签）
</html>（结束标签

2. 独立（或“空”）标签

一些标签并没有结束标签，因为它们是用来在文档或页面上放置独立元素的，如图像标签<img>、换行标签
等。

HTML 含有以下空标签：

<area>　<base>　<basefont>　
　<col>　<frame>　<hr>　<img>
<area>　<base>　<basefont>　
　<col>　<frame>　<hr>　<img>
<input>　<ins>　<link>　<meta>　<param>

以实例说明空标签的使用。在上例的“春暖花开”中间输入
，然后单击设计视图界面，结果如图 17-20 所示。

3. 属性

属性只能在开始标签中，可以在一个标签中添加多个属性，标签属性位于标签名称后面，以一个或多个空格分隔。通常属性都带值，值要跟在属性后面的等号（=）之后。

以实例说明如下：

定义“春暖”两字的颜色为红色，在代码编辑界面中的“春暖”前面输入<font color=#FF0000>，在后面输入</font>，设计视图界面的效果如图 17-21 所示。

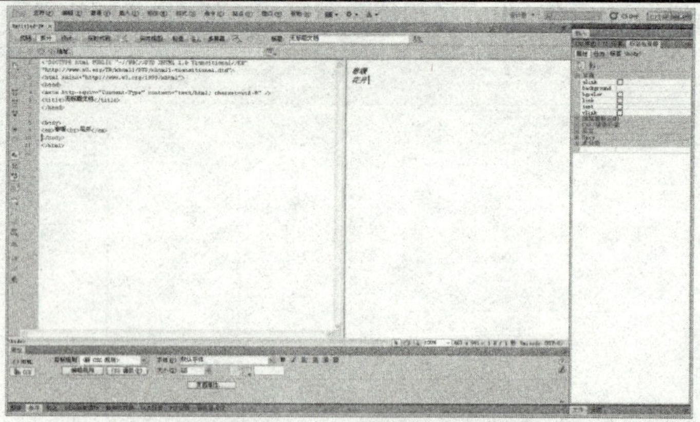

图 17-20　空标签的使用

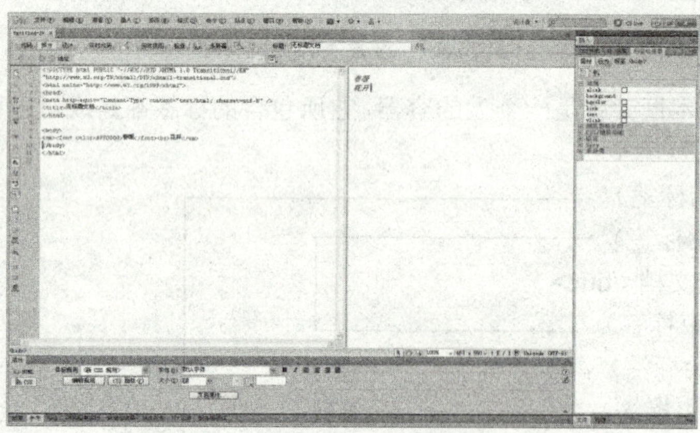

图 17-21　定义字符颜色

下面加入定义字号的属性 size，在标签<font>中加入 size=6，单击设计视图编辑界面，结果如图 17-22 所示。注意图中的输入方式，属性间以空格隔开。<font>标签是定义文字颜色和字号大小的标签。color 和 size 就是属性。

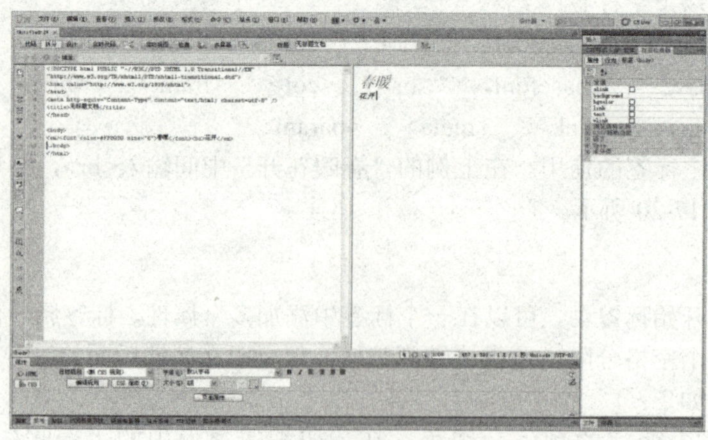

图 17-22　定义字号的属性

单击代码编辑界面中<font>标签，单击“窗口/标签检查器”，打开标签面板，单击该面板中的“属性”标签，如图 17-23 所示，可以查看当前文字的属性。

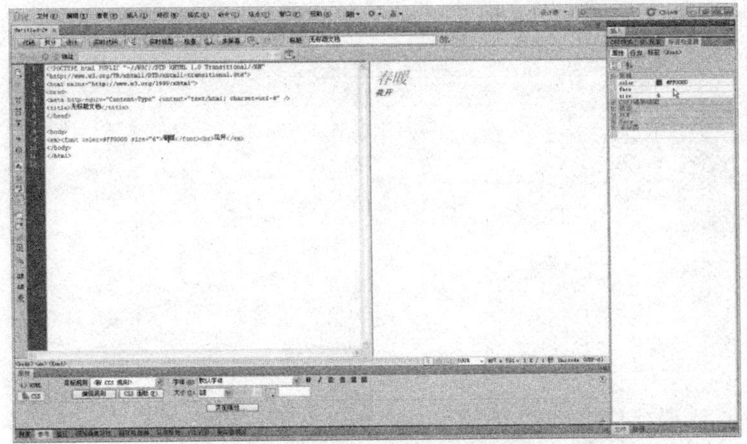

图 17-23　查看当前文字的属性

4. 嵌套 HTML 标签

HTML 元素可以包含在另外一个 HTML 元素之内，这称之为嵌套。套入的标签必须有完整的开始和结束标签。如定义字体为粗体和斜体，可以使用如下标签：

<b><em>春暖花开</em></b>即为一个嵌套标签，如图 17-24 所示，先使用<b>标签定义了标签内的文字为粗体，再分别定义这个标签内文字其他不同部分的不同属性。

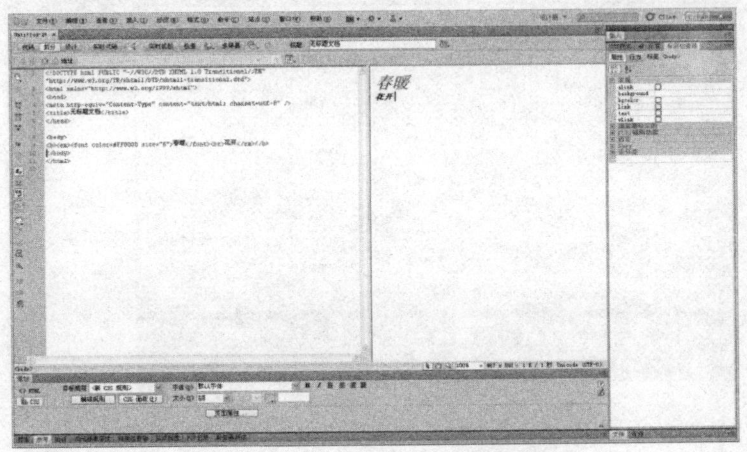

图 17-24　嵌套 HTML 标签

四、代码编写中所忽略的信息

编写代码过程中有些信息会被忽略，即代码编辑界面中的某些操作，在浏览器中不会按操作意图显示，它们包括：

➢ **断行**：在代码编辑界面中，HTML 文档中的换行符会被忽略，文本元素会连续显示，例如在图 17-24 所示的代码窗口中，在“春暖”两字中间按 Enter 键换行，单击视图界面，会发现设计视图中“春”、“暖”被换行。

➢ **空格：**当在代码编辑界面的 HTML 文档中连续键入多个空格时，只会显示为一个独立的空格。如图 17-25 所示，对比代码编辑界面和设计视图界面。

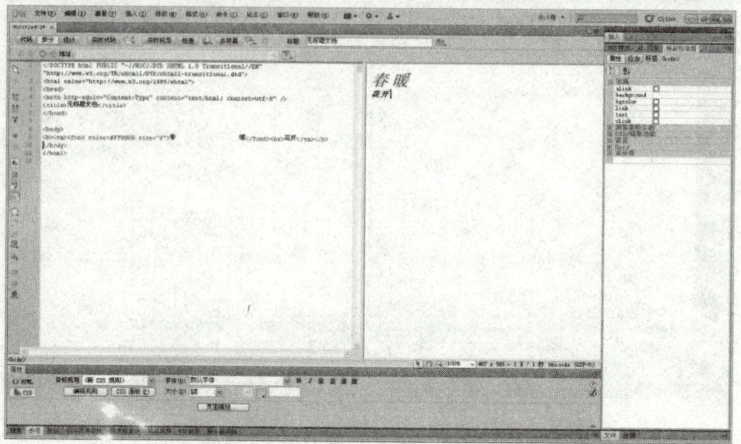

图 17-25　对比代码编辑界面和设计视图界面

➢ **注释文本：**使用<!--和-->来表明的注释文本不会显示在浏览器中。如：<!--这是提示信息-->不会显示在浏览器中，如图 18-26 所示，在设计视图界面中没有显示注释内容。

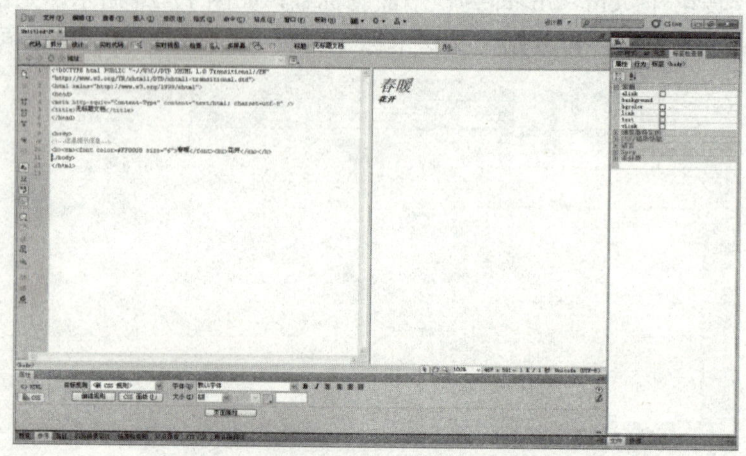

图 18-26　在设计视图界面中没有显示注释内容

五、文档结构

一个典型的 HTML 文档被分为两个主要部分：head 和 body。head 包含关于文档的信息，比如它的标题和网页背景色、默认字体、颜色等信息；body 包含实际的文档内容。下面的例子显示了用来建立 HTML 文档的结构标签。

```
<html>
<head>
```

```
<meta http-equiv="Content-Type" content="text/html; charset=gb2312">
<title>首页标题</title>
</head>
<body>
</body>
</html>
```

在 Dreamweaver CS5 中，通过代码视图查看新建的 HTML 文档，可清晰地观察到上述文档结构。

学习 HTML 代码编写网页时，最好使用 Dreamweaver CS5 提供的标签选择器等代码编辑工具。当逐渐熟悉和掌握代码后，再逐渐脱离这些辅助工具独立完成网页的编写工作。学会合理使用 Dreamweaver CS5 提供的代码、拆分和设计视图，在工作中逐渐掌握并理解 HTML 的标签。

本章小结

本章主要讲解了 Dreamweaver CS5 中代码的设计方法，介绍了代码设计中的相关工具，并对 HTML 的相关基础知识进行了讲解。通过本章的学习，读者应该重点掌握 HTML 的基本语法规则，理解 HTML 中的标签，并能使用 Dreamweaver CS5 的相关面板，帮助设置标签属性。

本章练习

一、填空题

（1）HTML 标准和其他所有与 Web 有关的标准都是在__________的特许下开发的。

（2）网页中的元素是由_________________定义的。

二、问答题

（1）简述在 Dreamweaver CS5 中显示当前文档代码的方法。

（2）如何使用参考面板查看当前标签的帮助信息？

三、上机练习

在拆分视图中修改网页，查看代码和设计视图中的对应关系。